JN194709

▼口絵01（52頁参照）

IPCC 2001年報告に掲載された「ホッケー・スティック曲線」

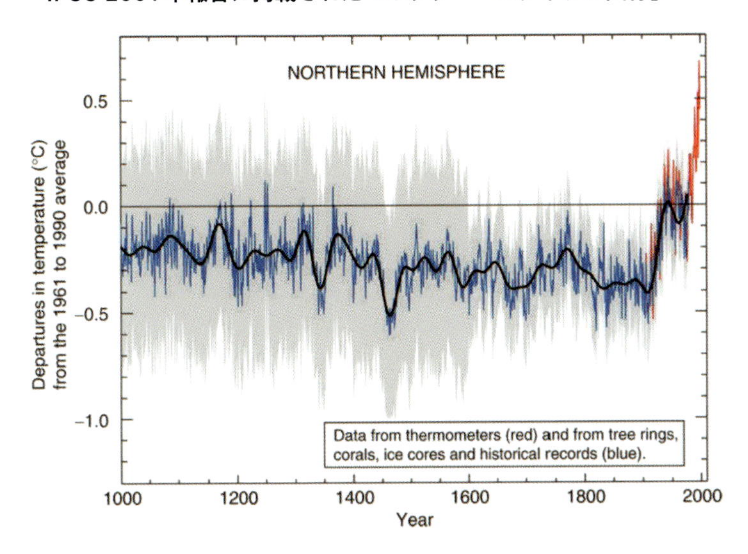

▼口絵02（68頁参照）　**北極の海氷面積の季節変動**

2000年から2017年9月までの海氷面積の変動を示す。観測が開始された1980年代以降は、概ね$4 \times 10^6 km^2 \sim 14 \times 10^6 km^2$の範囲で変動している。（出典：JAXAホームページ）

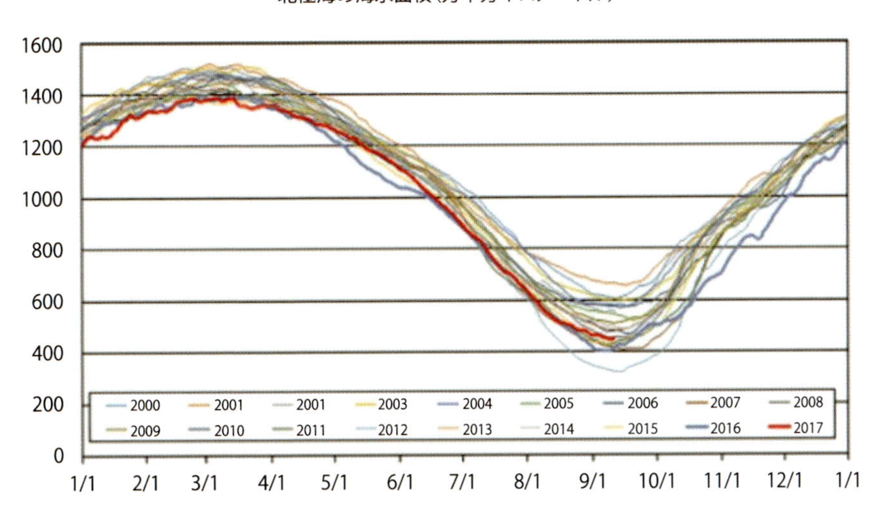

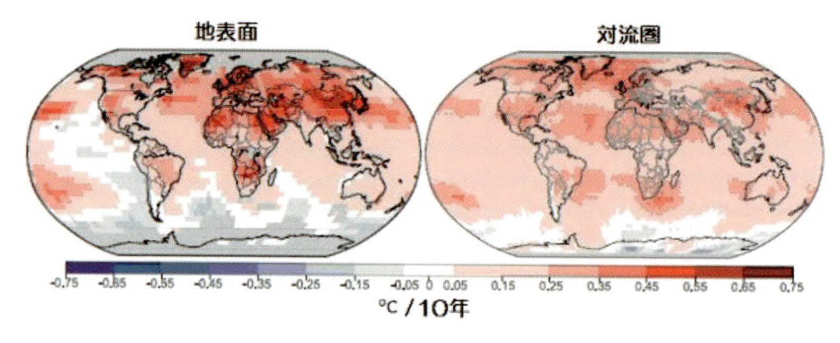

▲口絵03（71頁参照）
気温の年変化率の分布
1970～2005年の気温変動を直線近似したときの10年間当たりの気温変化率の分布。（出典：気象庁ホームページ）

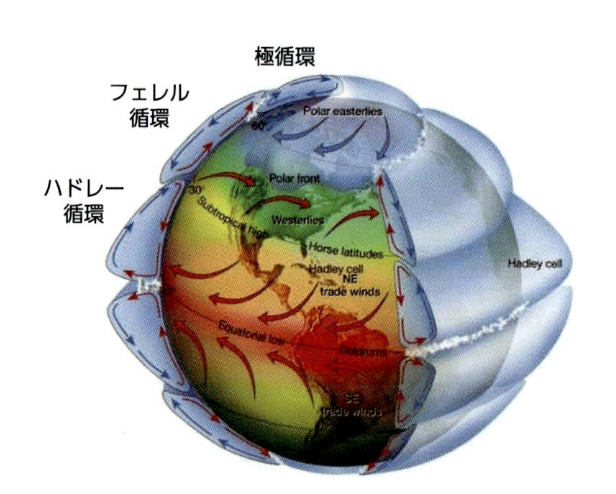

◀口絵04（107頁参照）
地球大気の大循環構造
南北方向の大気循環は、地球の自転の影響で、北半球、南半球でそれぞれ三つに分かれている。

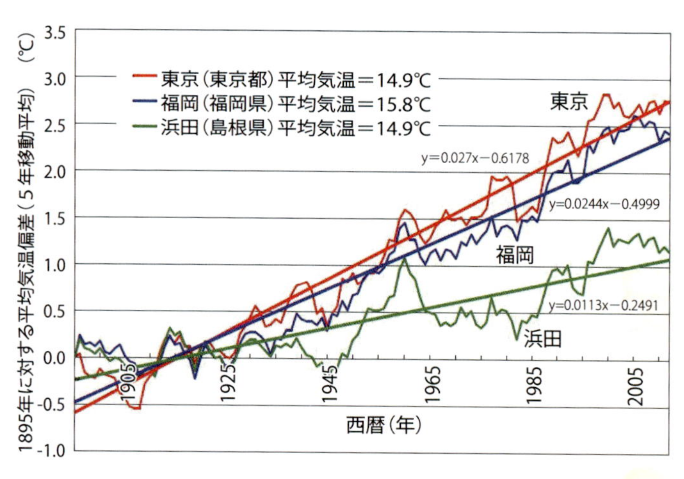

▲口絵05（108頁参照）　**気温に与える都市化の影響**
東京と福岡の気温偏差の上昇率は浜田の２倍以上の高い値を示している。また、東京と福岡では1970年代の気温低下の影響がほとんど見られない。

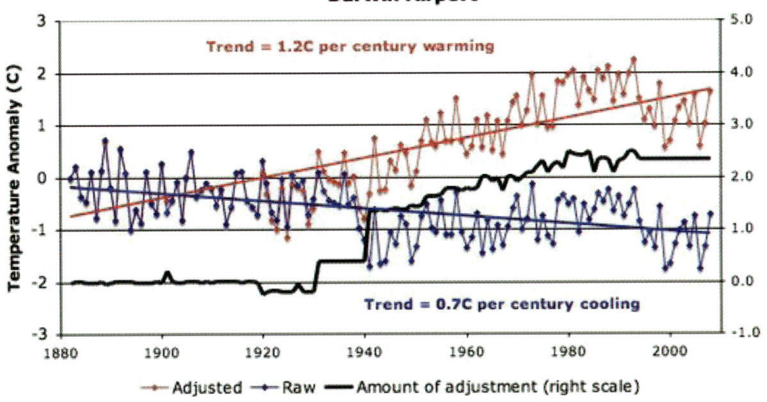

▲口絵06（126頁参照）　**気温観測データに対する補正と称する改竄の実例**

ダーウィン空港(豪)における気温偏差の経年変化を示したグラフ。青線が観測データそのものを示し、赤線はGHCNによって補正された値を示す。黒の太線は補正の量（右目盛り）。補正によって20世紀の温暖化が作り出された。

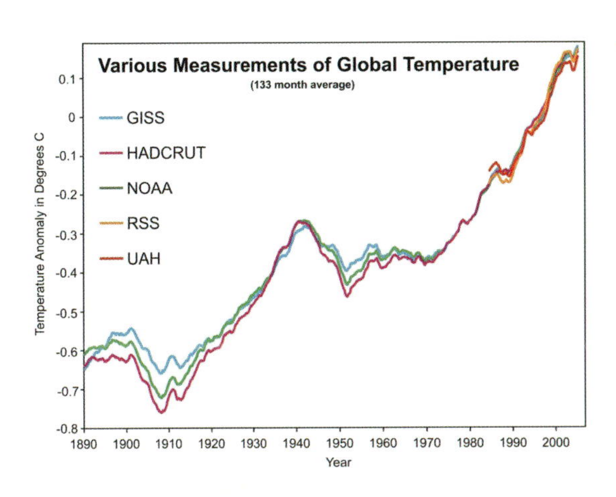

◀口絵07（129頁参照）

GHCN地上気温データベースに基づいた世界の主要な気象研究機関の気温変動曲線

世界の主要な気温データベースの気温偏差は、いずれも20世紀の上昇傾向が顕著である。1970年代の気温低下は補正によって著しく小さくされている。

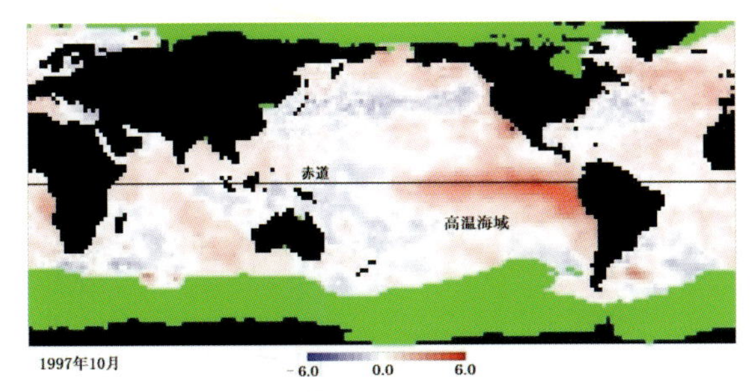

◀口絵08（152頁参照）

エルニーニョ発生時の海面水温の平均値に対する偏差

ペルー沖の赤道方向に異常に高い海面水温を示す海域が広がっている。同時に、貿易風が弱まるため、エルニーニョは一定期間継続する。

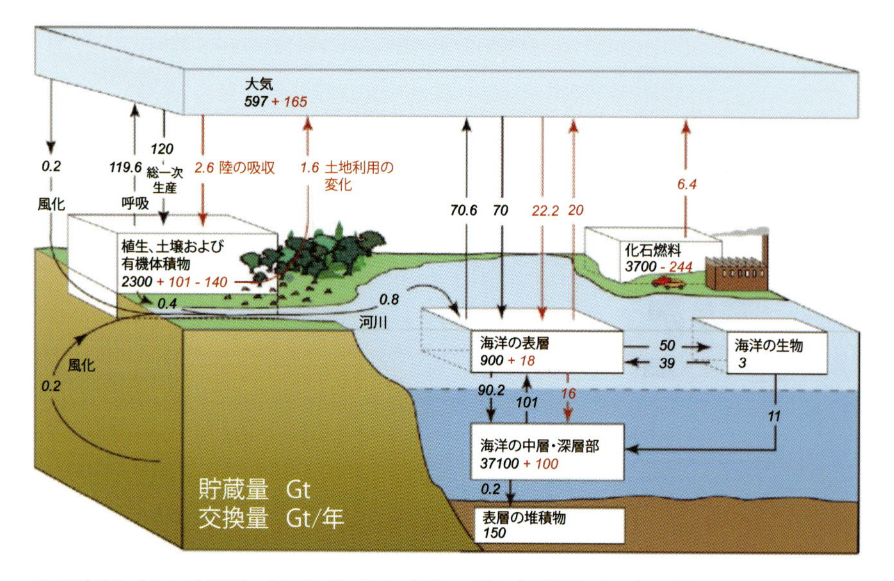

▲口絵09（159頁参照）**IPCC 2007年報告の炭素循環図**（日本語版）

矢印の数値は１年間あたりの炭素移動量を、四角の枠内の数値は炭素貯蔵量を示している。黒字の数値は産業革命前の状態を示し、赤字の数値は産業革命後の増加量を示す。

Courtesy of John Christy, and based upon data from the KNMI Climate Explorer, below is a comparison of 44 climate models versus the UAH and RSS satellite observations for global lower tropospheric temperature variations, for the period 1979-2012 from the satellites, and for 1975 - 2025 for the models:

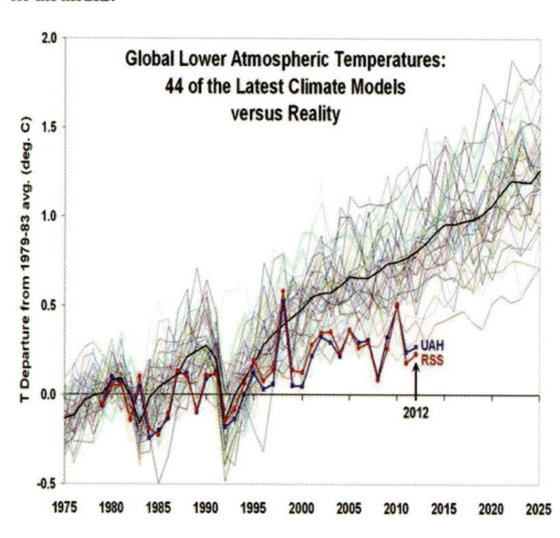

◀口絵10（231頁参照）

地球の下層大気温度：最近の44の気候モデルと実際の気温

数値モデルによる気温偏差の予測値は2000年以降も上昇傾向を示しているが、UAHとRSSの実際の観測値は横ばいであり、数値モデルとの乖離は拡大している。

シリーズ［環境問題を考える］5

検証温暖化

20世紀の温暖化の実像を探る

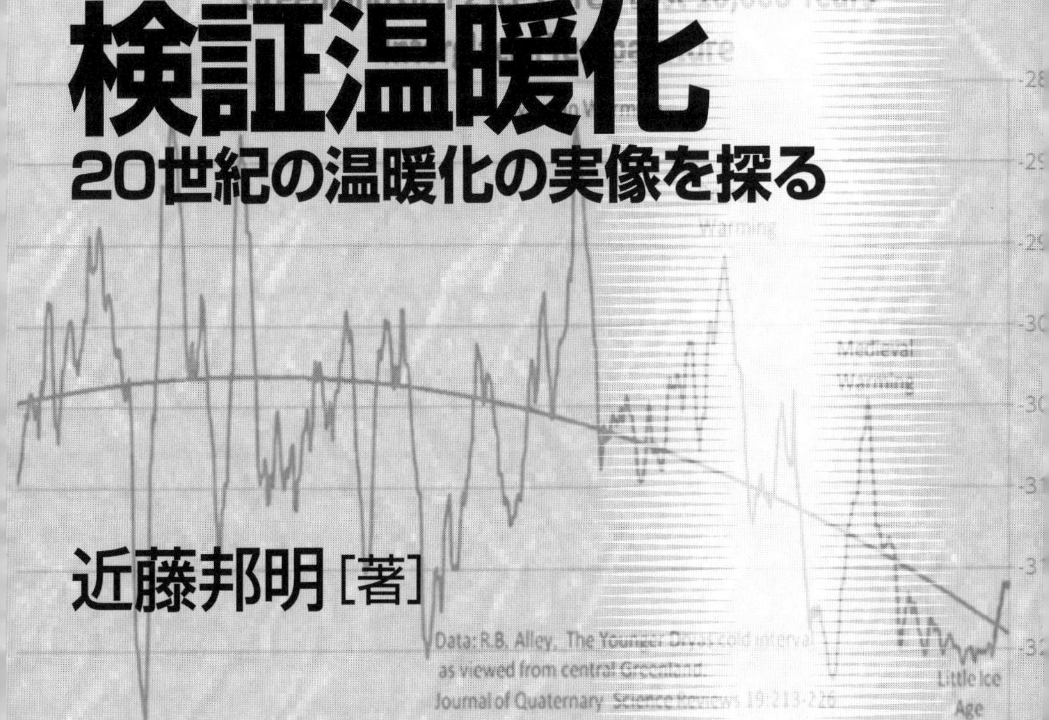

近藤邦明［著］

不知火書房

はじめに

地球温暖化問題について通説では、「産業活動を含めた人間の暮らしの中で消費した化石燃料の燃焼によって放出された二酸化炭素（CO_2）が大気中に蓄積し、これが原因となって大気の温室効果が増大して急激な気温上昇が起こっており、このまま対策をとらなければ今世紀末には気温の上昇によって地球環境に致命的な悪影響を及ぼすことになる」と言われています。現在では、この“人為的CO_2地球温暖化脅威説”は世界中で圧倒的多数の人々によって信じられています。

自然科学の検証をぬきに広まった人為的CO_2地球温暖化脅威説

この人為的CO_2地球温暖化脅威説が登場したのは今から30年ほど前です。1988年6月23日、米国議会上院エネルギー委員会の公聴会においてNASAのハンセンは、「異常気象が頻発する原因は地球温暖化であり、温暖化の原因は人為的影響である可能性が高いことが、コンピューター・シミュレーションによって確認された」と証言しました。このハンセンの発言をきっかけに、マスコミは温暖化による負の側面、脅威だけをセンセーショナルに誇張して繰り返し報道することになり、人為的CO_2地球温暖化脅威説は、自然科学的な真偽の検討を置き去りにしたまま、瞬く間に世界中に広がりました。

このような政治・社会状況を受けて、1992年6月、リオデジャネイロで開催された地球サミット（＝環境と開発に関する国際連合会議）において国連気候変動枠組み条約が採択されました。1997年12月には第3回国連気候変動枠組み条約締約国会議COP3京都会議において、2012年までのCO_2などの温室効果ガス排出量削減の数値目標が設定されました（京都議定書）。そして2015年12月、COP21において、2020年以降の気候変動問題に関する新たな国際的な枠組みを定めた“パリ協定”が気候変動枠組み条約の締約国196ヵ国すべてが参加して採択され、2016年11月4日に発効しました（2016年11月現在の批准国、団体数は欧州連合を含めて110）。

20世紀の温暖化を説明できない人為的 CO_2 地球温暖化説

このように、人為的 CO_2 地球温暖化脅威説に基づいて、世界中の国々が「温暖化対策＝人間活動から放出される CO_2 放出量の削減」に向かって一斉に走り始めようとしています。しかし、肝心の人為的 CO_2 地球温暖化説の自然科学的な検証作業は、現在に至るまで十分には行われておらず、その信憑性は極めて低いというのが現状です。

標準的な人為的 CO_2 地球温暖化説では、産業革命以降に人間活動によって消費した化石燃料の燃焼によって放出した CO_2 の半量程度が継続して大気中に蓄積した結果、大気中の CO_2 濃度が単調に上昇したとしています。この人為的 CO_2 地球温暖化説が正しいとすれば、産業革命以降の地球の平均的な気温も単調に上昇傾向を示したはずです。

確かに、産業革命以降、小氷期が19世紀半ばに終わり、その後1940年頃まで地球の気温は上昇傾向を示しました。しかし、第二次世界大戦後、1940年代終盤から世界の産業は急成長を始め、その原動力となる化石燃料の消費量が爆発的に増加しましたが、その一方で1940年代以降、世界的な規模で気温は低下傾向を示しました。1970年代には、北極海の海氷面積が拡大して、北極海に面する港湾が結氷し、海上交通に支障をきたすほどでした。この頃、地球は温暖な間氷期が終わり、再び本来の寒冷な氷河期に戻るのではないかと心配されていました。1970年代の寒冷化は、その後1980年代に登場した人為的 CO_2 地球温暖化説を真向から否定する歴史的な事実でした。

2000年以降は世界平均気温偏差は横這いから低下傾向を示しています。突き詰めると、人為的 CO_2 地球温暖化説の妥当性を示す事実とは、「1970年代後半から2000年頃までのわずか30年間足らずの期間において、大気中の CO_2 濃度と世界平均気温偏差がともに単調な上昇傾向を示した」という状況証拠だけだということが分かります。

人為的 CO_2 温暖化説の妥当性の検証がパリ協定実施の必須条件

パリ協定で定められた温暖化を阻止するための方策としての温室効果ガス排出量削減の枠組みは、世界の政治・経済における主要な課題として今後長期間にわたって重大な意味を持ちます。

現在進められようとしている温暖化対策には巨額の社会的費用負担が伴います。このことは温暖化対策の実現のためには莫大な工業製品の投入が必要であると同時に、すべての人々に対してその経済的な負担が押し付けられることを意味しています。これは工業生産規模の拡大、つまり本質的な意味での環境問題[註)]の悪化をもたらすと同時に、相対的貧困層の生活の困窮に直結するものです。

20世紀に観測された気温上昇の主因が人為的に放出されたCO_2の影響ではない場合、パリ協定は人間社会全体に計り知れない負の遺産だけを残すことになります。

利権構造の当事者の言説には細心の注意を

温暖化対策には巨額の社会的な費用負担が必要ですが、このことは見方を変えればそこには巨大な経済的利権が生み出されることを意味しています。このような利権構造の当事者である政府の役人や企業、そして人為的CO_2地球温暖化説が正しいと主張する気象研究者や「専門家」が唱える地球温暖化の通説を鵜呑みにすることは、とても危険なことです。

私たち日本人が、政府や企業に所属する専門家や研究者、そして大方のマスコミが絶対に事故を起こさないと言ってきた日本の原子力発電所が史上空前の深刻事故を起こすという経験をしたのは、ついこの前のことです。私たちは、利権構造に深くかかわる人たちの主張を、もっと注意深く慎重に吟味すべきだったのです。

温暖化問題において、原子力発電所の重大事故を招いてしまう結果になったのと同じ過ちを繰り返さないために、私たち国民一人ひとりが人為的CO_2地球温暖化脅威説や温暖化対策について、自らの頭で考え検証し続けることが必要不可欠です。

本書の構成

本書では、人為的CO_2地球温暖化説について先入観を持たずに、基本に戻って自然科学的な検証を試みます。

１章と２章では、気象観測データや地球環境に残された過去の気候変動に関する痕跡の分析結果を紹介します。そして、20世紀を中心とした過去の地球の気温変動を再現してみることで、地球の気候変動機構の一端を明らかにし、同時に、人為的CO_2地球温暖化説について観測事実との整合性を検証します。

３～５章では、20世紀の気温上昇の自然科学的な仕組みを説明する理論として提案された人為的CO_2地球温暖化説について、地球大気の中で起こる自然現象として、物理・化学の理論体系に基づいて検証することにします。

註）環境問題とは

今日的な環境本題の本質とは、過度の工業生産規模の肥大化が、人間社会を含む生態系の定常性を保障している大気・水循環、物質循環の機能を阻害し、あるいは、生態系の物質循環で処理することの出来ない工業的に製造された物質によって環境を汚染すること。

目　次

本書に出てくる記号や定数について

この本では温暖化について自然科学的にしっかりとした説明を心掛けたいと思います。そのためにはどうしても数式や物理的な量についての記述が避けられません。ここでは本書に出てくる主な記号、単位、定数について説明しておきます。

自然科学の数式では、アルファベットの他にギリシャ文字を使うことがありますが、単なる記号なのであまり難しく考えないでください。

1. ギリシャ文字記号

ギリシャ文字	用　法
δ、Δ （デルタ）	一般に小さな量を表すときにつける接頭記号。本書では、例えば［参考１］で紹介する原子の同位体比率などに用いる。
Σ （シグマ）	合計を計算する記号。添え字のついた変数、例えばX_1、X_2、X_3の合計を求める場合には次のように書き表す。 $X_1+X_2+X_3=\sum_{i=1}^{3}X_i$

2. 単位

記号	意　味
N	力の単位、ニュートン。ニュートンの運動方程式から、「力＝質量×加速度」で表される。質量の単位はkg、加速度の単位はm/s^2なので、力の単位は$kg \cdot m/s^2 = kg \cdot m \cdot s^{-2} = N$と定義する。例えば、地球上では重力加速度は$9.8\ m \cdot s^{-2}$なので、質量１kgの物体を支えるときに必要な力は9.8N。
J	仕事の単位、ジュール。「仕事＝力×移動距離」で表される物理量。質量１kgの物体を10mだけ持ち上げるときの仕事は、 9.8N × 10m ＝ 98J
cal	熱量の単位、カロリー。１calは１ccの水の温度を1℃上げる熱量。仕事は熱量に変換することができる。Jとcalとの関係は次のように表すことができる。 １cal＝4.1868 J≒4.2 J

W	仕事率の単位、ワット。１秒間にできる仕事の量を表す。例えば、質量１kgの物体を高さ10mまで５秒間(s)かかって持ち上げる場合の仕事率は次の通り。 （9.8N×10m）÷5s＝19.6 J/s＝19.6W したがって、J/s＝Wと定義する。 例えば、1,000Wの電気温水器の能力は、 1,000W＝1,000 J/s＝（1,000/4.2）cal/s＝238.1 cal/s つまり、１秒間に10ccの水の温度を23.81℃上昇させる。
K	絶対温度、ケルビン。セ氏温度℃に273.2を加えた値。 0℃＝273.2K
mol	物質量、モル。6.02×10^{23}個の集団を１単位とする物質の量を表す。

3. 定数

記号	意味、値
σ （シグマ）	ステファン・ボルツマン定数。黒体放射照度を計算するステファン・ボルツマンの式 $I = \sigma T^4$ における定数。 $\sigma = 5.67032 \times 10^{-8}$ $(\mathrm{W \cdot m^{-2} \cdot K^{-4}})$
ε （イプシロン）	熱放射における射出率。ステファン・ボルツマンの式は、電磁波を100%吸収し、同時に100%放出する「黒体」という仮想の物体についての熱放射の強さを表す。黒体に対して実際の物体の熱放射の比率を「射出率」と呼び、εで表す。$\varepsilon < 1.0$
π （パイ）	円周率。円の周長が円の直径の何倍かを示す。 $\pi = 3.14159265359\cdots$
e	自然対数の底あるいはネイピア数。$e = 2.71828182846\cdots$
R	気体定数。気体の圧力をp（$\mathrm{N \cdot m^{-2}}$）、体積をV（$\mathrm{m^3}$）、絶対温度をT（K）、物質量をn（mol）としたときの状態方程式$pV = nRT$における定数。$R = 8.3144598\ \mathrm{JK^{-1}\ mol^{-1}}$
N_A	アボガドロ数。物質量１molを構成する粒子（例えば、原子や分子）の個数。 $N_A = 6.02214086 \times 10^{23}$
k	ボルツマン定数。$k = R/N_A = 1.38064852 \times 10^{-23}\ \mathrm{JK^{-1}}$

第1章
地球の気温変動の歴史

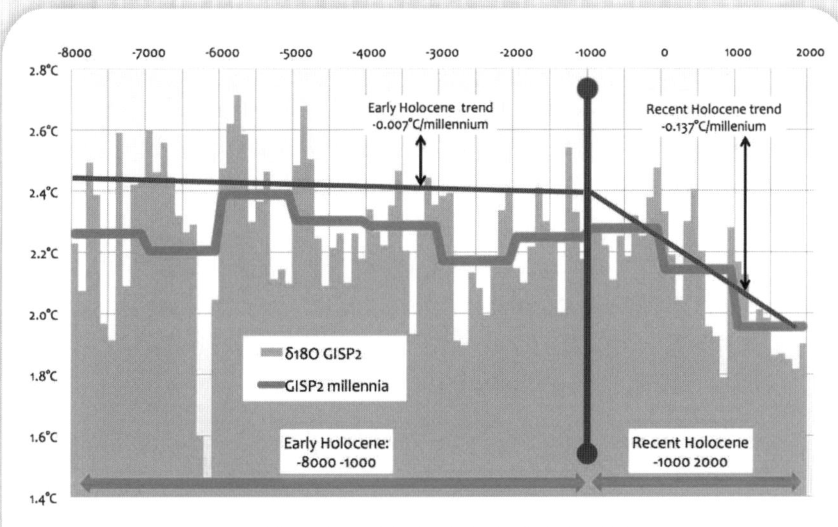

3000年前から次の氷期に向かう寒冷化が始まった

グリーンランドＧＩＳＰ２の氷床コア分析から

原始地球はおよそ46億年前に誕生しました。誕生した当初の地球は全体がドロドロに溶けた状態であり、表面温度は1,000℃をはるかに超えていました。地球は、原始地球が保有していた熱エネルギーを絶えず宇宙空間に放出しながら次第に冷えています。

しかし、地球の表面温度や気温は必ずしも単調に低くなっているわけではありません。

地球の表面環境の気温を決める主因の一つは、地表面に供給される熱エネルギーの量です。地表面に熱エネルギーを供給する熱源は二つです。一つは地球自身です。そしてもう一つは太陽光（太陽放射）です。

固体地球の内部構造は均質ではありません。中心に鉄でできた核があり、その周囲を岩石質のマントルがとりまき、さらにその外縁部を軽い岩石質の地殻を載せたプレートが覆っています。固体地球の内部構造は、それぞれの階層ごとに不連続で非定常に変動しています。その変動によって、地球内部の熱エネルギーの地表面への供給量は大きく変動します。

地球環境は、地球内部から地表面への熱エネルギーの供給量が少ない時期には寒冷化して氷河期になります。現在の地球は、4000万年ほど前から始まった氷河期のただ中にあります。氷河期には主に地球が受け取る太陽光の強さの変動が気温変化を引き起こします。

本章では、地球に残された過去の気候変動の痕跡の分析から、地球の気候変動の歴史を俯瞰すると同時に、氷河期の気温の変動機構を紹介します。

1-1

地球の内部構造の変動機構と気温

地球は、太陽を主星とする太陽系を構成する惑星の一つです。太陽系の惑星は、太陽に近い火星から内側の地球型惑星と、木星から外側の木星型惑星とでは内部構造が異なります。地球型惑星は半径の半分程度の金属の核を持ち、その外側を岩石層が取り囲んでいます。木星型惑星は中心に小さな岩石の核を持ち、その外側を水素が取り囲んでいます。

固体地球の外側は、ごく薄い海洋と大気層に覆われています。人類を含めてすべての生物は、固体地球の表面付近とごく薄い海洋と大気層の中に生息しています。一般に「地球環境」と呼んでいるのは、この生物が生息している海洋と大気層を含む地表面付近のごく限られた空間の物理的な状態のことです。

地球環境の性状は、太陽からの放射に代表される外的な要因と、地球の内部構造の変動に伴う熱エネルギーの放出量の変化によって大きく変化します。鉄でできた核と岩石層で構成されている固体の地球は、内部エネルギーを宇宙空間に放出しながら今も変化し続けています。

ここでは地球物理学の最近の研究成果から、固体地球と地球環境のダイナミックな変動機構について、『生命と地球の歴史』(丸山茂徳・磯﨑行雄著、岩波新書)の記述に従って紹介することにします。

地球の階層構造の誕生
～核/マントル/プレート・地殻/海/大気

原始太陽が成長するに従って、原始太陽系の公転面に塵(微細な固体粒子)と気体が円盤状に集まりました。原始太陽から近いところには金属や岩石の塵が集まり、遠い所では温度が低く水蒸気が凝結した微細な氷が塵の大部分を占めました。この塵の組成の違いが地球型惑星と木星型惑星の構造の違いを生みました。

塵は自らの重力で互いに引きつけ合い、次第に大きな塊になりました。これを「微惑星」と呼びます。地球の惑星軌道付近では金属と岩石を主体とする直径10km程度の微惑星ができました。その微惑星がさらに引きつけ合い、衝突を繰り返して惑星サイズにまで成長しました。猛烈なスピードで太陽の周りを周回していた微惑星の運動エネルギーは、衝突によって熱エネルギーに転化しました。こうして46億年ほど前にできた原始地球は、ドロドロに溶けた岩石層で覆われていました。これを「マグマオーシャン」と呼びます。

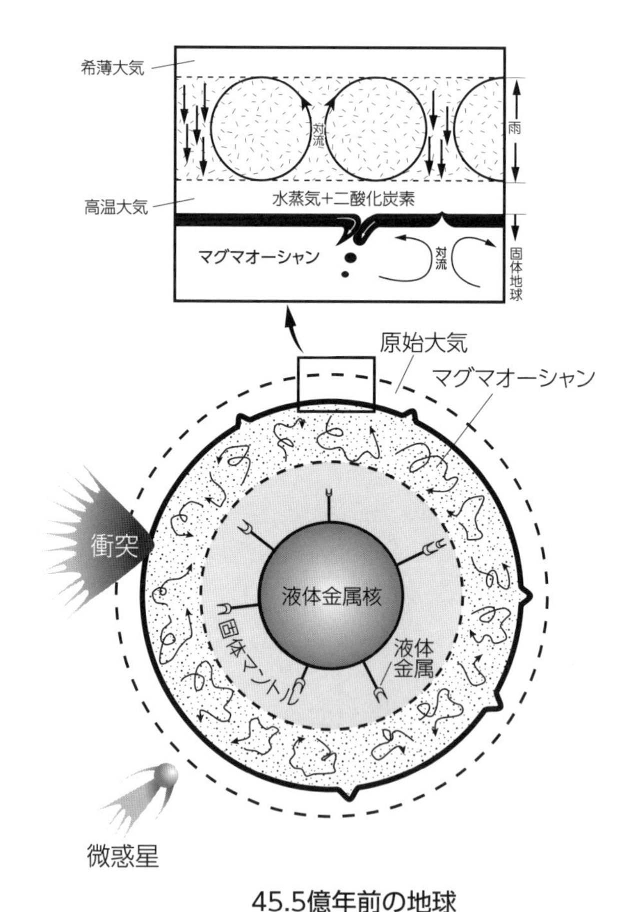

図1.1　原始地球の内部構造（原図：生命と地球の歴史、丸山茂徳・磯﨑行雄著、岩波新書）

マグマオーシャンで覆われた地球では、重力によって構造の内部分化が起きました。重たい金属鉄が原始地球の中心部分に沈み、地球の半径の半分程度の大きさの核ができました。核の外側には比較的軽い岩石質のマントルができました。マントルの外側は溶融したマグマオーシャンになっていました。マグマオーシャンからは揮発性の物質が分離して、水蒸気と二酸化炭素を中心とする数100気圧[註]という途方もない厚さの原始地球大気ができました。

このようにして45.5億年ほど前に地球の基本的な階層構造ができあがったと考えられています（図1.1）。溶融した岩石であるマグマオーシャンに覆われていた原始地球の表面温度は1,750℃程度と推測されています。

大気の外縁はほとんど真空の極低温の宇宙空間に連続しています。水蒸気は、原始地球の対流圏の上層で宇宙空間に放熱して冷却し、氷粒や水滴となって地表面に向かって落下しました。氷粒や水滴は1,000℃をはるかに超える高温の地表面に届く前に再び水蒸気となって大気中を上昇しました。原始地球はこの水蒸気を中心とする原始大気の激しい対流運動を介して地球内部の熱を宇宙空間に放出し続け、急速に冷却されました。やがて冷却されたマントルの表面付近の軽い部分が固化し始め、地殻ができました。43億年ほど前にはマントルが全て固化したと考えられています。

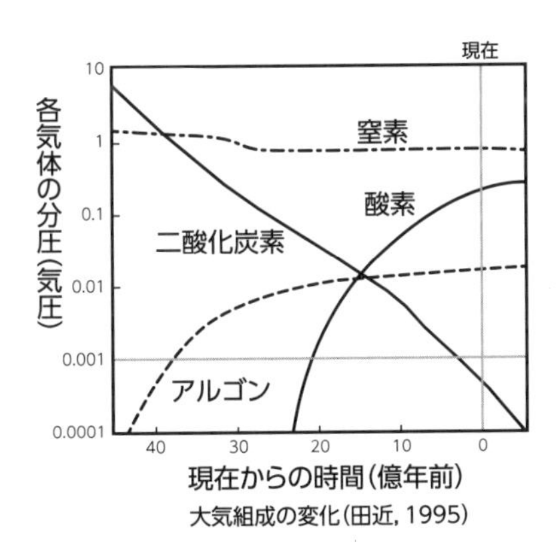

図1.2　地球の大気組成の変化（出典：生命と地球の歴史、丸山茂徳・磯﨑行雄著、岩波新書）

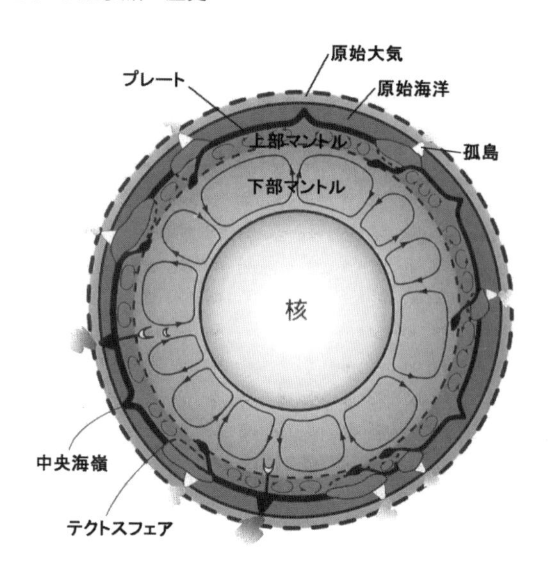

図1.3　地球の階層構造（原図：生命と地球の歴史、丸山茂徳・磯﨑行雄著、岩波新書）

地球誕生から数億年間が経過した後、地球の表面温度が下がり、水滴が再び水蒸気になる境界面が地表面に到達しました。その後、地表には長期間雨が降り続き、40億年ほど前に大規模な原始海洋ができました。この過程で、原始大気の中の主要成分であった300気圧以上の水蒸気が水となって取り除かれ、同時に二酸化炭素CO_2も雨水に溶け込んで取り除かれたため、大気は急速に薄く透明になりました（図1.2）。

こうして、中心から核→マントル→プレート・地殻→海→大気という、現在と同じ階層構造を持つ地球が出現しました（図1.3）。大陸は、その後の固体地球の進化の過程で出現することになります。

註）原始地球大気の水蒸気の分圧について

現在の海水総量は13.8億km^3程度です。海洋ができてから現在までに海水量の20%程度が上部マントルに吸収されたとすると、地球が誕生した当初の原子地球大気に含まれていた水の量は概ね$13.8 \div 0.80 \times 10^{17} m^3 \fallingdotseq 1.725 \times 10^{18} m^3$程度です。地球の表面積は$5.1 \times 10^{14} m^2$程度です。したがって、原始大気に含まれていた水蒸気の分圧は水深にして3,382m（$1.725 \times 10^{18} m^3 \div 5.1 \times 10^{14} m^2$）、つまり338気圧。

固体地球の進化と気温変化
～内部熱の断続的な放熱が繰り返されている

地球の内部は大きく二つに分かれています。地球の中心から半分程度は重たい金属鉄の核、その外側に岩石でできたマントルがあります。

核はさらに二つの部分に分かれ、中心側半分くらいが固体の内核、その外側には液体の外核があります。27億年ほど前に、外核を構成している液体鉄の対流運動が活発になり、地球に強い磁場ができたと考えられています。

マントルは固体ですが、ゆっくり対流しています（塑性流動）。通常、マントルは上部マントルと下部マントルの２層に分かれて対流しています。上部マントルは地球表面から放熱することで冷却されて次第に温度が下がるため、下部マントルよりも低温です。

上部マントルの外側は硬い板状になって地球の表面を覆っています。これがプレートです。固体地球の外側は10数枚のプレートで覆われています。地殻を載せたプレートはマントル対流に動かされて水平方向に移動しています。

海洋プレートは中央海嶺で生まれて水平方向に移動し、やがて海溝から大陸プレートの下に沈み込みます。この期間は数億年程度で、マントルに沈み込むことのない大陸プレートに比べてはるかに短命です。寿命の尽きた海洋プレートの残骸は下部マントルにまで沈み込むことはできず、上部マントルと下部マントルの境界付近に塊りになって留まります。

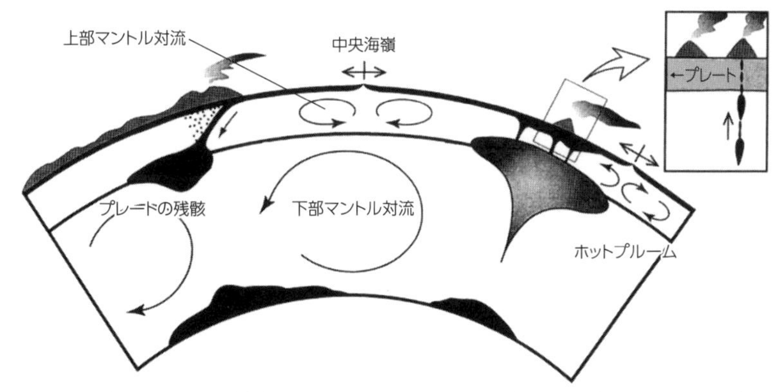

図1.4　通常期のマントル対流（原図：生命と地球の歴史、丸山茂徳・磯﨑行雄著、岩波新書）

大陸は大陸プレートの運動によって絶えず移動し、離合集散を繰り返しています。この大陸の離合集散の周期的な運動を「ウィルソン・サイクル」と呼びます。

全地球の大陸の大部分（80％以上）が一つにまとまってできる巨大な大陸のことを「超大陸」と呼びます。19億年ほど前に地球史上最初の超大陸であるローレンシア大陸が誕生したと考えられています。

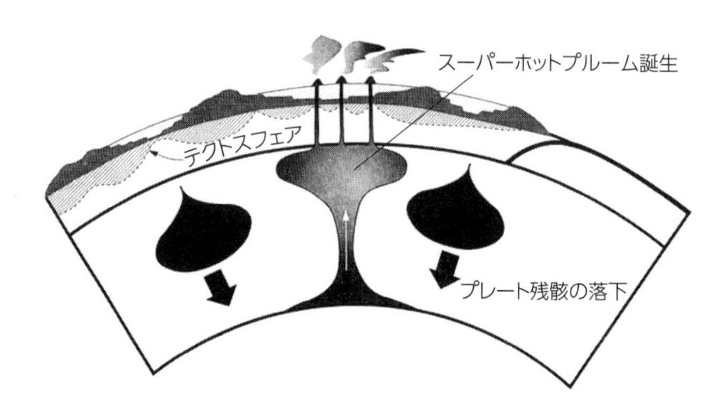

図1.5　超大陸分裂初期のマントル対流（原図：生命と地球の歴史、丸山茂徳・磯﨑行雄著、岩波新書）

超大陸が分裂し始める時期には、上部マントルと下部マントルの境界付近に溜まっていたプレートの残骸が一気に下部マントルの中に落下し、これを補うように下部マントルの巨大な上昇流が生まれます。これを「スーパーホットプルーム」と呼びます。

このとき、マントルの対流パターンが2層から1層に変化して、低温の上部マントルと高温の下部マントルが入れ替わります。これを「マントル・オーバーターン」と呼びます。超大陸が分裂するときには全地球規模でマントル・オーバーターンが起きると考えられます。マントル・オーバーターンが起きると、上部マントルの温度が急上昇して地表面からの放熱が大きくなります。

図1.6に示すように、少なくとも27億年前頃と20億年前頃の2回の全地球規模のマントル・オーバーターンが起きたと推定されています。

通常の2層構造を持つマントル対流では、上部マントルは地表面から放熱するために単調に冷却が進みます。その結果、マントル・オーバーターンの起きる直前の上部マントルの表面温度は極小となり、地表面環境は氷河期になります。

マントル・オーバーターンが起き、マントル対流が1層に変化して高温の下部マントルと低温の上部マントルが入れ替わると、地球の内部熱が地表に急速に放出されて火成活動が激しくなり、造山帯の形成量が急激に大きくなります。地球の内部熱が急激に減少するこの時期には、気温が高くなります。

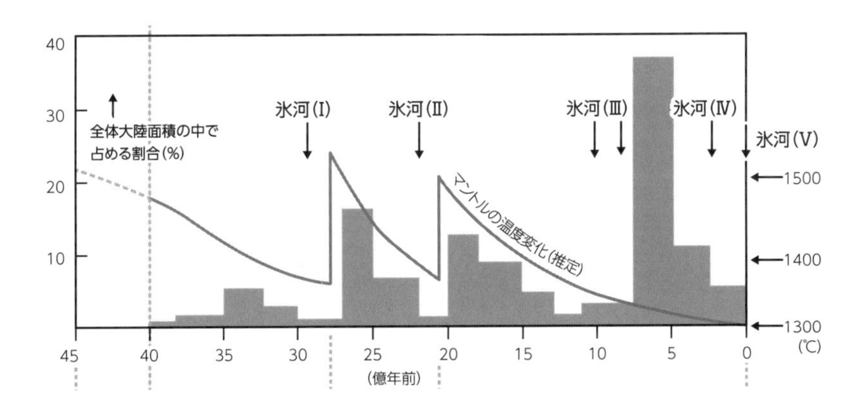

図1.6　造山帯の形成年代の頻度分布と上部マントルの温度変化（原図：プルームテクトニクスと全地球史解読、熊澤峰男・丸山茂徳編、岩波書店）

20億年ほど前から現在まで、上部マントルは冷却し続けています。10億年ほど前に氷河期（III）に入りました。冷却された上部マントルは流動性が小さく動きが遅くなったために地球の内部熱の放出量が極端に小さくなり、赤道付近までが氷に閉ざされました（スノーボール・アース）。この時期は地球史上で最も寒冷な時期であったと考えられています。

上部マントルが低温になったことで、7.5億年ほど前から海洋プレートに含まれている海水が脱水されずに上部マントルに逆流し始めました。すると、上部マントルに含まれる水分量が増加して溶融温度が低くなり、上部マントルの流動性が回復して対流速度が速くなりました。その結果、地球内部熱の地表面への放出量が回復し、同時に火成活動が活発になりました。こうして幸いに、地表環境は温暖化して氷河期が終わりました（図1.6の氷河（III）以降の造山帯の形成量の急増）。

海水のマントルへの逆流によって海水位が低下し、同時に火成活動が活発化して造山帯の形成が急増した結果、陸地面積が急速に拡大しました。現在までに海水位にして600m程度の海水が上部マントルに逆流したと考えられています。この海水のマントルへの逆流は現在も続いています。

マントルの流動性が回復したことで地表面環境は一旦温暖化しましたが、上部マントルの温度の低下は継続しています。３億年ほど前には再び氷河期（Ⅳ）に入りました。その後、1.25億年ほど前の白亜紀に部分的なマントル・オーバーターンが起きて温暖化しましたが、大半の上部マントルの冷却は続きました。現在は氷河期（Ⅴ）の中にあり、火成活動は静穏で、地表面環境は全般的な傾向として寒冷化が継続しています。

地球は、原始地球の誕生のときに持っていたエネルギーを宇宙空間に放出しながら、一方的に冷却を続けています。しかし、これまで見てきたように、地球の内部構造に階層性があるために、単調に冷却が進むわけではありません。地球の内部でおこる核やマントルの不連続な変動によって、急激に放熱が進む時期と放熱の小さい時期が繰り返されています。

内部熱が急激に放出されるときには地表面環境に供給される熱エネルギーが急増し、気温が急上昇すると同時に、火成活動が活発になることで地球表面環境が激変します。

熊澤氏と丸山氏は地球の誕生から現在までに起きた地球史的な重要事件を七つに整理しています。図1.7に示すように、「地球史７大事件」の多くが地球の内部熱が急激に放出され、地球環境が激変した時期に同期していることが分かります。

現在は、地球の内部熱の放出が小さく、地球環境は比較的静穏な氷河期です。この１万年余りの期間は氷河期の中では比較的温かい間氷期ですが、いずれ寒冷で過酷な氷期へと戻り、全般的にはさらに寒冷化することになると考えられます。

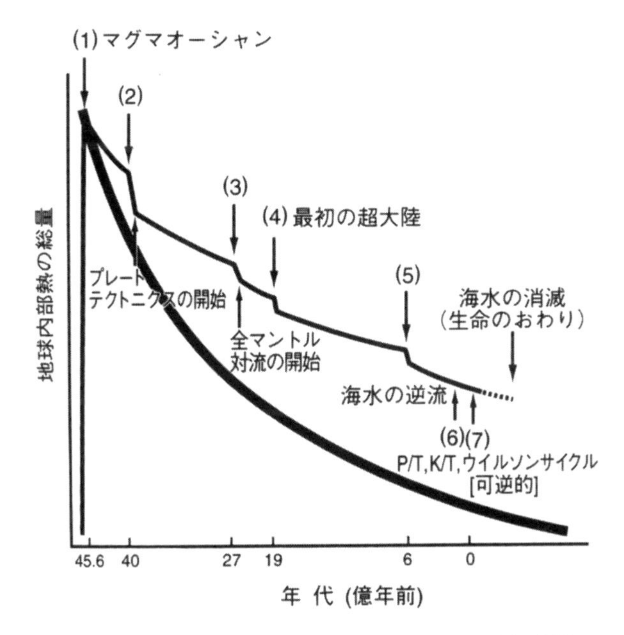

地球の内部に境界層がないときの地球の冷却曲線（太線）**と内部に境界層がある場合の冷却曲線**（細線）**の模式図．**地球は断続的な放熱変動を繰り返して今日に至る．

地球史７大事件

（1）原始地球の誕生（45.5億年前）

（2）プレートテクトニクス開始、生命の誕生、大陸地殻の形成開始（40億年前）

（3）強い地球磁場の誕生、酸素発生型光合成生物の浅海への進出（27億年前）

（4）初めての超大陸の形成（19億年前）

（5）海水のマントルへの注入開始、太平洋スーパープルームの誕生と硬骨格生物の出現（7.5～5.5億年前）

（6）古生代と中生代境界（P/T境界）での生物大量絶滅（2.4億年前）

（7）人類の誕生（500万年前～現在）

図1.7　地球の冷却曲線（原図：プルームテクトニクスと全地球史解読、熊澤峰男・丸山茂徳編、岩波書店）**と地球史７大事件**

1-2

現在は氷河期の真っただ中

20世紀の地球環境について、マスコミは「かつて経験したことのないほどの高温であった」というイメージを流布してきましたが、現在の地球には高緯度地域や高山に氷河が形成されています。作られたイメージとは裏腹に、現在の地球環境は地球史的に見ると「氷河期」と呼ばれる寒冷な時期にあります。

氷河期と言っても温度状態は一定ではなく、寒冷な時期と比較的暖かい時期を繰り返しています。相対的に寒冷な時期を「氷期」、温暖な時期を「間氷期」と呼びます。最終の氷期が1万年ほど前に終わり、その後、現在まで間氷期が続いています。

ここでは、現在の氷河期の氷期－間氷期サイクルが現れる仕組みを紹介します。また、1万年ほど続いている現在の間氷期の気温の変動を概観することにします。

現在まで続いている氷河期
～地球史的には5回目

地球誕生から現在までの推定されている気温の変動の概略を図1.8に示します。気温が低く、極冠（惑星の極地域を覆う氷）など高緯度地域に氷河が発達している時期を「氷河期」と呼びます。地球の誕生以来、現在を含めて少なくとも5回の氷河期があったのではないかと考えられています。

1.25億年ほど前の白亜紀に部分的なマントル・オーバーターンが起きて温暖化した後は、現在まで次第に寒冷化が進んでいます。4000万年ほど前に南極で氷河の成長が始まり、現在に続く氷河期に入りました。300万年ほど前には北半球でも氷河や海氷が発達し始めました。現在、南極大陸には最も厚いところで4,000mにも及ぶ氷河があります。北半球でもグリーンランドや高山には氷河があり、北極海には海氷もあります。現在は氷河期のただ中にあります。

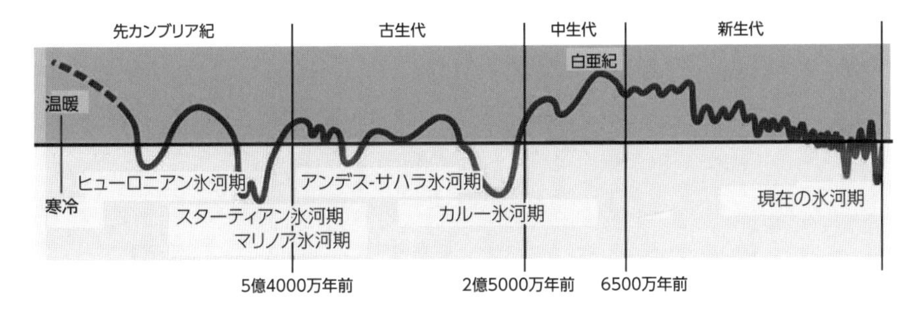

図1.8　地球の気温の変動の概要（Newton2007年8月号の原図に、地球史的イベントを加筆）

氷河－間氷期サイクルが現れる原因
～ミランコビッチ・サイクル＝地球の軌道要素の変動

図1.9は、深海堆積物に含まれている酸素の同位体である^{18}Oの同位体比率δ^{18}Oから推定した過去550万年間の気温変動の復元図です（同位体比率については42頁を参照）。100万年ほど前から気温の変動幅が大きくなり、概ね10万年程度の周期で氷期と間氷期が繰り返されています。

この気温の周期変動は、太陽を巡る地球の軌道要素の変化で、地球が太陽から受け取るエネルギー量（日射量）や太陽と地球表面との相対的な位置関係が変化することによって引き起こされる現象だと考えられています。この地球の軌道要素の周期的な変動を「ミランコビッチ・サイクル」と呼びます。

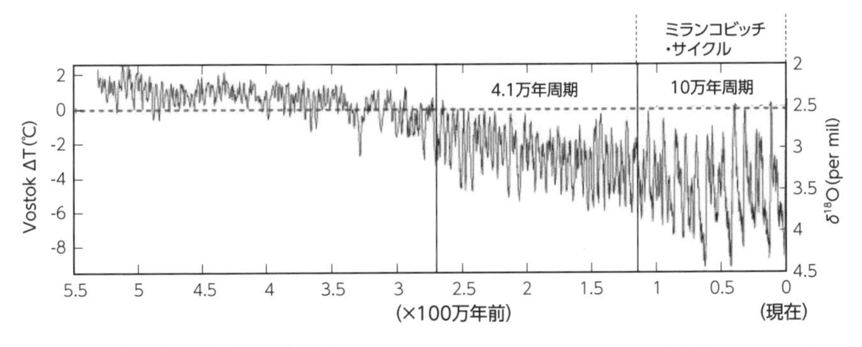

図1.9　現在の氷河期の気温変動（原図：Lisiecki and Raymo in the journal Paleoceanography, 2005）

ミランコビッチ・サイクルが発現する原因となる主要な軌道要素として、離心率、地軸の傾き、歳差運動の三要素があります（図1.10）。

離心率：軌道の形が円からどれだけ離れているかを表す。（10万年周期）

地軸の傾き：24.5°～22.5°の間で変化。（4.1万年周期）

歳差運動：地軸が首を振るように回る運動。（2.1万年周期）

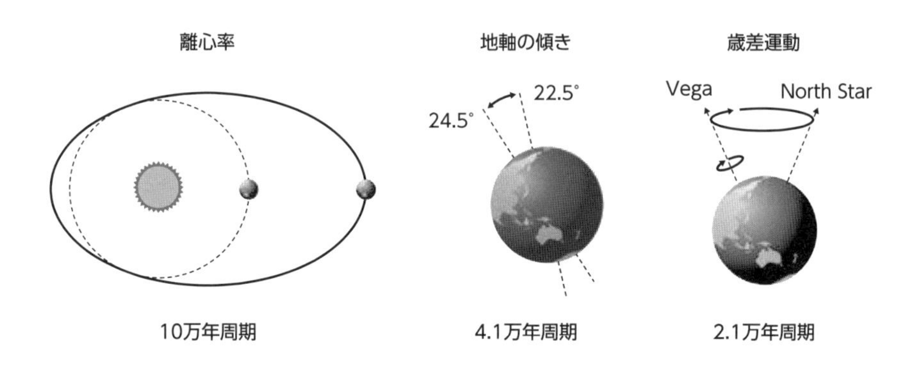

図1.10　ミランコビッチ・サイクル発現の三つの軌道要素

最近の40万年余りの期間では、気温変動に対して10万年周期の離心率の変化の影響が最も大きいと考えられます。

南極氷床コア分析による気温変動の復元
～過去80万年間の気温変動の情報が得られる

現在、地球上には南極大陸やグリーンランド島をはじめとして低～中緯度地域の高山にも氷河があります。北極海には巨大な海氷があります。南極の氷床（＝総面積5万km^2以上の氷河の集合体）は、現在地球上にある氷河の体積の90％以上を占めています。南極の氷床の厚さは平均で2,500m、最も厚いところで4,000m近くあります（図1.11）。

南極の氷床は、南極内陸部の気温が夏でも氷点下数10℃であるために、降り積もった雪が溶けずに、雪自身の重さで押し固められてできたものです。そのため、雪が降った当時の地球の大気や塵を氷の中に閉じ込めています。氷床を分析することで大昔の地球表面付近の環境の様子を探ることができます。

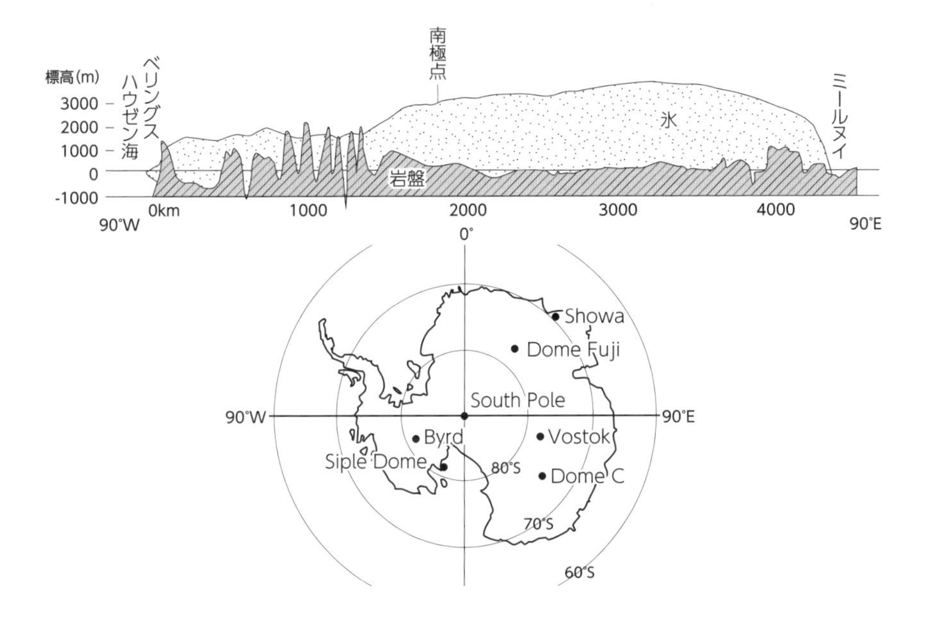

図1.11　南極氷床の東西方向の断面図（上）と主要な観測基地（下）

南極氷床の分析は、掘削機で円柱状の「コア」を切り出して行います。現在、最も長いコアはドームC基地のそばで採取されたもので、3,190mの深度まで到達しています。採取地点の標高は3,233m、年平均気温は－54.5℃です。この氷床コアの分析によって、おおよそ過去80万年間の気候変動の情報が得られています。

図1.12に、ドームC基地の氷床コアの分析から明らかになった過去80万年間の気温（実際には重水素の同位体比率δDから推定した現在の気温に対する偏差）の変動と、大気中の二酸化炭素CO_2濃度とメタンCH_4濃度の変動を示します。

分析結果から、過去40万年程度の期間は、南極の気温は概ね10万年周期で10℃程度の幅で変動していることが分かります（図1.9のミランコビッチ・サイクルと対応）。図1.12の高温の時期（灰色の部分）が間氷期です。現在（右端）は、1万年ほど前に最終の氷期が終わり、幸いに比較的暖かい間氷期にあります。

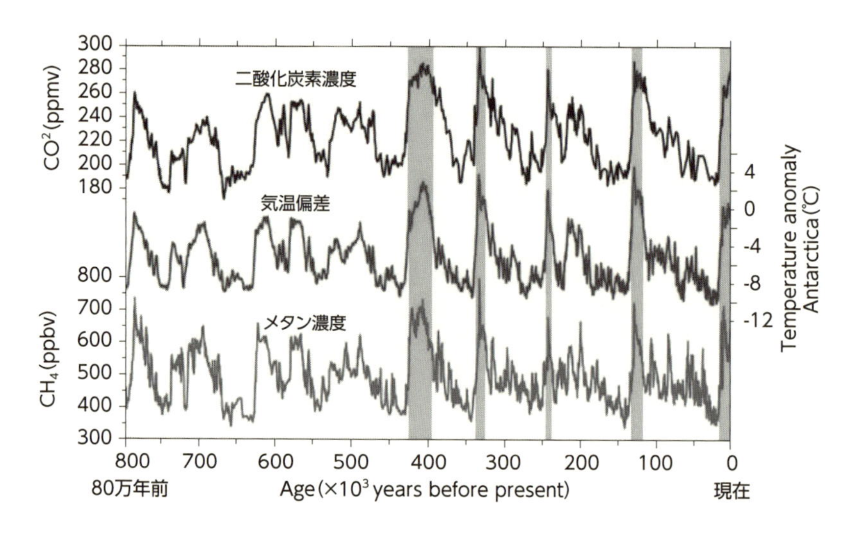

図1.12　南極氷床コア分析による気温とCO_2濃度、CH_4濃度の変動の復元
（原図：Luthi et al. 2008 and Loulergue et al. 2008）

図1.12から、氷期の気温の底から間氷期への遷移は短期間で急速に温暖化していることが分かります。その後、小さな気温変動を繰り返しながら、10万年程度かけてゆっくり低温化して再び氷期の底に向かっています。

この気温の変動に同期してCO_2濃度、CH_4濃度が変化していることが分かります。

今後、地球は次第に寒くなる
～全般的な傾向として、氷河期が継続して気温は低下する

今後の地球の気候はどのような変化をするのでしょうか？マントル・オーバーターンが起こらないかぎり、上部マントルの温度は次第に低くなります。このことから、現在の氷河期はかなり長期間続き、全般的な傾向として次第に寒くなると考えられます。

全地球規模でマントル・オーバーターンが起こる可能性があるのは、現在のアジア大陸を中心とする次の超大陸“アメイシア”（図1.13）が分裂を開始するときですが、それは2.5億年ほど先になると推定されています。あるいはそれ以前に部分的なマントル・オーバーターンが起こるかもしれませんが、今の

ところ予測はできません。

図1.13　次期超大陸アメイシアの予想図

マントル・オーバーターンが起こると気温の急上昇と激烈な火成活動が起こり、地球の表面環境は激変します。過去の地球では、マントル・オーバーターンに伴って生物種の大量絶滅と新たな種への入れ替えが起こりました。

あるいは、マントル・オーバーターンが起こる前に海水がすべて上部マントルに吸収されて、上部マントルの流動性の低下によって地球表面全体が氷河で覆われてしまうかもしれません（スノーボール・アース）。そうなると生物が絶滅することも考えられますが、これも今のところ予測はできません。

完新世の気温変動の概要
～ヒプシサーマル期、中世温暖期、小氷期

「完新世」とは、地球の地質年代を表す呼称で、現在を含む最も新しい時期を指します（以前は「沖積世」と呼ばれた）。1万年ほど前に最後の氷期が終わって間氷期に入りました。この1万年ほど続いている間氷期が完新世です。

以下に、完新世の気温の変動傾向をIPCC1990年の報告書に掲載された模式図（図1.14）で見ておくことにします。

約10000年前に最終氷期が終わり、急速に気温が上昇しました。その後、一旦寒冷化したようですが、6000年前ころを中心に気温の極大期が現れます。これを「完新世高温期（ヒプシサーマル期）」、あるいは「気候最適期」と呼んでいます。

完新世高温期は古代の四大文明が相次いで現れた時期です。温暖な気候は世界各地に農耕文明を発達させ、日本では縄文文化が最盛期を迎えました。縄文文化の中心地が東北地方にあったことは、当時は東北地方の気候が人の生活に適していたことを示しています。完新世高温期は現在より3℃程度も高温であったと考えられています。

その後また寒冷化した後に、紀元2～3世紀ころにはローマ帝国が繁栄したローマ温暖期がありました。ローマ帝国はその後の寒冷化によって滅亡しました。

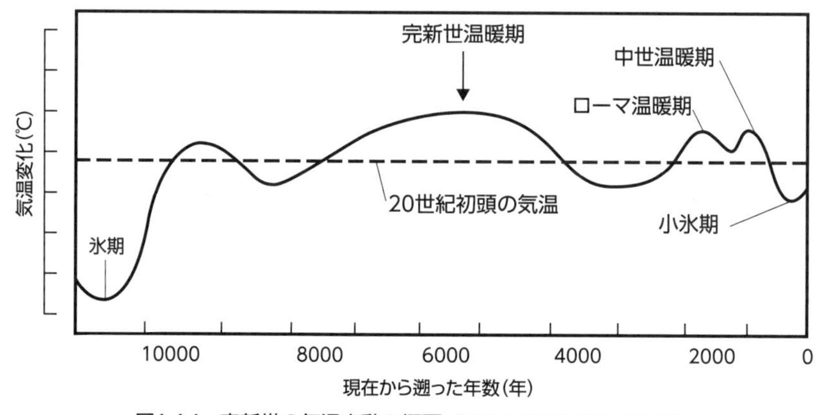

図1.14　完新世の気温変動の概要（原図：IPCC1990年報告書）

1000年ほど前には中世温暖期がありました。航海術に長けた北欧のヴァイキングは、温暖な気候に恵まれたおかげで、北はグリーンランド、西は北米大陸、南は地中海一円にまで航路を伸ばし、ときに海賊行為を行うこともあったようですが、盛んに交易を行いました。

現在のグリーンランドは大部分が氷河に覆われていますが、温暖であった10世紀には南西部の沿岸地域で入植者による牧畜が営まれていました。しかし、寒冷化によって15世紀後半に入植地は消滅しました。グリーンランドのボアホールの温度測定から得られた気温復元図を見ると、中世温暖期のグリーンランドの気温は現在よりも2℃程度高温でした（図1.15参照）。

中世温暖期には、イギリスでもワインが盛んに生産されていました。日本で

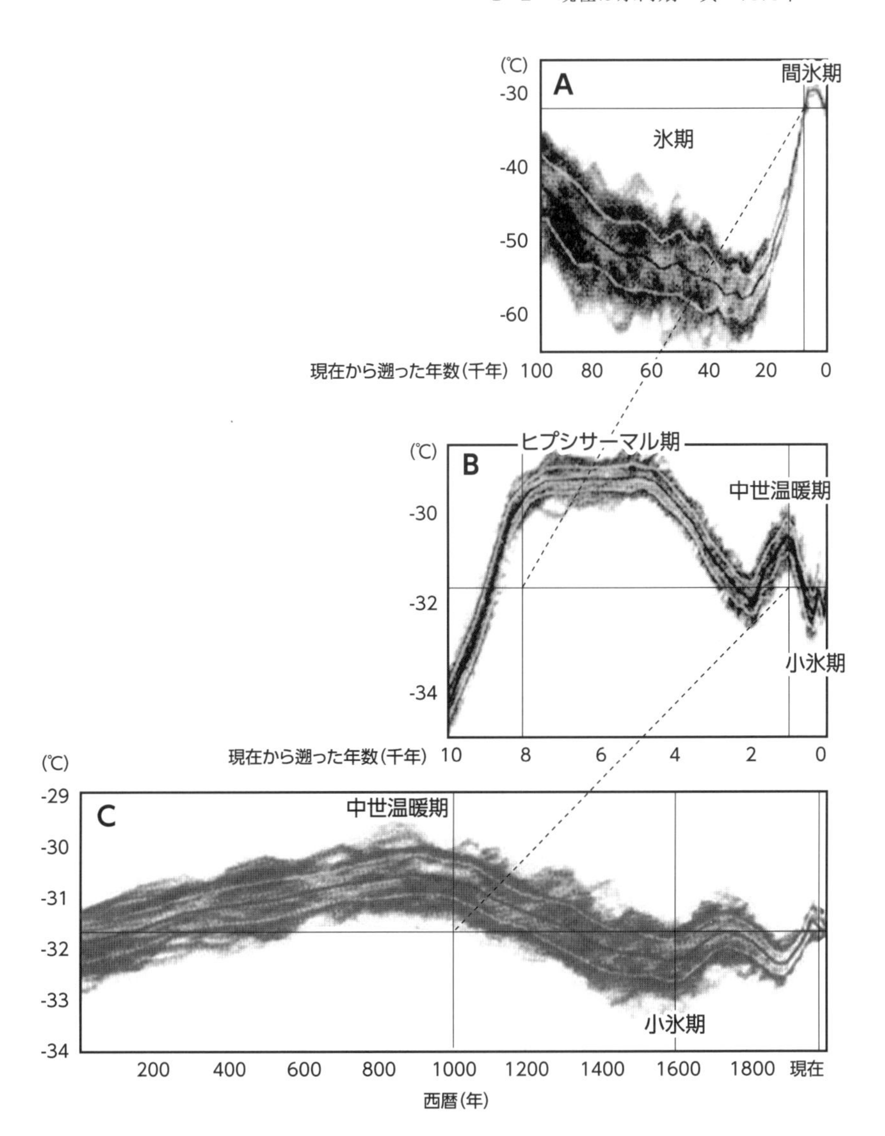

図1.15　グリーンランドの氷床ボアホールの温度計測による気温復元図
（原図：地球温暖化、伊藤公紀著、日本評論社）

は平安時代で、温暖で農業生産が順調で平穏な時代であり、文化の爛熟期を迎えました。この時期、東北地方で奥州藤原氏が栄華を極めたのも温暖な気候による影響かもしれません。

その後、全世界的に寒冷化が進み、完新世で最も寒冷な時期であった小氷期（14世紀中盤～19世紀中盤）を迎えました。イギリスではテムズ川が結氷し、川の上で市が開かれたりスケートをして遊ぶ様子が絵画に残されています。ヨーロッパでは飢饉が頻発し、またペストが蔓延して人口が激減しました。アジアでは寒冷化が一つの要因となってモンゴル帝国の南進が起こったのではないかと考えられています（桜井邦朋著『眠りにつく太陽』祥伝社、2010年）。当時の日本を震撼させた元寇も地球環境の寒冷化が原因の一つだったのかもしれません。また、江戸時代には凶作による飢饉が頻繁に起こりました。人間社会にとって寒冷で過酷な時代であった小氷期は19世紀半ばに終わり、その後20世紀末まで気温が上昇しました。

この完新世の気温変動の痕跡がグリーンランドの氷床の中に残されていました。氷床に鉛直方向に掘った試錐孔（ボアホール）の温度を深度方向に計測することで、気温変動の歴史を再現する試みが行われています（図1.15）。ボアホールの温度計測による気温の復元では、時間に対する解像度は高くありませんが、完新世の気温変動のビッグ・イベントである、完新世温暖期（ヒプシサーマル期）、中世温暖期、小氷期を読み取ることができます。現在（右端）と比較して、ヒプシサーマル期は３℃程度高温、中世温暖期は２℃程度高温だったことが分かります。

1-3
氷河期の気温の変動機構

現在の地球環境は、地球内部からの熱の放出量が少ない寒冷な氷河期です。氷河期には固体地球内部の活動は静穏です。しかし氷河期にあっても、寒冷な氷期と比較的温暖な間氷期が繰り返されます。また、完新世の気温変動が示すように、比較的温かい間氷期の中でも3℃程度の幅の気温変動が起きています。

こうした氷河期に起こる気温変動の主要な原因は、地球の外にあると考えてよいでしょう。例えば、氷期と間氷期の周期的な変動の主因は、ミランコビッチ・サイクルで地表面に到達する太陽光の量や入射角度が変化することで起こることを前節で紹介しました。氷河期の気温変動は、外的な要因の変化によって地球環境が受動的に変化することで起きているのです。

ここでは、氷河期の気温変動と太陽活動の関係を紹介します。

太陽の活動が気温を決める
～地表面への熱エネルギーはどこから供給されるか

気温とは、私たちが生活している地表面付近の大気の温度のことです。その気温を決める第一の要素は、熱エネルギーの供給量です。地表面に供給される時間あたりの熱エネルギーの大きさが気温の大枠を決めます。

現在の地球は、南極大陸やグリーンランドなどの高緯度地域や高山に氷河が発達している氷河期です（図1.8参照）。地球の上部マントルから地表面環境に供給される熱エネルギー（地熱）は小さい状態が続いています。

現在の地熱の供給量は35TW=35×10^{12}W程度です（出典：Wikipedia）。地球の表面積は半径を6,371kmとすると510,064,472km^2なので、単位面積あたりの地熱の供給量は次式の通りです。

$$35\times10^{12}\,W \div (510,064,472\times10^{6})\,m^2 = 0.069W/m^2$$

これに対して、太陽放射から受け取る単位時間当たりのエネルギー量は、太陽光に垂直な面では約1,366W/m^{2}です。太陽放射を地球表面全体で均等に受けるとして、地球表面の単位面積あたりの平均的な仕事率を求めると341.5W/m^2(=1,366W/m^2÷4)です。

地熱によって供給されるエネルギーは、太陽放射によって供給されるエネルギーの0.02%にすぎません。したがって、現在の氷河期の気温は、主に太陽から供給されているエネルギー（太陽放射）によって決まることが分かります。

太陽活動の活性度の指標
～太陽放射照度、太陽黒点数、太陽黒点周期

太陽活動の詳細な仕組みは十分に解明されていませんが、観測データの蓄積で、太陽活動の変動の様子が次第に明らかになっています。

太陽活動の活性度を示す代表的な指標としては「太陽放射照度」があります。太陽放射照度の直接観測データが記録され始めたのはごく最近のことです。

通常、太陽からの放射照度を1,366W/m^{2}とし、これを「太陽定数」と呼びます。しかし、太陽放射は一定ではなく、周期的に変動しています（図1.16)。

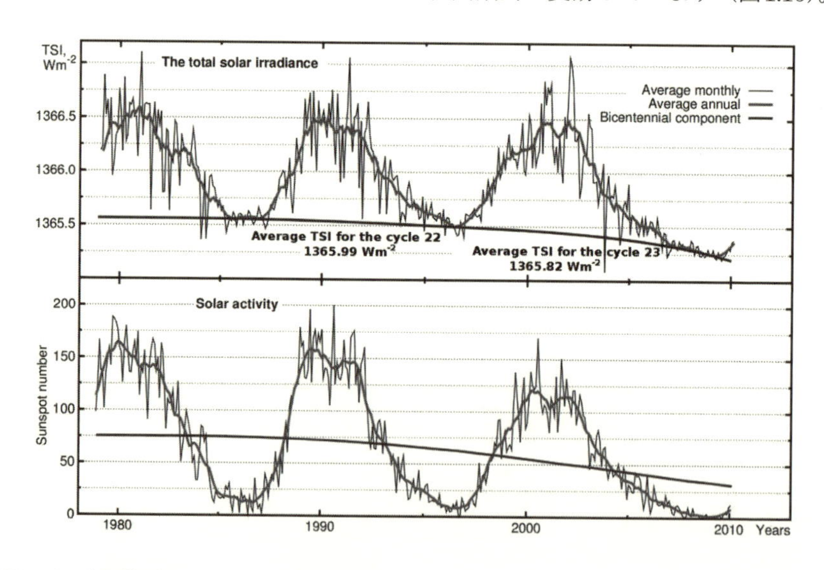

図1.16　太陽放射照度（上）と太陽黒点数（下）の変動（出典：Abdussamatov H.I. The Sun Dictates the Climate. Fourth International Conference on Climate Change in Chicago, May 2010)

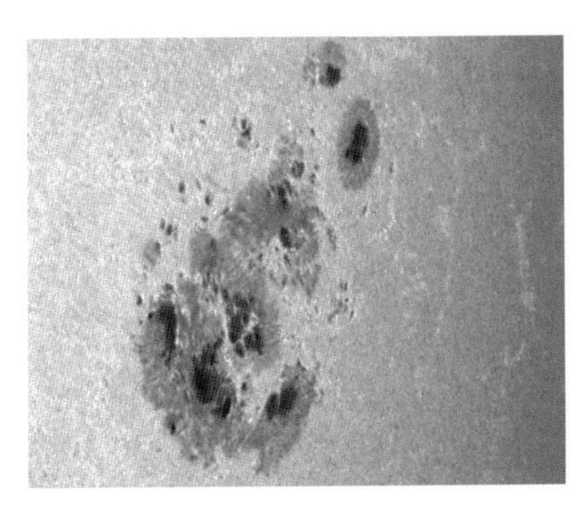

図1.17　**太陽黒点**（http://www.kawaguchi.science.museum/astro_gallery/minigallery2.html）

太陽活動に関する直接観測データとして、古くからの記録が残っているのが「太陽黒点数」です。太陽黒点とは、太陽表面に現れる周囲より暗い部分（斑点）のことです（図1.17）。

太陽黒点は色が黒いことから分かるように、周囲よりも低温です。しかし、太陽黒点が多く現れるときは太陽活動は活発で、放射照度や太陽風（太陽から放出される陽イオンと電子に電離した気体＝プラズマの流れ）が強いことが分かっています。

図1.16に示すように、太陽黒点数（Sunspot number）と太陽放射照度（total solar irradiance）の変動は非常によく対応していることが分かります。

太陽黒点数の変動周期（例えば、極大から次の極大、または極小から次の極小までの期間）は、20世紀では平均すると概ね11年程度ですが、実際には常に変動しています。図1.18に太い実線で示す太陽黒点の変動周期は、太陽黒点

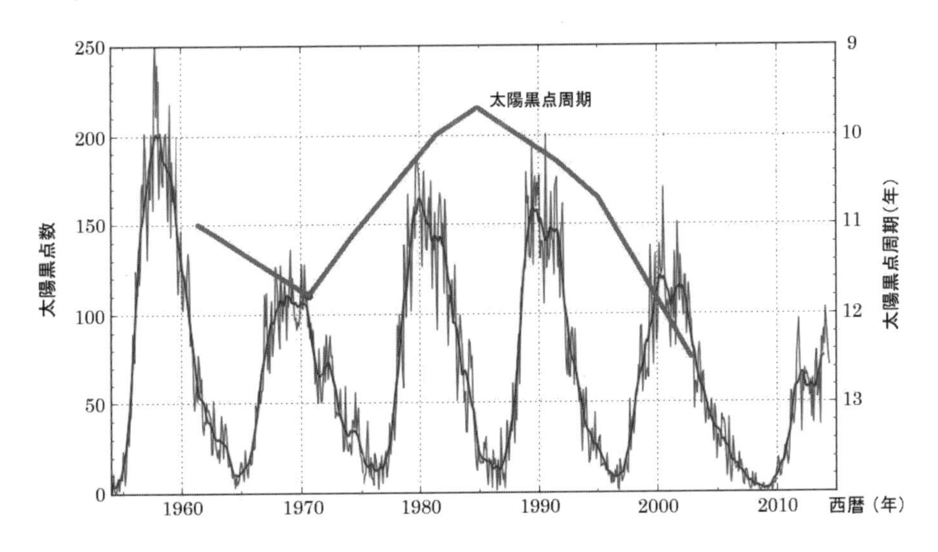

図1.18　**太陽黒点数と太陽黒点周期の変動**（http://sidc.oma.be/silso/versionarchive）

数が多い時期（＝太陽活動が活発な時期）には短く、逆に太陽黒点数が少ない時期には長くなります。

図1.18に示すように、1997年の極小から始まるサイクルでは太陽黒点数が急速に減少し始め、太陽黒点周期は12年を超えました。2009年からのサイクルでは黒点の発現がさらに不安定になっています。太陽黒点数の減少と黒点周期の長期化は、ともに太陽活動の低下を示しています。地球は2000年代に入って気温低下局面に入ったと考えられます。

太陽活動と宇宙線
～太陽黒点数と侵入宇宙線量は逆相関関係

宇宙空間には超新星爆発などによって生じた高いエネルギーを持つさまざまな放射線が飛び交っています。これらを総称して「宇宙線」と呼び、その大部分は陽子です。宇宙線は帯電しているために磁場によって軌道が曲げられたり撥ね返されたりします。

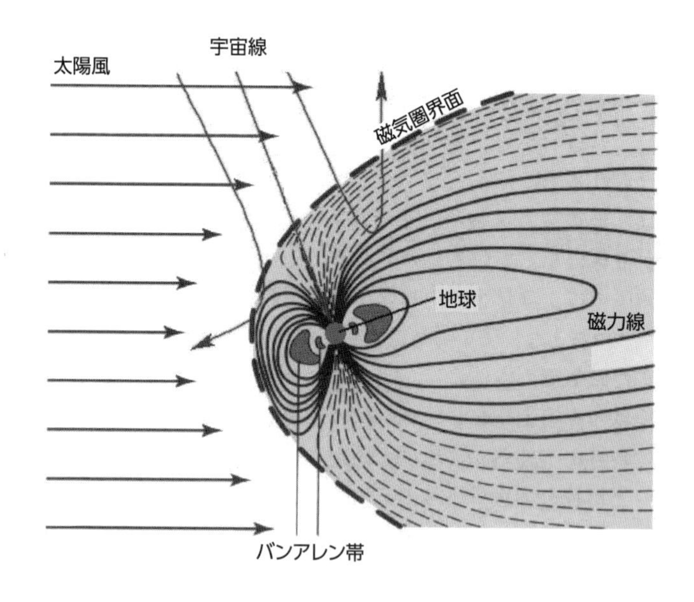

図1.19　太陽風、地球磁場と宇宙線（原図：地球科学入門、内藤玄一・前田直樹著、米田出版）

太陽や地球も固有の磁場を持っています。宇宙線は太陽磁場や地球磁場の影響で大部分が軌道を曲げられたり撥ね返されたりしているために、地球大気に進入する宇宙線の量は生物が生きていける程度にまで減少しています。宇宙線は主に地球の磁力線が開いている両極から地球大気に侵入します（図1.19）。

太陽活動が活発なときは太陽磁場や太陽風は強くなり、太陽系に進入する宇宙線量が減少します。太陽磁場や太陽風が強くなると、地球磁場の磁力線密度は高くなり強固になります。その結果、地球大気に進入する宇宙線量はさらに少なくなります。図1.20に示すように、太陽活性度の指標である太陽黒点数と地球大気に侵入する宇宙線量は逆相関関係を示します。

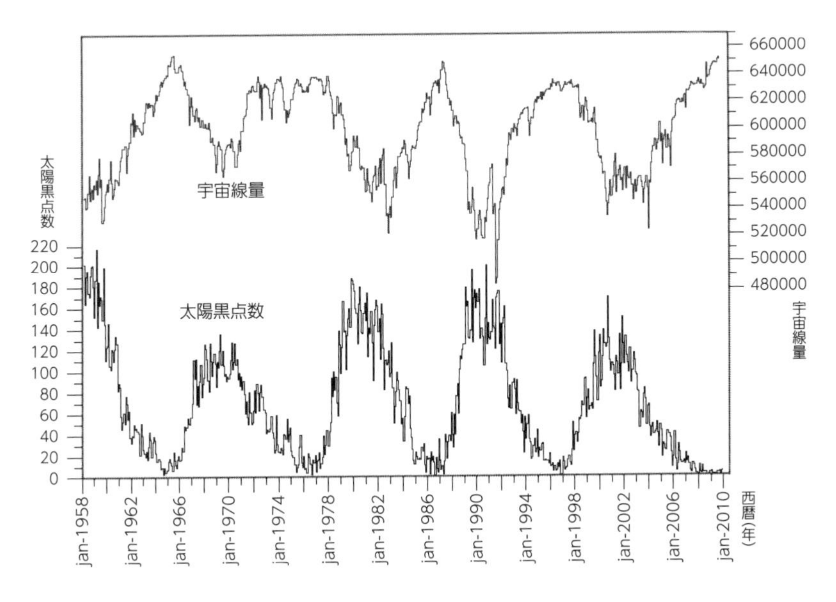

図1.20　太陽黒点数と地球大気に侵入した宇宙線量の変動
(http://www.climate4you.com/Sun.htm)

宇宙線が地球大気に侵入すると、大気を構成する気体分子と衝突します。その過程で気体分子を構成する原子の原子核から中性子や陽子が叩き出されます(二次宇宙線)。地球大気で最も大量に存在する窒素の原子核に中性子が衝突して原子核から陽子を叩き出すことによって、窒素 ^{14}N（陽子７、中性子７）が放射性炭素 ^{14}C（陽子６、中性子８）に核種変換されます（図1.21参照）。

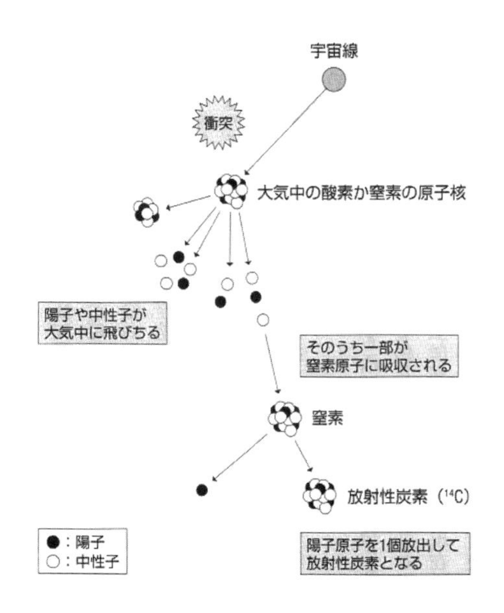

図1.21　宇宙線による^{14}Cの生成（出典：眠りにつく太陽、桜井邦朋著、祥伝社新書）

地球大気に進入する宇宙線量が多いと、炭素同位体比率δ^{14}Cが大きくなります。宇宙線量が多いということは地球磁場が弱く、太陽活動が不活発であることを示しています。したがって、δ^{14}Cが大きな値を示すときには太陽活動が不活発で気温も低く、逆にδ^{14}Cが小さな値を示すときには太陽活動が活発で気温も高くなります。

以上に示した太陽活動の活性度を示す指標と気温との関係を表1.1にまとめます。

低い	太陽の活動の活性度	高い
弱い	太陽放射照度	強い
少ない	太陽黒点数	多い
長い	太陽黒点周期	短い
弱い	太陽磁場	強い
多い	宇宙線量	少ない
大きい	炭素同位体比率δ^{14}C	小さい
低い	**気温**	**高い**

表1.1　太陽の活性度の指標と気温

完新世の太陽活動と気温変動
～古気候の研究から①

太陽活動と地球の気温がどのように関連しているのかを、古気候の研究から紹介することにします。

図1.22は、ムーベリ（Moberg, 2005年）による北半球の気温復元図と、同じ期間のファインマン（Feynman, 1988年）による炭素同位体比率δ¹⁴Cの変動を比較したものです。

太陽黒点の極小期は黒点の発現数が極端に少なく、太陽活動が不活発な時期です。太陽磁場や地球磁場は弱く、地球大気に到達する宇宙線量が多くなるために炭素同位体比率δ¹⁴Cは大きな値を示します（図1.22の炭素同位体比率

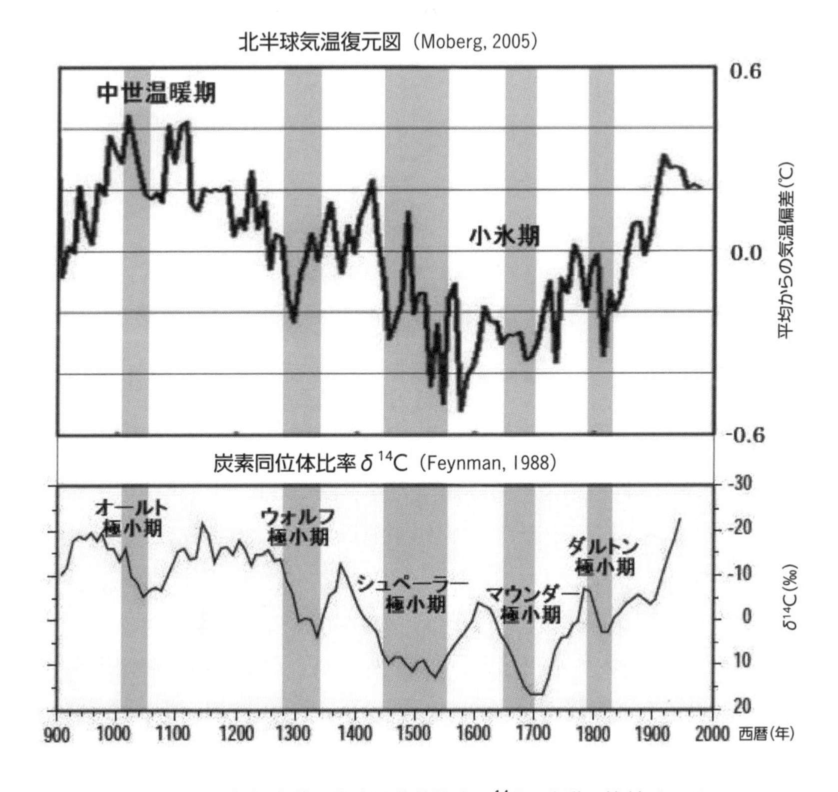

図1.22　気温変動と炭素同位体比率δ¹⁴Cの変動の比較（近藤）

δ^{14}Cは下にいくほど大きな値となっていることに注意)。完新世で最も寒かった小氷期（14世紀後半～19世紀前半）には、シュペーラー極小期、マウンダー極小期、ダルトン極小期と名付けられた三つの黒点極小期がありました。

ムーベリによる気温復元図は樹木の年輪データと湖底堆積物を用いて北半球の気温変動を復元したものですが、ファインマンによる炭素同位体比率δ^{14}Cの変動と非常に良い対応を示しています。これは、完新世の気温変動を決定する主要な要因の一つが太陽活動の活性度であることを示しています。

太陽の黒点変動周期の復元
～古気候の研究から②

太陽活動に対する科学的な観測データとして最も古くから記録されているのが太陽黒点数です。しかし、太陽黒点数の観測記録が残っているのはせいぜい過去400年間程度です。

古気候学の研究では、先に紹介した炭素の放射性同位体^{14}C（半減期5730年）の測定以外に、原子量10の放射性ベリリウム^{10}Be（半減期150万年）の測定によっても太陽放射照度の推定がおこなわれています。年代が特定できる試料、例えば樹木の年輪や湖底・海底堆積物の地層に含まれる^{14}Cや^{10}Beの同位体比率を調べることで、当時の太陽活動の活性度が推定できます。こうして直接観測データのない太古の太陽活動の変動を復元できるようになりました。

宮原ひろ子氏（東京大学宇宙線研究所）による屋久杉の年輪に含まれる^{14}Cの同位体比率の分析から、中世温暖期以降の太陽活動の変遷が明らかになりました。図1.23は、その分析結果から推定した太陽黒点周期です。

図1.23から、中世温暖期の最盛期の太陽黒点周期は～9年、小氷期に含まれるシュペーラー極小期やマウンダー極小期の太陽黒点周期は～14年、20世紀の黒点周期は～11年で推移していたことが分かります。

このように太陽黒点周期の研究から、定性的に、中世温暖期の最盛期は20世紀よりも太陽活動が活発であり、小氷期は20世紀よりも太陽活動が不活発であったということが分かります。このことは、20世紀の気温が中世温暖期の最盛期よりも低く、小氷期よりも高温であったという事実をよく説明しています。

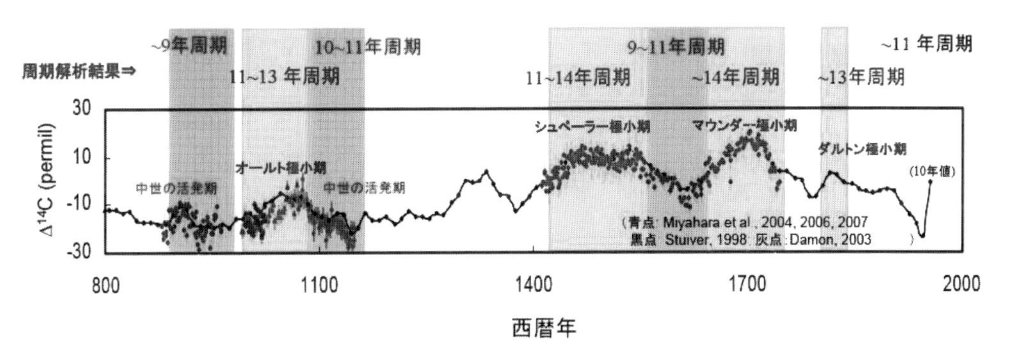

図1.23　屋久杉の炭素同位体比率Δ^{14}C分析による黒点変動周期の復元
（出典：中世の温暖期と近世の小氷期における太陽活動と気候変動、宮原ひろ子、気象予報士会東京支部第41回例会講演資料、2009年）

小氷期からの気温回復過程（産業革命以降20世紀まで継続した気温上昇過程）の主要な原因は、炭素同位体比率Δ^{14}Cの急激な減少と黒点変動周期が短くなっていることから、太陽活動の活発化によるものだと考えられます。

図1.18（35頁）をもう一度見てください。20世紀末から太陽黒点数が急速に減少すると同時に、太陽黒点周期は12年を超えています。このことは、太陽が活動の不活発期である黒点極小期に入る兆候を示しているのかもしれません。

［参考1］気温変動、太陽活動の指標となる同位体比率

物質Xの同位体比率は、一般に次式の千分率（パーミル）で表す。

$$\delta X=\left(\frac{r}{R}-1\right)\times 1{,}000 \quad (‰)$$

r：サンプルの同位体比率

R：標準同位体比率

質量数18の酸素の同位体 ^{18}Oの場合、自然界の標準的な同位体の存在比率R＝^{18}O/^{16}Oに対して、特定のサンプルに含まれる同位体の比率をr＝^{18}O/^{16}Oとして、δ^{18}Oを千分率として求める。

気温変動の指標として使用される物質としては代表的なものに酸素同位体^{18}O、水素同位体^{2}H＝D（重水素）、炭素同位体^{13}Cがある。太陽活動の指標としては、炭素同位体^{14}C、ベリリウム同位体^{10}Bがある。

例えば、図1.9（25頁）に示した気温復元図は、深海堆積物から年代の特定できる試料を採取して、試料に含まれている酸素の同位体比率を測定することで求めたものである。^{18}Oは^{16}Oに比べて質量が大きく、^{18}Oを含んだ水分子は重たく蒸発しにくい性質を持っている。陸上に氷河が拡大する＝地球が寒冷化すると相対的に海水量は少なくなり、海水に含まれる^{18}Oの比率が大きくなる。深海堆積物に含まれるδ^{18}Oが大きいほど気温が低かったことを示す。

このように、着目している気温や太陽活動と、試料に含まれる指標となる物質の同位体比率の関係を求めて、年代の特定できる試料に含まれる物質の同位体比率を分析することで過去の気温や太陽活動の変動を復元することができる。

第２章
２０世紀温暖化の実像

２０世紀の温暖化は人為的なCO_2放出が原因だったのか？

第1章では過去の気候変動の痕跡の分析結果や気象観測のデータを紹介しました。それらは氷河期の気温が太陽活動に従って変動していることを示していました。現在は氷河期ですが、幸い比較的温暖な間氷期が1万年余り続いています。

ところで、IPCCに参加する気象研究者をはじめとする大多数の気象研究者は、産業革命以降の気温上昇の原因が主に産業活動を通して人為的に放出された二酸化炭素CO_2による付加的な温室効果の増大によるものだとする「人為的CO_2地球温暖化説」を支持しています。つまり気象研究者たちは、産業革命の前と後とでは地球の気温の変動機構が全く別のものに変わったと主張しているのです。

本章では、気象観測記録や気温変動の指標となる試料の分析結果に基づいて、気象研究者たちが主張しているように産業革命の前後で地球の気温の変動機構が全く変わってしまったのかどうなのか、産業革命から20世紀まで続いた地球の気温上昇は自然現象なのか人為的な影響なのかを検証します。また、「人為的CO_2地球温暖化の脅威」として語られている代表的な現象について、その自然科学的な妥当性を検討します。

2 - 1
20世紀の気温変動は人為的影響によるものか

20世紀に観測された気温の上昇について、大多数の気象研究者は「産業革命以前とは異なり、化石燃料の消費によって増加した人為的な二酸化炭素による付加的な温室効果が主要な原因である」と主張しています。

ここでは、気象研究者が言うように、20世紀に観測された気温上昇が産業革命以前の気温変動と質的に異なるのか、人為的な影響を考えなければ説明できないような「不自然な」気温上昇であったのかを検証することにします。

平均気温と平均気温偏差
～気温の変動傾向の指標として

20世紀の気温変動について検証する前に、基礎知識として地球の気温変動の指標である「気温偏差」について説明します。

そもそも「気温」とは何でしょうか？大雑把には地表付近の大気の温度です。大気の温度は計測する場所の条件によって、ほんの数メートル移動するだけでも大きく変化します。気象現象の基礎データとして使用する気温は、測定する場所の局所的で特殊な条件の影響をなるべく受けないようにすることが必要です。通常、地上1.25m～2.00mの高さで、日光や雨風を直接受けないようにして計測されています。

このように気温は定められた条件で大気の温度を計測することで測定されますが、面的な広がりを持つ地域の「平均気温」はどのようにして求めるのでしょうか？最も単純な方法は、平均気温Tを求める地域の中に観測点をn箇所設置して気温T_i($i = 1 \sim n$)を観測し、その算術平均を求めることです。

$$T = \frac{\sum_{i=1}^{n} T_i}{n}$$

着目する地域の気象データとして平均気温 T を適切に定めるためには、数学的には観測点数 $n \to \infty$ の極限値を求めることが必要です。しかし、それは現実的に不可能です。

有限個のデータを使って多様な自然環境を含む面的な広がりを持つ地域の平均気温を求める場合、平均気温 T は確定的なものではなく、観測点の選び方によって大きく変化します。平均気温 T を適切に求めるということは容易なことではありません。

「現在は気象観測衛星があるのだから、リモートセンシングで面的に観測できるのではないか？」という疑問が出てくるかもしれません。しかし、平均的に地球の表面積の半分程度は常に雲に覆われており、地表面付近の状態を衛星で観測することはできません。また、雲がなくても大気には赤外線を放射・吸収する性質があるために、リモートセンシングで地表面付近の気温を正確に測定することは困難です。こうした事情から、地球の気温変動の指標として平均気温を使うことは現実的ではありません。

そこで、地球の気温の変動傾向を議論する場合には、平均気温ではなく「気温偏差」を使うのが一般的です。気温偏差とは、気温観測点ごとに定めた基準温度に対して実際の気温がどの程度外れているのかを示す指標で、単位は気温と同じです。

例えば、観測点ｉの月平均気温偏差を求める場合には、基準値として通常、過去30年間の観測月の月平均気温の平均値＝平年値 T_{0i} が使われます（T_{0i} は10年に一度改定)。月平均気温偏差 t_{i} とは、実際に観測された着目年の月平均気温 T_i が平年値に比較してどれだけ外れているかを表す値です。つまり、

$$t_i = T_i - T_{0i}$$

したがって、平均気温偏差 t_i は0℃の前後で変動します。t_i が上昇傾向を示せば観測点ｉでは温暖化していることを、t_i が低下傾向を示せば寒冷化していることを示します。

この月平均気温偏差を用いれば、各観測地点間の平均気温の違いや季節による気温の変化にかかわりなく、気温変動の“傾向”を評価することができます。

世界月平均気温偏差 t とは、世界中の気温観測点から n 箇所を選び、それぞ

れの月平均気温偏差が代表する地域の面積 A_i を重みとして、平均を求めたものです。つまり、

$$t = \frac{\sum_{i=1}^{n}\left\{A_i(T_i - T_{0i})\right\}}{\sum_{i=1}^{n} A_i}$$

例えば、気象庁の発表する世界の平均気温の偏差は、次のようにして求められています。

1. 観測地点ごとに月平均気温の偏差を作成し、５度格子内に位置するすべての地点の偏差を平均した値を、この５度格子の月平均気温の偏差とします。
2. 各５度格子の月平均気温偏差に、緯度による面積の違いを考慮した重みをつけた値を、世界全体について平均します。
3. ２で算出した値を年・季節で平均します。
4. 年・季節・月のそれぞれについて、1981～2010年の30年間の世界平均と、1971～2000年の世界平均との差を２や３で算出した値から差し引いて、その年・季節・月の世界の平均気温の偏差（1981～2010年を基準とする偏差）とします。

（気象庁ホームページ：http://www.data.jma.go.jp/cpdinfo/temp/clc_wld.html）

平均気温偏差を用いることで、地球の気温の変動傾向を“一応”表すことができます。しかし、各観測点の選定に偏りがないか、観測点としての条件を十分満足しているか、観測期間を通じて人為的な影響などによる局所的に大きな環境変化がないかなど、観測地点の適性については、残念ながら絶対的な信頼を寄せることはできません。特に、近年の気象観測データには都市化の影響による大きな誤差が含まれていること（３章３節　都市部の乾燥化と異常昇温は社会問題）、観測点の選別に作為性の疑いがあること（３章４節　日本人が知らないクライメートゲート事件の実像）などから、信頼性そのものが揺らいでいます。

19世紀後半～20世紀の気温変動と太陽活性度

～「人為的影響」を導入しないと説明できない気温変動だったか

図2.1はIPCCの1990年報告からで、中世温暖期から現在までの気温変動の概要を示しています。中世温暖期が終わって14世紀半ばから19世紀半ばまでは完新世で最も寒冷な小氷期でした。その小氷期が終わって20世紀末までは気温は上昇傾向を示しています。

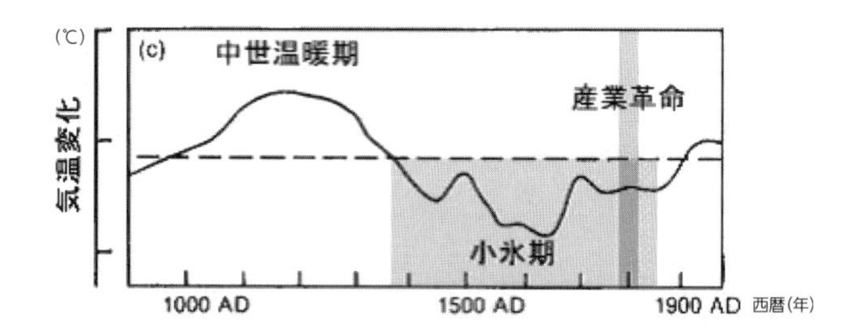

図2.1　中世温暖期と小氷期の気温変化（原図：IPCC1990年報告書）

ここで、産業革命（18世紀末～19世紀前半）以降20世紀までの気温変動と太陽活動の活性度の関係を確認しておきます。図2.2は、太陽放射照度と気温偏差の関係を示したものです。

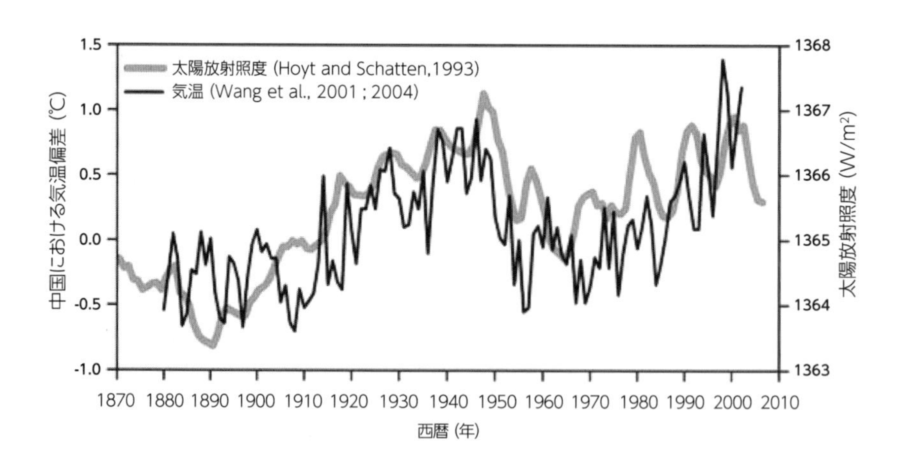

図2.2　気温変動と太陽放射照度

産業革命以降に観測された気温は、化石燃料消費の増加に伴って単純に上昇したのではなく、1940年代と1990年代に二つの気温極大期があり、1890年代と1970年代に気温極小期があったことが分かります。また、同期間の気温変動は、太陽放射照度の変動に非常に良く同期していたことが分かります。

図2.3に、太陽活動の活性度を示すもう一つの指標である太陽黒点周期と気温の関係を示します。気温の変動は太陽黒点周期の変動と非常に良く対応していることが分かります。

以上から、産業革命以降の期間の気温変動についても、産業革命以前と変わらず、主に太陽活動の活性度の変動によって引き起こされたものだと考えられます。産業革命以降の気温変動を自然現象とは異なる特殊な現象として説明するために、敢えて人為的な影響を導入する必然性はありません。

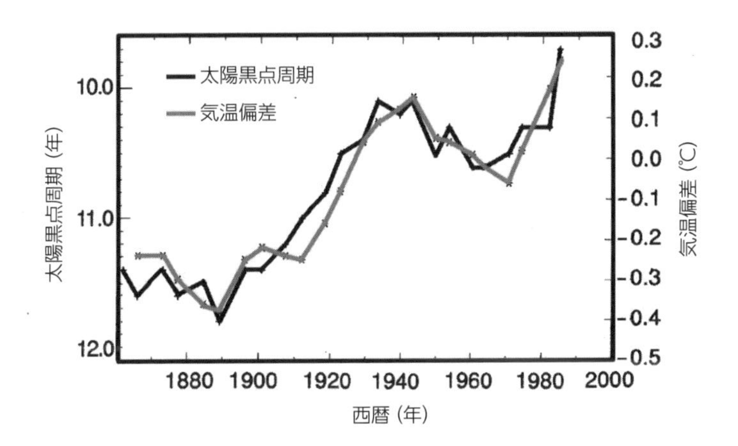

図2.3　気温変動と太陽黒点周期（原図：E.Friss-Christensen；K.Lassen, 1991）

2-2

20世紀の気温上昇は自然変動だった

～消えた「ホッケー・スティック」とGISP2による気温復元

「20世紀の温暖化」が議論されるときに必ず登場する研究者がいます。キーリング（Charles David Keeling, 1928-2005, スクリプス海洋学研究所）です。彼のグループは大気中CO_2濃度の長期連続精密観測を行い、その観測結果から、20世紀後半の大気中CO_2濃度は単調な上昇傾向を示していること、その上昇量は化石燃料の消費によって人為的に放出されたCO_2の半量程度に相当することを初めて明らかにしました。このキーリングの報告と20世紀終盤に観測された気温上昇を結び付けることで登場したのが「人為的CO_2地球温暖化説」です。産業革命以降に観測された気温上昇の主要な原因は人為的なCO_2の放出であるとする解釈が瞬く間に世界中に広まり、コンピューターによる気候シミュレーションがそれを「証明」しているとされました。

これを受けて、気候変動によるリスクに関する知見を共有するという目的で国連にIPCCが設立されたのが1988年です。2001年のIPCCの第4次評価報告書には、人為的な影響による気温上昇の脅威を象徴的に示す証拠として、マン（Michael E. Mann, ペンシルベニア州立大学地球システム科学センター）による気温復元曲線と近年の気温観測データをギリシャ神話のキメラのようにつなぎ合わせて作られた画期的な気温変動曲線、通称「ホッケー・スティック曲線」が採用され、広く知られることなりました。

しかし、マンの気温復元図には明らかな誤りが含まれていました。ここでは、ヤオロウスキー（Zbigniew Jaworowski, 1927-2011, ワルシャワ中央放射線防護研究所科学委員会委員長）による訂正版を紹介します。さらに、グリーンランド氷床のアイスコア分析に基づく最新の気温復元曲線から、20世紀の温暖化の歴史的な位置づけについて検討することにします。

人為的CO_2温暖化説の登場

～疑問だらけのできの悪い仮説に国連と気象学者が飛びついた

キーリングのグループは1958年から南極のサウスポール基地とハワイのマウナロア山観測所で大気中のCO_2濃度の連続精密観測を開始しました。そして1987年に、その観測結果から、大気中のCO_2濃度の上昇は人為的に放出されたCO_2の半量程度に見合うことを初めて報告しました。

翌1988年、NASAのハンセンは米国議会公聴会で「観測されている異常な気象現象の原因は、数値シミュレーションの結果から99%の確率で（人為的なCO_2放出による）温暖化に関連している」と証言しました。

このような政治状況を受けて、国連環境計画（United Nations Environment Programme：UNEP）と世界気象機関（World Meteorological Organization：WMO）は、観測されている気温の変動機構の自然科学的な解明を待たずに、1988年に国連気候変動に関する政府間パネル（Intergovernmental Panel on Climate Change：IPCC）を組織しました。

キーリングによる大気中CO_2濃度の連続観測の結果と、20世紀終盤の30年間の気温上昇とを結び付けた人為的CO_2地球温暖化説は、登場した当初から観測事実と矛盾するところが多く、また理論的にも極めてできの悪い仮説であることが指摘されていました。しかし、IPCCに集う気象研究者たちは気象観測データに基づいて自然科学的な理解を深めることよりも、幼稚な数値モデルを用いたコンピューター・シミュレーションを駆使して、人為的CO_2地球温暖化説の正当性を主張することを優先しました。

そして1992年には、人為的CO_2地球温暖化説を正しいとする前提で「国連気候変動に関する枠組み条約」が採択されました。

中世温暖期も小氷期もなかった？

～マンの気温復元図を採用したIPCC 2001年報告

IPCC1990年報告では、それまで一般的に受け入れられていた気温復元図（図2.1）が採用されていました。ところが、それから10年後のIPCC2001年報告では、20世紀の温暖化の異常さを際立たせるために、それまでの古気候の研究成果を覆す画期的な気温変動曲線が採用されることになりました。

図2.4（口絵01）に示す気温変動曲線がそれです。この図は既存の古気候の研究に基づく北半球の様々な気温復元図を統計処理して求められたマンによる気温復元図に、直接観測に基づく近年の気温観測データベースの平均気温偏差をつないで作られたものです。

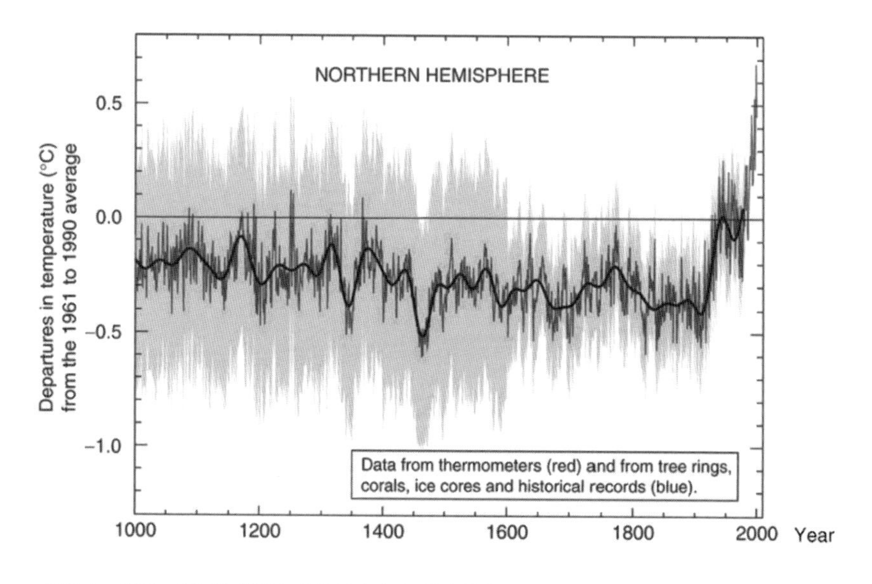

図2.4　IPCC2001年報告に採用された気温変動復元図（カラーの図は口絵01を参照）

この気温変動曲線では、それまで古気候学で広く認知されていた中世温暖期やその後の小氷期が消し去られており、西暦1000年から産業革命までの期間の北半球の気温は安定していたと主張しています。そして、その後の観測データに基づく気温変動は、それ以前とは全く異質な急激な気温の上昇を示しています。

マンの気温復元図は、人為的CO_2地球温暖化説の主張する「産業革命以前の気温は安定していたが、産業革命以降に人為的なCO_2放出の影響で急上昇した」というシナリオに合致するものでした。IPCC2001年報告に掲載されたこの気温変動曲線は、その形状から「ホッケー・スティック曲線」と呼ばれ、人為的CO_2地球温暖化説の正当性を示す事実として、広く世界中で信じられることになりました。

20世紀はもはや最高気温ではない
～「ホッケー・スティック」を打ち消したヤオロウスキーの追試

ところが、IPCC2001年報告に採用されたマンの気温復元図に対して少なからぬ自然科学者から、過去の歴史的な記録に照らしてあまりにもかけ離れていることを指摘する声が上がりました。

マンの気温復元図の問題点の一つは、複数の気温復元図に対して統計的な平均処理が行われたことに起因していると考えられます。一般的に、さまざまな不規則変動を示す複数の曲線に対して平均処理を行えば、極値が打ち消しあって平滑化されることで変動の振幅は小さくなります。

IPCC2001年報告の気温変動曲線は、統計処理によって平滑化され気温変動の振幅が小さくなっているマンの気温復元図に、近年の気温の直接観測によって得られた気温偏差という全く異質の統計量をつなぎ合わせたもので、自然科学的な信頼性は極めて低いと考えられます。

しかし、問題はそれだけではありませんでした。ヤオロウスキーは、マンが気温復元図を求めるために使用したのと同一の複数の気温復元図を用いて追試

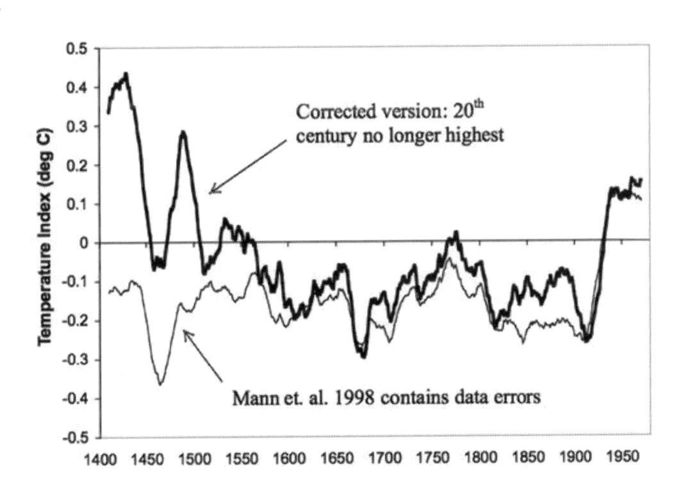

図2.5　ヤオロウスキーによって訂正されたマンの気温復元図（出典：The So-Called 'Hockey Stick' Temperature Curve And Its Corrected Version, by Z. Jaworowski, 2003.4）

を行いました。その結果、マンの統計処理には、恣意的であったか否かは不明ですが、一つの気温復元図のプラスとマイナスを逆転して使用したという、極めて初歩的な誤りがあることが判明しました。ヤオロウスキーが正しい統計処理を行った結果を図2.5に示します。

これを見ると、従来の古気候学で認識されていた通り、小氷期以前には現在よりもはるかに高温の時期があったことが分かります。図中に注意書きされているように「20世紀はもはや最高気温ではない」のです。また、産業革命以前の気温も激しく変動しており、「20世紀の急激な気温上昇は人為的な影響を考えなければ説明できない」という主張も根拠を失いました。

IPCCの権威によって、ホッケー・スティック曲線は瞬く間に世界中に広まりました。しかし、多くの気象研究者から疑問を投げかけられ、あるいは統計的な処理の誤りの指摘を受け、さすがにIPCC 2007年報告書ではホッケー・スティック曲線は取り下げられましたが、この事実について報道されることはありませんでした。その結果、ホッケー・スティック曲線は今でも世界中で多くの人たちに事実として信じられています。しかし、ヤオロウスキーによって訂正された気温復元図はまったく認知されていません。

現在の温暖化は前例のないものではない
～グリーンランドの氷床コア分析から過去の気温を推定する

現在が歴史的に見てどのような気温状態にあるのかを判断するためには、過去と現在の両方の気温変動を質的に同じ（人為的な環境改変がない）条件で比較できる試料、できれば単一の試料あるいは同一とみなせる試料を利用することが望ましいことは言うまでもありません。

南極やグリーンランドの氷床は、数万年の時間スケールでほとんど直接的な人為的環境改変を受けていない場所であり、長期的な環境変化を調べる観測点として理想的な条件を備えています。

図2.6は、クリャシュトリン（Leonid B. Klyashtorin，ロシア連邦漁業海洋工科大学）によるレポート「Climate change and long-term fluctcuations of commercial catches:the possibility of forecasting.（FAO Fisheries Technical Paper. No. 410)」から引用したものです。グリーンランドの氷床コアに含

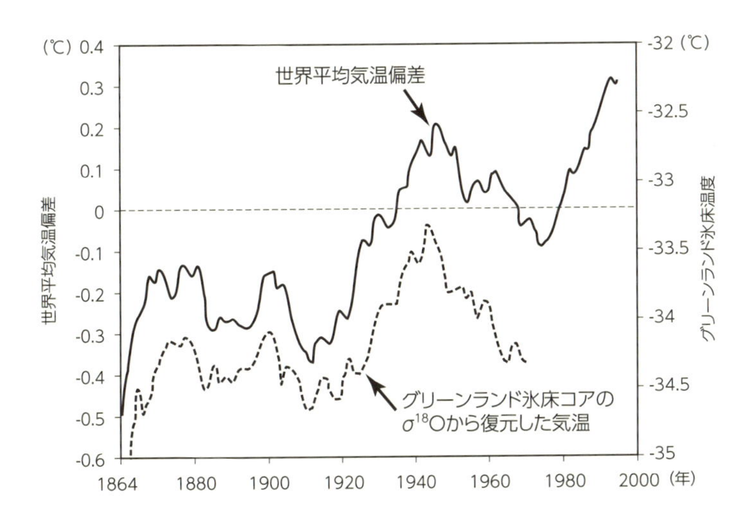

図2.6　世界平均気温偏差とグリーンランド氷床δ18O分析から推定したグリーンランドの気温

まれる酸素同位体比率δ18Oの分析から得られたグリーンランドの気温の推定値と、直接観測によって求められた世界平均気温偏差を比較したものです。

グリーンランドの推定気温変動と世界平均気温偏差の変動傾向が非常によく対応していることが分かります。このことから、グリーンランド氷床コアの分析から過去の気温変動を推定することによって、地球の現在の気温状態が歴史的に見てどのような位置にあるのかを知ることができると考えられます。

図2.7は、グリーンランドのGISP2（Greenland Ice Sheet Project 2：米国によるグリーンランド氷床頂部［72.6°N, 38.5°W, 標高3,200m］における深層掘削計画）の氷床コア分析から得られた1855年までの過去1万2000年間の気温推定値と、英国気象庁Hadleyセンターとイーストアングリア大学気候研究ユニットによる世界平均気温偏差データHADCRUT4とを、同じ基準温度に対してプロットして完新世の気温の変動を示したグラフです。

グラフの制作者カリル（Ed Caryl）は「分析の結果は、現在の温暖化が前例のないものではないことを示している。それは、これっぽっちも異常ではない」としています。

図2.7からは、現在の気温は中世温暖期よりもやや低く、ローマ温暖期、ミ

ノア温暖期、完新世温暖期よりも１～２℃低温であることが分かります。

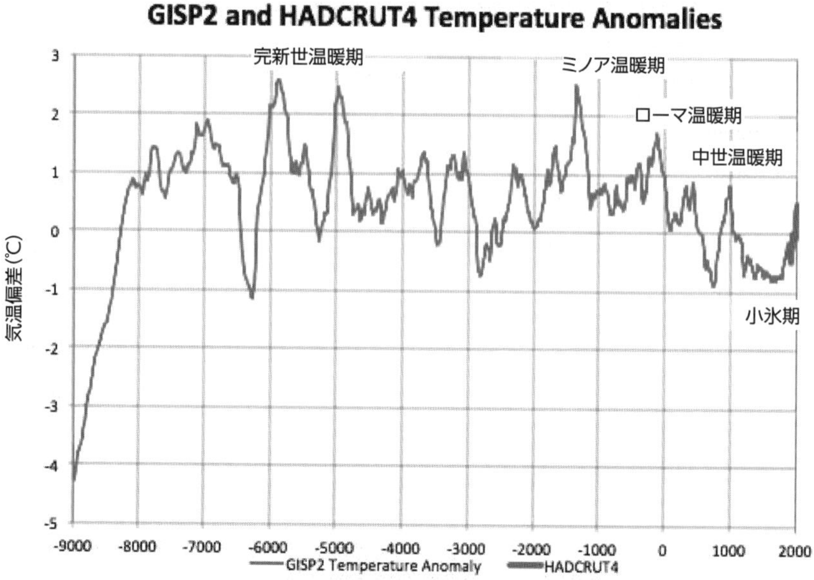

図2.7　GISP２グリーンランド氷床コア分析による完新世の気温復元図
（原図：Analysis Shows Current Warming Is NOT Unprecedented…It Is Not Even "Unusual"!:by Ed Caryl on 24.June.2015）

1000年周期で４回の気温極大期
～GISP２の気温復元図とホムロムらの近似曲線から

ホムロム（Ole Humlum, オスロ大学地球科学科）らはGISP２の氷床コアの分析から得られた完新世の気温復元図をもとに、1855年までの過去4000年間の気温変動について近似曲線を求めました。図2.8に、GISP２による過去4000年間の気温復元図と、ホムロムらの近似曲線を示します。

GISP２の気温復元図には、この4000年間ほどの期間にミノア温暖期、ローマ温暖期、中世温暖期と、概ね1000年程度の周期で気温の極大期が現れています。

産業革命以降20世紀末まで継続した気温の上昇傾向は、人為的な影響の小さかった1855年までの過去4000年間の気温の自然変動の傾向から求められた

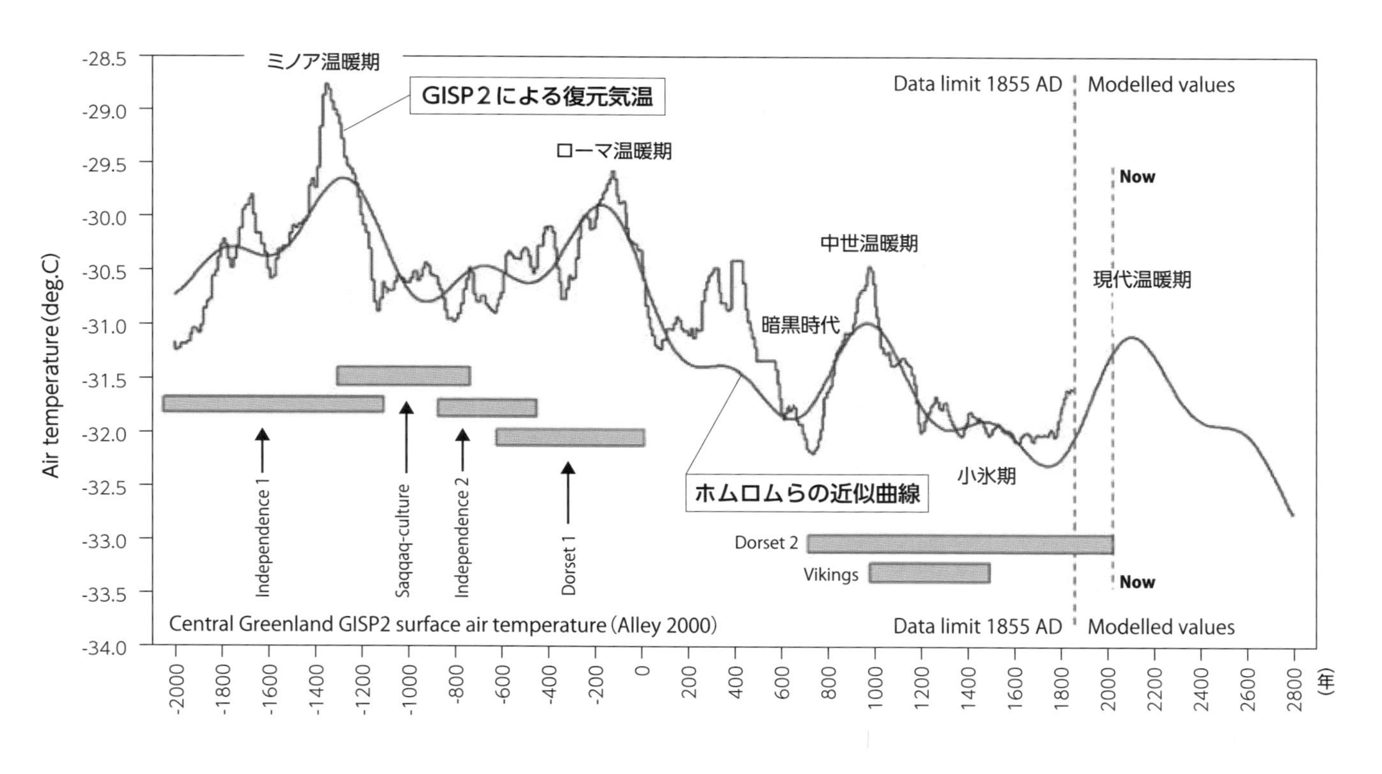

図2.8　GISP 2による過去4000年間の気温復元図とホムロムらの近似曲線による気温変動の推定
（原図：Global and Planetary Change 79（2011）p.155）

ホムロムらの近似曲線を1855年以降に外挿した場合に現れる1000年周期の気温極大期（現代温暖期）に当たっていることが分かります。

このように見ると、20世紀の温暖化は完新世の過去の気温変動の傾向から予測された範囲内にあり、取り立てて特異な気温上昇ではないことが分かります。人為的CO_2地球温暖化説が主張しているように、20世紀の「異常な気温上昇」を説明するために完新世の過去の温暖期にはなかった「人為的な影響」を敢えて導入する必然性はどこにもありません。

ホムロムらの近似曲線の変動傾向は、産業革命から現在までの温暖化傾向を適切に再現していると言ってよいでしょう。

第１章で紹介しましたが、2000年ころから太陽活動が弱まっており、気温の上昇傾向は停滞しています。この事実をみると、ホムロムらの近似曲線の推定値が示すように、今後は気温が低下して小氷期以上の寒冷期に向かうことが懸念されます。

次の氷期へ向かう寒冷化は始まっている
～いま備えるべきは寒冷化による人間の生息条件の悪化

図2.9は、グリーンランドのGISP２の氷床コア分析から推定された過去１万年間の気温復元図と、その長期的な傾向を示した近似曲線です。完新世の気温は3000年ほど前から±2℃程度の変動を繰り返しながら、次第に低下する傾向を示しています。ミノア温暖期、ローマ温暖期、中世温暖期を見ると、極大期の気温も次第に低下しています。すでに完新世に入って１万年余りが経過していることから、今後は変動を繰り返しながら基本的には氷期に向かって気温が低下すると考えられます。

図1.12を見ると、氷期から間氷期への移行は短期間に急激に進行しますが、間氷期から氷期への移行は短期的な気温変動を伴いつつ、数万年をかけて徐々に進行することが分かっています。見方によっては、完新世のミノア温暖期以降はすでに氷期の底への気温低下局面に入っていると言えるかもしれません。直近の将来の気温変動としては、20世紀末の気温極大期をピークとして、その後は小氷期のような寒冷期が数百年間継続することになる可能性が高いと考えられます。

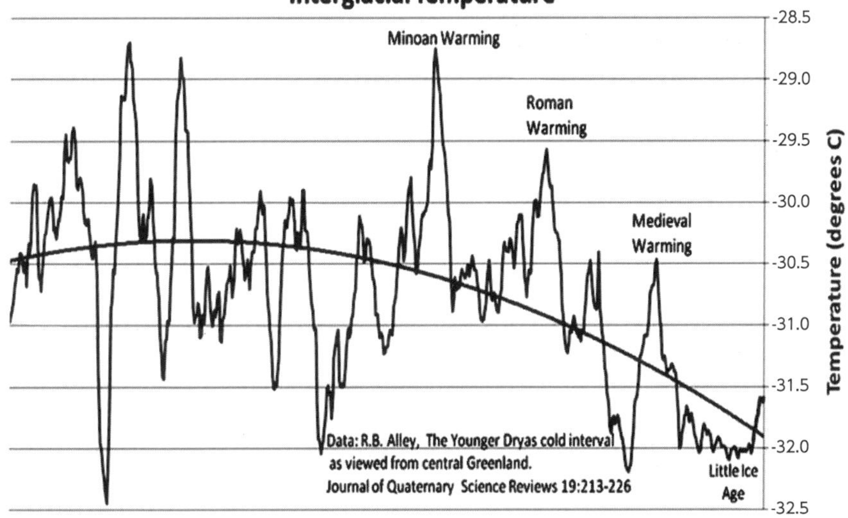

図2.9　次の氷期へ向かう寒冷化は始まっている

人為的な地球温暖化の脅威を主張する人たちは、20世紀の気温上昇はかつてないほどの急激な気温上昇であり、このままでは南極氷床の融解で海面が上昇し、生態系に致命的なダメージを与えると警告しています。しかし、自然科学的な事実によって検証すれば、20世紀の気温は確認されている過去の人類の文明が栄えていた時代に経験した温暖で豊かだった時代と比較して、むしろ低温であることが分かりました。また、20世紀に経験した温暖化は、過去の自然の気温変動から逸脱した急激な気温上昇ではなく、取り立てて特異な現象ではありません。

過去の気温変動の歴史から見て、いま私たちが備えるべきはありもしない「温暖化の脅威」などではなく、寒冷化によって人間の生息条件が悪化することです。

2-3

人為的CO_2地球温暖化の「脅威」の実態

～観測データで検証する

前節では、(1) 20世紀の気温変動は14世紀半ばから19世紀半ばまで約500年間続いた寒冷な小氷期からの回復過程の自然変動であること、(2) 今後は次の氷期に向かって気温が低下していく可能性が高いことを述べました。しかし大多数の日本人は、IPCCの人為的CO_2地球温暖化説に基づいてマスコミを通して流れてくる「異常な高温化によって世界中で致命的な環境悪化が現に起きている」といった類いの情報を科学的に検証してみることもなく、事実として受け入れています。

ここでは「人為的CO_2地球温暖化の脅威の証拠」と称するいくつかの事例について、その実像を観測データに基づいて検証します。

南極氷床の融解で海面が上昇したか？

～テレビが流してきたのは浮いている棚氷の先端部分の崩落映像

人為的CO_2地球温暖化説では、20世紀の気温上昇で「南極氷床の融解で海面上昇が起きた」と主張しています。そしてこれを印象付けるために、南極大陸周辺の棚氷の先端部分が崩落する映像をテレビ等で繰り返し流してきました。

しかし、現実の南極の気温変動傾向はその主張とはかなり異なるものです。

事実１：南極海の棚氷の崩落とアルキメデスの原理

南極の氷床は動かないように見えますが、重力によって少しずつ下方あるいは側方に流動（塑性流動）しています。図2.10に示すように、氷床の先端は海に押し出された状態で南極大陸から離れて南極海に浮いています。この海に押し出された氷を「棚氷」と呼びます。気温上昇によって南極の氷床が崩落している「証拠」として私たちに見せられているのは、実は南極大陸から数10km～数100kmも沖合に押し出されて南極海に張り出して浮いている棚氷の先端部分が崩落する映像なのです。

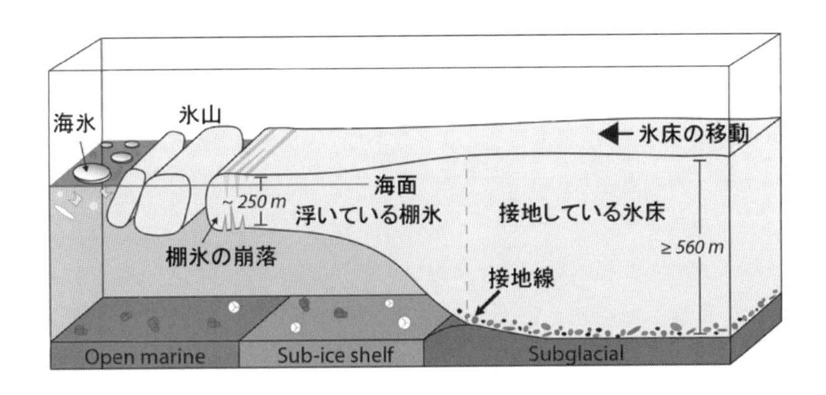

図2.10　海上に浮いている棚氷の構造（原図：Colossal Antarctic ice-shelf collapse followed last ice age, by Jade Boyd, February 18, 2016）

中学校の理科で学習したアルキメデスの原理を思い出してください。水に浮かんだ氷が溶けても水面は上昇しません。同様に、海に浮いた棚氷が崩落して融解しても、海水面が顕著に上昇することはありません（厳密には、棚氷が融解すると淡水になるため、海水との比重差で多少の変化は考えられます）。

事実２：気温の上昇と降雪量の増加と氷床生産量

棚氷の崩落映像はさておき、南極の氷床の総量は果たして減少しているのでしょうか？

地球の平均的な気温が上昇すれば海からの蒸発量が増加し、大気に含まれる水蒸気量が増加します。これは海水位を低下させる要因になります。さらに、大気中の水蒸気量の増加によって低緯度側から南極上空に流れ込む大気の湿度が上って降雪量が増加し、南極大陸の大部分で氷床の生成量は多くなります。

気温の上昇によって南極氷床の総量が増加するか減少するかは、氷床生成量の増加と南極大陸周辺部の氷床の融解速度のバランスで決まります。気温が上昇すると南極氷床が減少すると考えることは、短絡的で非科学的な主張です。

事実3：NASAが公開した南極氷床観測結果と気象研究者の主張の変遷

2015年11月、NASAによる南極氷床の観測結果が科学誌「Journal of Glaciology」に公開されました。NASAの報告では、1992～2001年の期間は平均すると1,120億トン/年のペースで氷床が増加し、2002～2008年の期間は820億トン/年のペースで増加したとしています。

この観測結果は、「地球温暖化によって20世紀の終盤に南極氷床が解けて海水位が上昇した」と主張してきたIPCCや国連の気候変動に関する枠組み条約締約国の気象研究者にとっては「不都合な真実」でした。彼らはそれまでの主張を総括することなく、にわかに「温暖化すれば降雪量が増え、南極氷床は増大する」と説明し始めました。さらに、「2000年代に入って氷の増え方が鈍化していることは温暖化が加速していることを示している」という支離滅裂な主張をしています。

*

これまで見てきたように、20世紀の地球の気温は小氷期からの回復期にあり上昇傾向を示していましたが、2000年以降は太陽活動の低下によって全地球的に寒冷化が明らかになっています。20世紀終盤の気温上昇で南極氷床は顕著な増大傾向を示しました。2000年頃から全地球的に低温化傾向となり、南極大陸上空に流入する大気に供給される水蒸気量が減少したことで降雪量が減少し、南極氷床の増加速度が鈍化したと考えられます。南極氷床の増加速度の低下は、地球が寒冷化していることを反映していると考えるのが合理的です。

2000年以降は南極大陸だけでなく全地球的に低温化していることから、南極氷床が周辺部において急速に融解することは考えられません。

事実4：南極海では海氷面積が増加している

南極海では、図2.11に示すように、海氷面積（海氷が海を覆っている面積。海氷域面積）が増加傾向を示しています。

海氷は、南極氷床とは異なり、海水が大気によって冷却されることで生成し

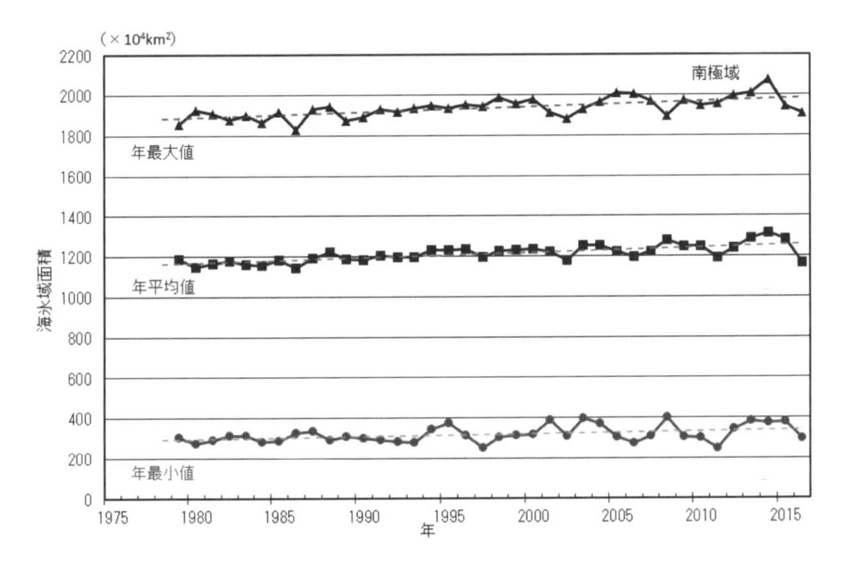

図2.11　南極海海氷面積の経年変化（出典：気象庁ホームページ）

ます。したがって、海氷面積が増加するということは、南極周辺が寒冷化していることを示しています。

実際に南極の気温がどのような変動傾向を示しているのか、二つの観測点の気温の経年変化を示しておきます。

図2.12は、比較的南極大陸の周辺部に位置している日本の昭和基地（図1.11参照）で観測した年平均気温偏差の経年変化を示したものです。

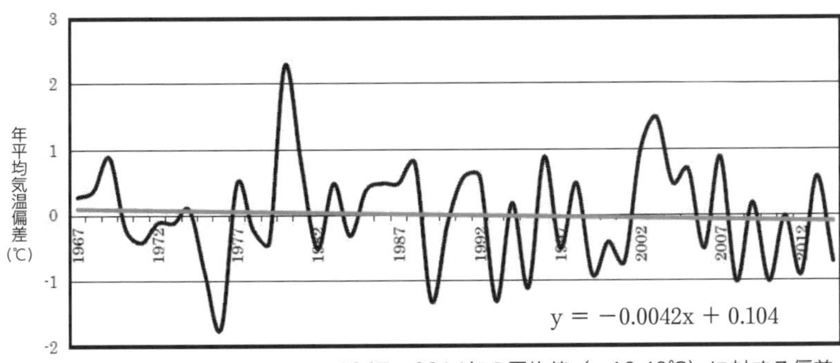

※1967～2014年の平均値（−10.48℃）に対する偏差。

図2.12　昭和基地の気温の変動傾向

観測期間の平均気温は−10.48℃であり、最大±2℃程度の振幅で変動しています。観測期間の長期的な変動傾向を回帰直線の勾配で見ると、−0.0042℃/年の低下を示しています。

図2.13は、南極大陸の中央付近に位置するサウスポール基地（図1.11参照）で観測した年平均気温偏差の経年変化を示したものです。

観測期間の平均気温は−49.49℃であり、最大±1.5℃程度の振幅で変動しています。こちらは−0.0101℃/年と、南極大陸の周辺部に位置する昭和基地よりも大きな低下傾向を示しています。

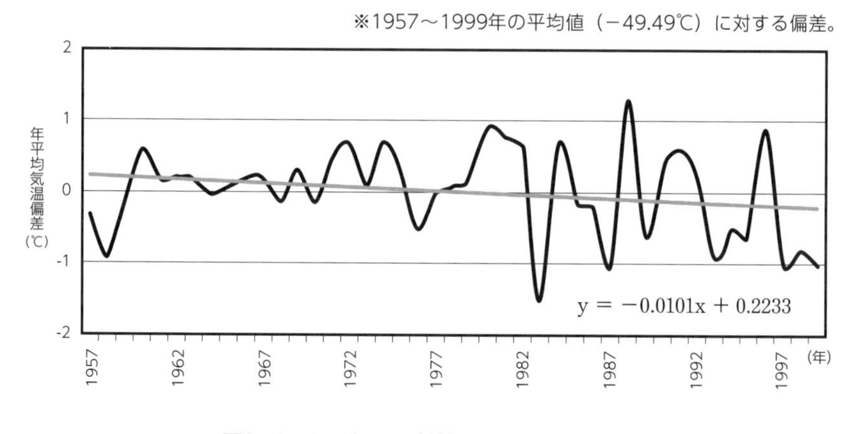

図2.13　South Pole基地の気温の変動傾向

以上、比較的入手しやすい観測データを基に四つの事実を紹介しましたが、南極大陸ないしその周辺部は遅くとも20世紀後半以降は低温化傾向を示しており、南極氷床も南極海海氷面積も増加傾向を示しています。人為的CO_2地球温暖化説がマスメディアを通して流布してきた南極氷床の融解による海水面上昇という現象は、少なくとも20世紀後半以降にはなかったのです。

南太平洋の島国・ツバル水没の真相

～「水没」は先進国のマスコミが作り上げた虚構だった

人為的CO_2地球温暖化の脅威が叫ばれ始めたころ、南太平洋に位置する英連邦のツバルが一躍脚光を浴びることになりました。ツバルは珊瑚礁でできた島国であり、国土の最高点の標高が5m程度です。確かに、標高が海抜0mに近く、平坦な島国であれば海面上昇が深刻な影響をもたらすことは容易に想像できます。温暖化による海面上昇の危機を示す証拠として、南極の棚氷の崩落映像と並んで、海水で浸水したツバルの映像がたびたびテレビで流されました。

事実1：水没映像は高潮位期の大潮の満潮時に撮影したもの

しかし、実際には珊瑚礁でできたスポンジ状の間隙の多い島の地盤では、潮位が高くなる大潮の時期の満潮時には地面から海水が溢れ出して水没することは日常的な出来事でした。人為的CO_2地球温暖化の脅威を象徴するショッキングな映像を撮りたい先進国のテレビカメラマンたちは、特に潮位が高くなる海水温の高い時期の大潮を狙って取材していたと言われています。

事実2：単純な図式では捉えきれないツバル問題の複雑さ

陸地に固定された氷河（南極氷床も含む）の顕著な減少がなくても、海水温が上昇することで海水の体積膨張によって海水位が上昇することは自然科学的な事実です。しかし、海面の平均水位や潮汐波の変動には、観測地点の局地的な地形や海流、気象（気圧）、海水温、地殻の隆起・沈降などの状態による影響があるために、ひとくくりに議論することはできません。

例えば、2008年の小林泉氏（大阪学院大学教授、農業経済学博士）の報告「水没国家 ツバルの真実」（国際開発ジャーナル誌、2008年）には次のような記述があります。

──フナフチの政府庁舎裏の桟橋には、1993年に潮位計が設置された。このデータを使ってハワイ大学の学者は、明らかに潮位上昇が起こっていると報告している。一方、同じデータを分析したオーストラリアの国立潮位学研究所は、過去10年間で目立った潮位の上昇は確認されないと結論付けた。さらにツバル気象局長ヴァヴァエ氏の論文に至っては、信じがたい結果だと前置きしながらも、潮位計設置後の75カ月間で13.75センチ、年平均で2.2センチの海面低下を報告しているのである。

──最終氷河期の最寒期の海面は、今より100～150メートル低かった。それが1万年ほど前から温暖化で徐々に海面が上昇し、沢山の島々が沈んだ。しかし、水温18度以上の海域にある島々では、造礁サンゴが上昇する海面を追って低潮位の海面ギリギリまで成長したため、完全には水没しなかった。そして4000 年ほど前に、今より1～2メートル高い位置で安定。さらに2000年前からは水位が下がり始め、海面上に顔をだしたサンゴ礁の上に有孔虫やサンゴの砂礫が堆積した。現在のサンゴ洲島は、このようにできたのだ。太平洋の環礁島住民は、それ以降に島に住み着いたと考えられる。こうした地球史的観点からツバルの環境問題を捉えれば、海面上昇よりもむしろ、人間の直接活動による環境汚染にこそ喫緊の危機感を持たねばならないのではないだろうか。

──「水没する国」として広く喧伝されてきたツバルだが、科学的な調査のたびに「陸地の拡大」や「海面の低下」といった従来イメージを否定する実証データが出てくるのは、なんとも皮肉なことだ。ここにも、「温暖化→海面上昇→水没」という単純図式では捉えきれない、ツバル問題の複雑さを垣間見ることができる。(引用以上)

「ツバル水没」の真相は、「CO_2地球温暖化による海面上昇の危機」を煽りたいマスメディアが自分の主張に都合の良い映像を切り貼りして作りあげた虚構だったのです。

北極の氷が解けて海面が上昇するか？
～事実に基づかない海氷論議が繰り返された

人為的CO_2地球温暖化の脅威が叫ばれるようになると、北極海の海氷が溶けて海水面が上昇するという、自然科学的に誤った報道が大真面目で流されました。成因から考えて、海氷が溶けても海水面が顕著に上昇することがないことは前述のとおりです。

南極点は南極大陸の中にありますが、北極には大陸がなく北極海が広がっています。凍結していない海面の温度は最低でも－2℃程度までしか下がらず、北極点の平均気温は南極点の－50℃程度に比較して著しく高温です。

北極海でも南極海でも季節による気温変動にともなって海氷面積は増減を繰り返しています。海氷は、寒冷な大気によって海表面が冷却されて海水が凍結することによって生成されるものです。氷床が海に押し出されている南極の棚氷とは成因が異なります。棚氷の厚さが数10mに達するのに対して、大部分の海氷の厚さは数m程度です。

事実1：1970年代には沿岸の港が結氷したこともあった

北極海では、寒冷化した1970年代に海氷面積が著しく増加して、北極海に面する港が結氷して海上交通が困難になる事態に見舞われました（図2.14）。

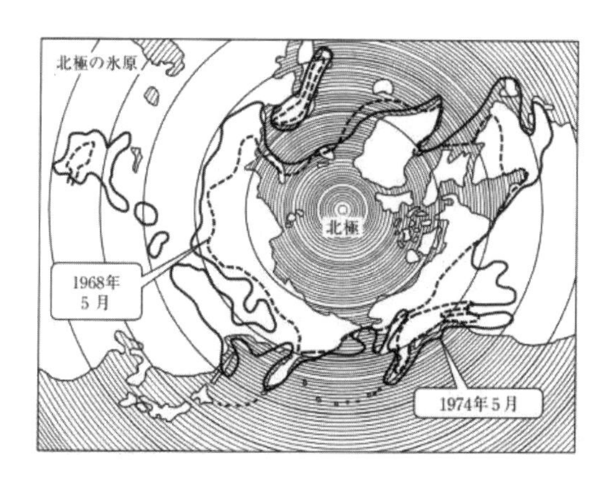

図2.14　1970年代に異常に拡大した北極海の海氷面積
（出典：地球温暖化論への挑戦、薬師院仁志著、八千代出版）

一説には17～18世紀の小氷期に匹敵するほどの海氷面積であったのではないかと言われています（薬師院仁志著『地球温暖化論への挑戦』2002年）。

その後、幸いに北半球の気温上昇によって海氷面積は減少し、再び北極海の海上航路が利用されるようになりました。しかし、2000年代に入ると気温上昇傾向が止まって寒冷化傾向が見え始めています。北極海の海氷面積は2012年の夏に最小値を記録した後、増加傾向を示しています。

事実2：海氷面積の増減は CO_2 温暖化とは無縁な現象

口絵02は北極海の海氷面積の季節変動を示しています（2001～2017年）。北極海の海氷面積の観測が開始された1980年代以降は概ね $4\times10^6km^2$ ～ $14\times10^6km^2$ の範囲で変動しています。

ところが、人為的 CO_2 地球温暖化の脅威を示す一例として北極海の海氷面積の減少が取り上げられる場合、「温暖化の脅威」を際立たせるために、もっぱら海氷面積の年最小値の経年変化にだけ着目した数値が利用されてきました。

北極海の海氷面積の年最小値の変動を図2.15に示します。

図2.15の海氷面積の年最小値の経年変化に対する回帰直線（破線）を単純に外挿することで、「近い将来において北極海の海氷が消滅してしまう」と、自然科学的な冷静さを欠いた報道が盛んに行われました。

しかし正確には、「1980年代以降の北極海の海氷面積の年最小値の変動傾向

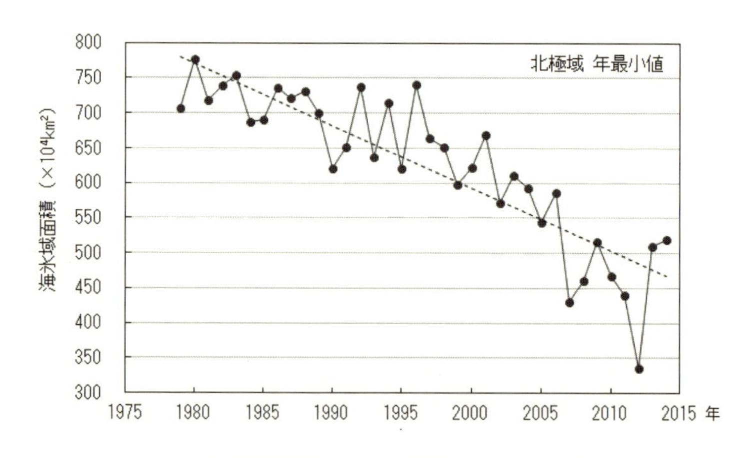

図2.15　北極海海氷面積の年最小値の変動傾向（出典：気象庁ホームページ）

を単純に外挿した場合、北極海の海氷が9月の一時期になくなるかもしれない」ということです。

実際には、北極海の海氷面積の年最小値の経年変化は2012年に極小値を示した後、急速に回復しています。2013年の北極海の海氷面積の年最小値は、2012年に対して6割程度もの大幅な増加を示しました。

記録のある1979年以降の北極海の海氷面積の年最大値、年平均値、年最小値の経年変化を図2.16に示します。

すでに述べた通り、1970年代は北極海の海上交通に支障をきたすほどに海氷面積が増大した時期でした。現在の北極海の海氷面積の年平均値は、「その異常に増大した時期に比較して85%程度に減少した」というのが冷静な判断です。「人為的CO_2地球温暖化の脅威」とは無縁な現象と言ってよいでしょう。

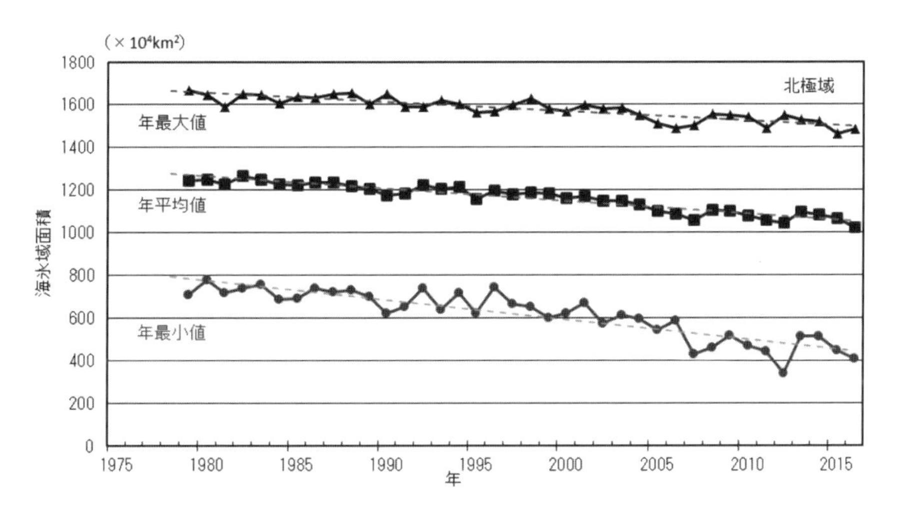

図2.16　北極海海氷面積の経年変化（出典：気象庁ホームページ）

CO_2増加で両極の気温は上昇したか？
～両極の気温は20世紀後半には低下傾向

CO_2地球温暖化説では、大気中のCO_2濃度が上昇することで大気の温室効果（＝地表面から放射されている赤外線の吸収量）が増えて気温が上昇すると主張します。

高温多湿の低緯度地域などの大気では強力な温室効果ガスである水蒸気の濃度が高いためにCO_2による付加的な温室効果はほとんど顕在化することはありません（5章参照）。CO_2による温室効果が現れるとすれば、乾燥地域や寒冷で大気中の水蒸気濃度が極端に低い高緯度地域です。したがって、CO_2地球温暖化説に基づく気候シミュレーションでは緯度の高い地域や乾燥地域ほど気温上昇が大きくなります。

図2.17は、IPCC第5次評価報告書に掲載された「21世紀を通して温室効果ガスを放出し続けたら」と仮定して気温上昇を推定したコンピューター・シミュレーションの結果です。これを見ると、陸上ないし高緯度地方ほど大きな昇温を予測しています。

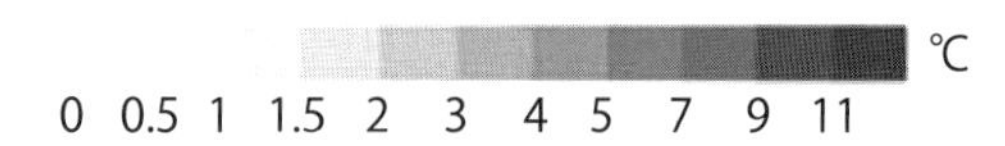

If greenhouse gas emissions continue to rise throughout the 21st century (RCP8.5)

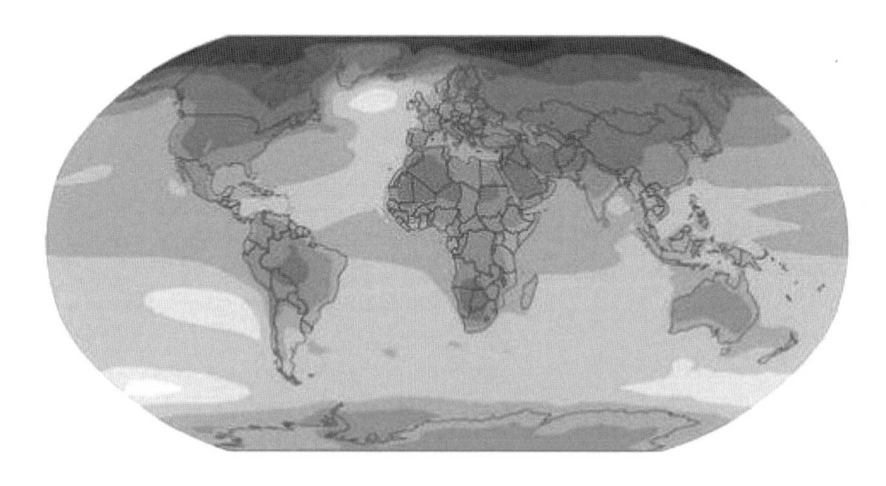

Source: International Panel on Climate Change - Fifth Assessment Report (AR5)

図2.17　IPCC第5次評価報告書シナリオRCP8.5による気温上昇予測

事実１：IPCC の気温上昇予測では両極の気温の低下傾向を説明できない

しかし、既に紹介したように南極大陸の昭和基地やサウスポール基地における気温観測データは、CO_2地球温暖化説や気候予測シミュレーションの結果に反して、少なくと20世紀後半には低下傾向を示していました。

最近の全球的な気温の変動傾向は、口絵03に示すように、CO_2地球温暖化説による予測に反して、北半球の中緯度地域の気温上昇が顕著で両極の気温は低下傾向を示しています。実際に観測された気温上昇はCO_2地球温暖化説では説明できません。

事実２：実際に起きている自然現象が科学的に100％正しい結果

IPCCに協力している日本の気象研究者たちがテレビの番組で「最近の気象は、最高の気象予測モデルを用い超高性能のコンピューターを駆使したシミュレーションでさえ予測できないほど異常」だと述べることがありますが、果たしてそうでしょうか。実際に起きている自然現象は自然科学的に100％正しい結果です。したがって、気候予測シミュレーションが実際に起きていることを正しく予測することができないということは、将来を予測することができないということを研究者自身が告白していることにほかならないのです。

第３章
気温はどのように決まるのか

舗装された駐車場の一画に設置された気温観測装置

ここまで、地球の気温変動の歴史を俯瞰し、20世紀の温暖化の実像を紹介してきました。産業革命から20世紀までの気温上昇は過去の完新世の自然の気温変動から想定される範囲内の現象であったと考えられます。

しかし、国連気候変動枠組み条約の締約国やIPCCに参加する国の気象研究者の大部分は、「産業革命以降の気温上昇の主要な原因は、人為的に放出された二酸化炭素を中心とする温室効果ガスの付加的な温室効果である」としています。

本章では、人為的CO_2地球温暖化説の自然科学的な妥当性を検討するための準備として、地球の気温がどのように決まっているのかなどの、気象現象の基礎的な仕組みについて紹介します。また、私たちが日常的に経験しているいくつかの気象現象を例題として、気温の決まる仕組みについての理解を深めることにします。

後半では、都市部で観測されている異常な気温上昇について、その自然科学的なメカニズムを明らかにします。そして最後に、気象学における空前のスキャンダルであるクライメートゲート事件についての検証をおこないます。

3-1

地球大気の熱収支と気温

現在の地球の表面環境は、地球内部からの熱の供給が小さい氷河期です。氷河期の気温は太陽光から受け取るエネルギーで維持されています。ここでは特に断らずに、地球内部からの熱供給が無視できるほどに小さく、太陽光によって地球の温度状態が決まる場合について考察します。

大気の温度、あるいは気温（地球表面付近の大気の温度）は、大気を構成する気体分子が保有する内部エネルギーの量で決まります。大気の温度状態は、季節や昼夜の温度変化はあるものの、毎年同じ季節には同じような状態が繰り返されています。このことは大気の保有する内部エネルギーの量が平均的には安定していることを示しています。

大気は太陽光から常にエネルギーを受け取ります。エネルギーを受け取りながら地球大気の温度状態が安定しているということは、平均的に太陽から受け取るのと同じ量のエネルギーを宇宙空間に放出していることを示しています。

ここでは、固体地球や大気が太陽光からどのようにエネルギーを受け取り、同時に宇宙空間に放熱しているのかを紹介します。

太陽放射照度はおよそ1,366 W/m²
～地表面が受け取る平均的な放射照度は341.5W/m²

地球の位置の宇宙空間で、太陽光に垂直な面が受け取る単位面積あたりの太陽放射の強さ＝放射照度（Irradiance）は1,366 W/m^2 程度（太陽定数）です（1章3節参照）。

これを元に、以下、地球の平均的な環境の熱収支を考えてみます。

地球が太陽から受け取る太陽放射の合計は、地球の半径を r（m）として1,366 πr^2（W）です。地球は自転する球体なので、平均的には球体の表面が

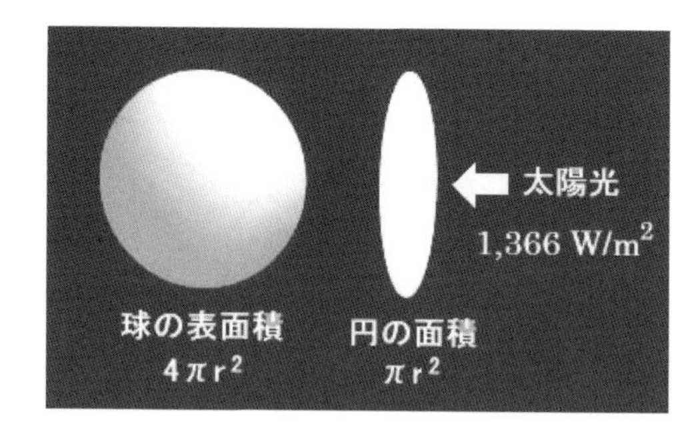

図3.1　円の面積と球体の表面積

1,366 πr^2（W）のエネルギーを均等に受け取ると考えることができます。球体の表面積は4 πr^2（m^2）なので、地球表面の受け取る太陽放射の平均的な放射照度は 1,366 $\pi r^2 \div 4 \pi r^2 = 341.5$（$W/m^2$）としてよいでしょう。

地球大気の平均的な熱収支と、いわゆる「温室効果」について　～大気の鉛直温度分布は放射の入りと出が平衡するように決まる

地球大気の平均的な熱収支の概要を図3.2に示します。数値は、地球の表面積あたりの平均的な太陽放射照度である341.5（W/m^2）を100としたときの比率を示しています。

太陽放射のうち、地球大気や地表面に反射（31）されずに大気や地表面に吸収される部分を「有効太陽放射」（69）と呼びます。

平均15℃（＝288K）の地表面からは、波長10μm付近にピークを持つ赤外線（図3.4参照）が放射されています（114）。

対流圏低層大気に含まれる赤外活性気体（主にH_2O、CO_2）と雲は、地表面からの赤外線放射の大半を吸収します（102）。

大気の窓領域などを透過して大気に吸収されなかった地表面からの赤外線放射は、そのまま宇宙空間に放出されて地球を冷却します（12）。

赤外活性気体が吸収した地表面放射のエネルギーは、大気の中で頻繁に繰り返されている分子衝突によって、大気を構成するN_2やO_2を中心とするすべての気体分子に速やかに再分配されて大気を暖めます（102）。

大気は、太陽放射（20）、地表面からの放射（102）、熱伝導（7）、蒸発潜熱

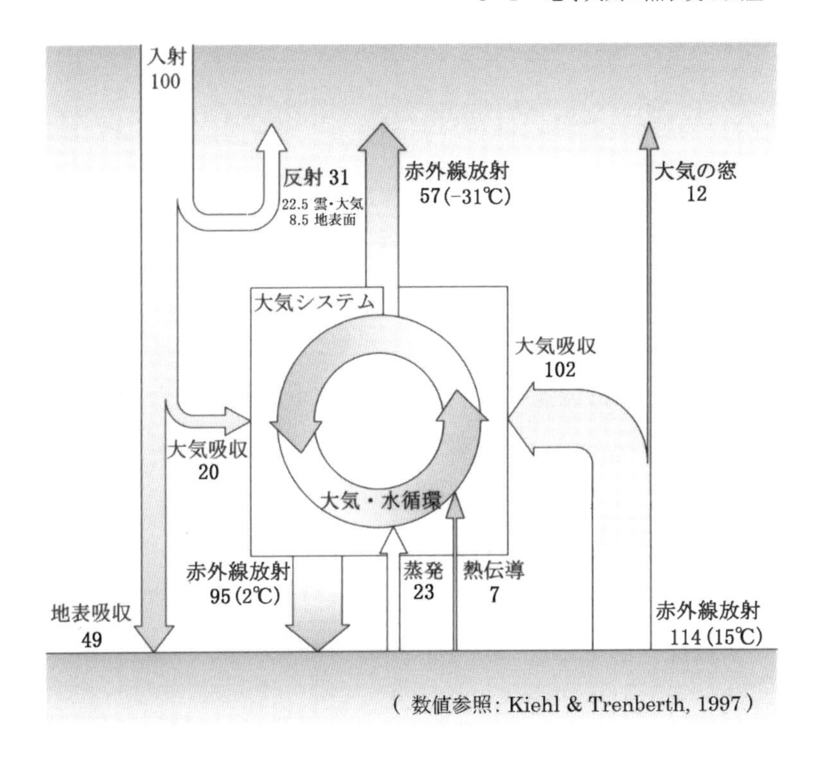

図3.2　地球大気の熱収支の概要

(23)によってエネルギーを受け取ることで暖められ、対流しています。同時に、大気に含まれる赤外活性気体は温度状態に応じた赤外線を等方的に放射します（熱放射)。

赤外活性気体から熱放射された赤外線は周囲の赤外活性気体に吸収されるため、大気中の通過距離に対して指数関数的に減衰します。対流圏低層大気に含まれる赤外活性気体の放射した赤外線のうち、大気に吸収されずに地表面にまで到達する赤外線は地表面を温めます(95)。

一方、対流圏上層大気に含まれる赤外活性気体の放射した赤外線のうち、大気に吸収されずに宇宙空間に放出される赤外線によって地球大気は冷却されます(57)。

地球大気の平均的な鉛直温度分布は、地表面から宇宙空間に放出される放射(12)と大気上層から宇宙空間に放出される放射(57)の合計が有効太陽放射

（69）と平衡するように決まります。

いわゆる「温室効果」とは、大気中の赤外活性気体が地表面からの赤外線放射を吸収して大気を暖める（102）現象と、同時に大気中の赤外活性気体からの熱放射のうち、地表面に到達して地表面を温める（95）現象との二つを併せたものです。

放射照度と放射平衡温度 ～物体は表面の温度に応じた波長・強さの赤外線を放出する

図3.2で赤外線放射に付しているカッコ内の温度は「放射平衡温度」です。物体は表面の温度 T（K）に応じた波長・強さの赤外線を放出します。物体の表面の温度と放射照度 I（W/m^2）の関係は、近似的にステファン・ボルツマンの法則で表されます[註]。

$$I = \sigma \cdot T^4、\ \sigma = 5.67 \times 10^{-8}\ (W \cdot m^{-2} \cdot K^{-4})$$

：ステファン・ボルツマン定数

例えば、図3.2によると地表面からの赤外線放射照度は341.5（W/m^2）×（114/100）＝389.3（W/m^2）です。地表面の放射平衡温度は約15℃＝288Kです。ステファン・ボルツマンの法則から、放射照度と地表面の放射平衡温度には次の関係があります。

$$389.3\ (W/m^2) = \sigma \cdot 288^4$$

$$\text{あるいは、}\ 288(K) = \sqrt[4]{\frac{389.3\ (W \cdot m^{-2})}{5.67 \times 10^{-8} (W \cdot m^{-2} \cdot K^{-4})}}$$

註）ステファン・ボルツマンの式で求められるのは「黒体」の放射照度である。黒体とは、あらゆる波長の電磁波を反射することなくすべて吸収し、吸収したエネルギーをすべて熱放射する仮想の物体のことである。実際の物体では、電磁波を100％吸収し、吸収したエネルギーを100％熱放射することはできない。黒体放射に対する実際の物体の放射の比率 $\varepsilon < 1.0$ を「射出率」と呼ぶ。固体表面からの熱放射は近似的に $\varepsilon \fallingdotseq 1.0$ として求めることが多い。しかし、気体からの熱放射は、赤外線を放射する気体の密度に大きく影響される。

大気のフィルター効果と「大気の窓」

～大気が吸収する地表面放射の大部分は H_2O が担う

図3.3は、太陽放射が雲のない大気を透過して地表面（あるいは海面）に到達したときの波長に対する放射照度の分布（放射照度スペクトル）の一例を示したものです。

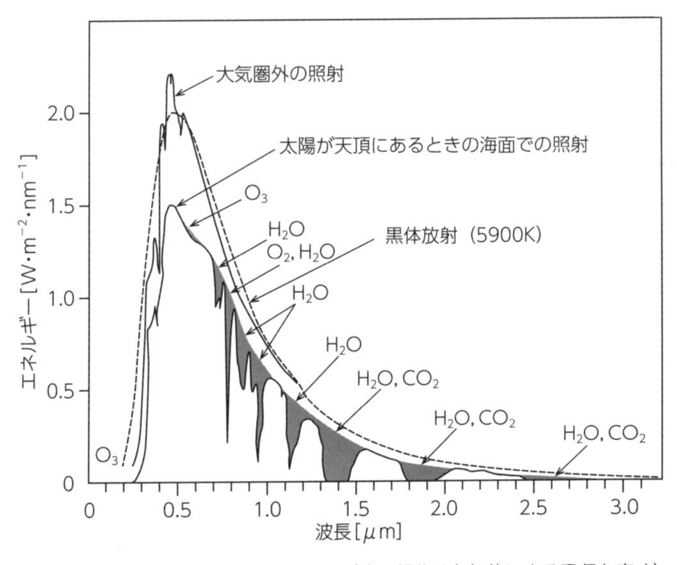

図3.3　大気を透過した太陽放射のスペクトル（原図：Valley, 1965）

太陽放射は、大気を通過するうちに大気に含まれる気体分子や粒子状物質や雲によって吸収され、あるいは散乱・反射されて減衰します。

大気を構成している気体分子や微細な粒子は、固体とは異なり、特定の波長の電磁波だけを放射・吸収し、あるいは散乱・反射します。大気は電磁波に対してフィルターのような役目をしています。

図3.4に、太陽放射と地球放射のスペクトルと透明な下層大気の電磁波に対する放射・吸収スペクトルを示します。「吸収・散乱率」は混合気体である大気の合計の吸収・散乱特性を示し、以下、大気を構成する主要な気体分子ごと

の吸収率と大気のレイリー散乱率のスペクトルを示します。

太陽放射のうち、波長の短い紫外線（UV-C、UV-B）の大部分は地表面に

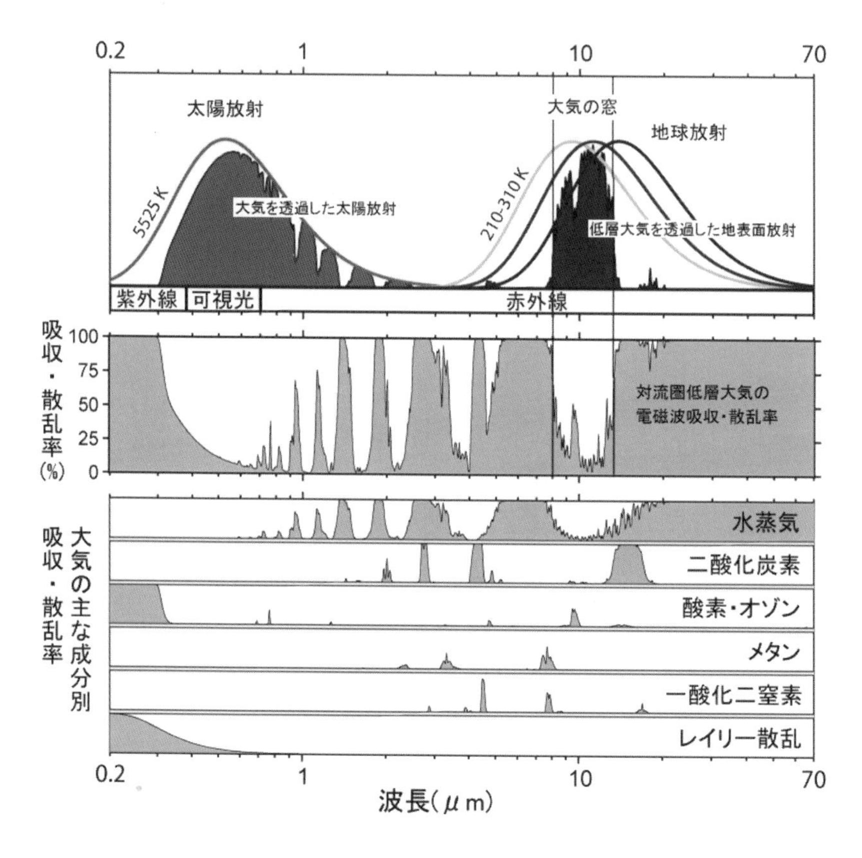

図3.4　大気の電磁波に対する吸収・散乱特性

到達する前にオゾンO_3と酸素O_2によって吸収されます。O_3濃度は成層圏の高度20km付近で最も高く、これを「オゾン層」と呼びます。UV-C、UV-Bは主にオゾン層のO_3とO_2に吸収されて成層圏大気を暖めます。

赤外線の一部は対流圏で主にH_2O（水蒸気、以下同じ）によって吸収され、対流圏大気を暖めます（図3.3参照）。紫外線と可視光線の一部はレイリー散乱によってそのまま宇宙空間に反射されます。

地球表面からの赤外線放射のうち、波長8～12μm付近の帯域は、大気を構成しているいずれの気体分子にもあまり吸収されずに宇宙空間に放出されます。この波長8～12μmの帯域を「大気の窓」と呼びます。大気の窓以外の地球表面からの赤外線放射の大部分はH_2Oを中心とする赤外活性（赤外線を放射・吸収する性質）を持つ気体に吸収され、対流圏大気を暖めます。

図3.4から、地球表面からの赤外線放射を大気が吸収する現象の大部分をH_2Oが担っていることが分かります。H_2O以外では、4μm付近でCO_2とN_2Oが、10μm付近でO_3が、15μm付近でCO_2が、それぞれ僅かに地表面放射を吸収することが分かります。

地球は恒常的に50％程度の面積が雲に覆われています。雲は大気の窓領域の地表面放射もすべて吸収します。

大気の水蒸気密度と放射冷却現象
～大気の電磁波に対する放射・吸収特性は高度によって変化する

大気中のH_2O濃度は高度が上昇するに従って低くなります。これは、対流圏の大気を構成する他の気体分子とは異なり、高度が上昇することによって大気が断熱膨張することで温度が下がり、H_2Oが凝結して水滴や氷粒として大気から取り除かれるからです。

平均的な大気中のH_2O密度の鉛直分布を図3.5に示します。

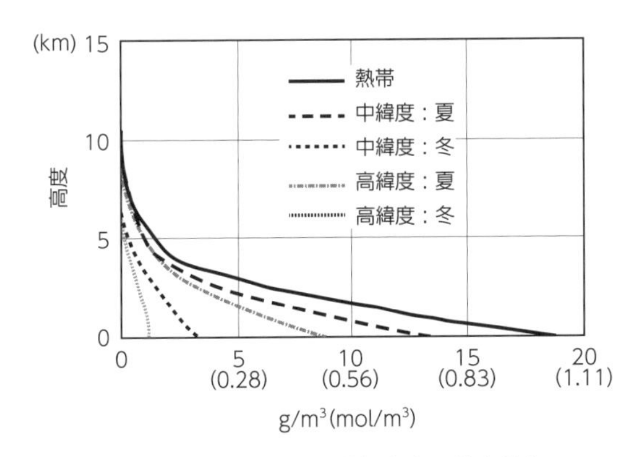

図3.5　平均的な水蒸気密度の鉛直分布

80頁の図3.4に示したH_2Oの電磁波に対する放射・吸収特性は、地表付近の平均的なH_2O密度に対する特性を示したものです。大気中のH_2O密度の変化によって電磁波に対する放射・吸収特性は大きく変化します。

図3.6に、地表面付近と高度11kmの対流圏界面付近の大気の電磁波に対する放射・吸収特性を示します。高度11km付近ではH_2Oの密度が極端に低いために、大気の電磁波に対する放射・吸収率が著しく小さくなることが分かります。

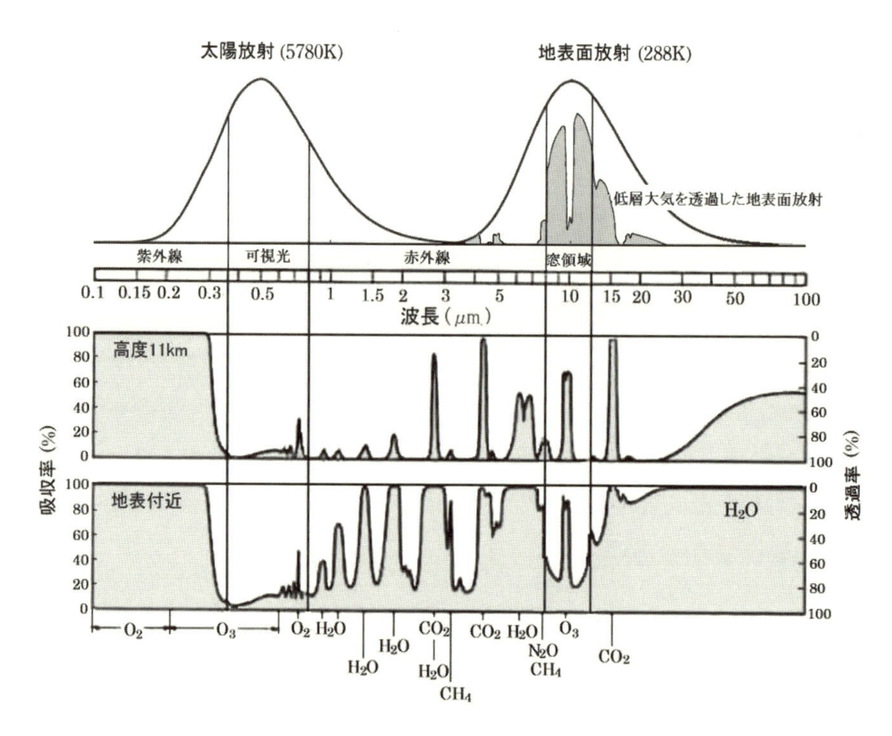

図3.6　高度による大気の電磁波に対する放射・吸収特性の変化

地表付近でもH_2Oの密度が極端に低い乾燥地帯や寒冷な地域では電磁波に対する放射・吸収率が小さくなり、「大気の窓」以外の帯域でも地球表面からの赤外線放射が宇宙空間に放出されます。これを「放射冷却現象」と呼びます。

地表付近のH_2O密度が標準的な大気の高度11kmと同じ程度であった場合、低層大気を透過する地表面放射は図3.7に示す分布になります。図3.6と比較

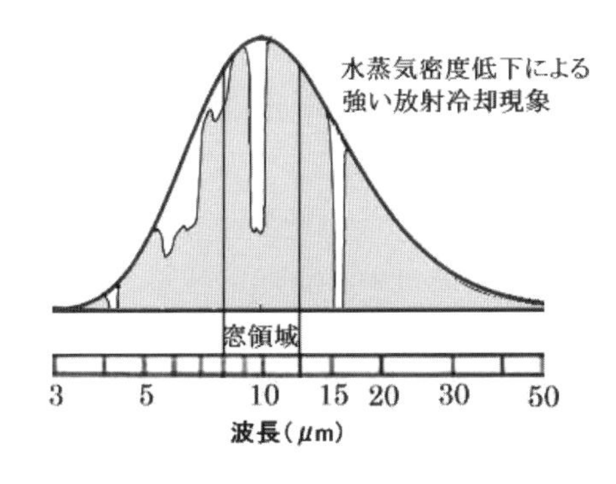

図3.7　極端な放射冷却現象

して、低層大気を透過する地表面放射が著しく増加することが分かります。砂漠や南極大陸などでは、この放射冷却現象によって昼夜の気温較差が大変大きくなります。

地球観測衛星による地球放射の観測例
～対流圏上層からの低温赤外線放射も捉えている

ここで地球からの赤外線放射スペクトルの観測例をいくつか紹介します。

図3.8（84頁）は、宇宙空間にある地球観測衛星からの観測例です。

観測されている赤外線放射スペクトルは、地表面から放射された赤外線が赤外活性気体を含む地球大気を透過することによって減衰して宇宙空間に放出されたものだけではなく、対流圏上層大気に含まれる赤外活性気体から放射された低温の赤外線をも併せて捉えています。大気の窓（濃い灰色で示した部分）以外のH_2Oの吸収領域でも比較的大きな放射、つまり地表面からの放射を捉えていることから、雲がなく大気中のH_2O濃度も低い状態の観測データだと考えられます。大気の窓領域では、地表面放射の大部分がそのまま観測されていると考えられます。

サハラ砂漠の大気の窓領域の赤外線放射は表面温度325Kの黒体の放射スペクトルに近いことが分かります。したがって、砂漠の表面温度は325K（52℃）程度であると考えられます。同様に、地中海の表面温度は285K（12℃）程度、南極の表面温度は200K（－73℃）程度だと考えられます。

15μm付近（薄い灰色で示した部分）の地表面放射は、低層大気に含まれるH_2O濃度が低くてもCO_2によってほとんど吸収されるため、衛星から観測されることはありません。衛星から観測されている15μm付近の赤外線は、対流圏上層大気に含まれるCO_2からの放射です。サハラ砂漠と地中海だけではな

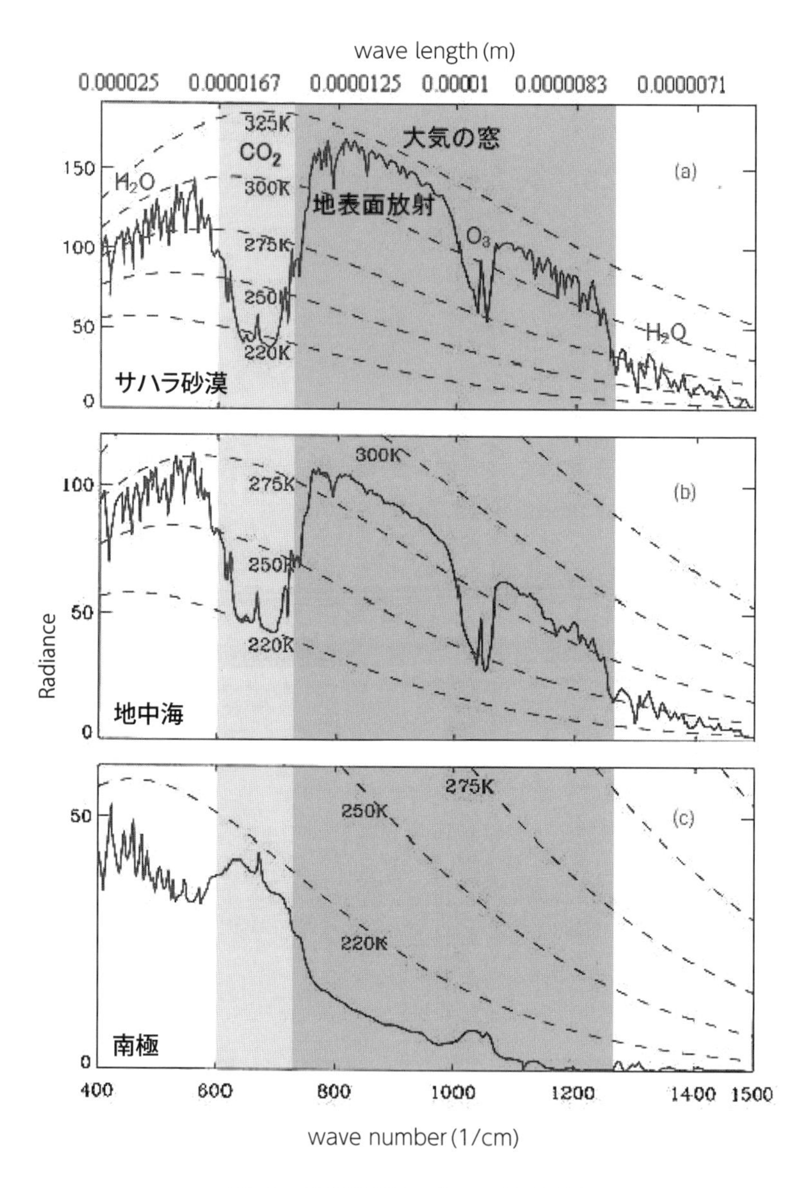

図3.8　地球観測衛星が捉えた地球放射

く、南極でも放射平衡温度がほとんど同じ220K（－53℃）程度を示しているのはそのためです。

興味深いのは南極の観測結果です。南極では地表面温度のほうが対流圏上層の大気の温度よりも著しく低いことを示しています（逆転層。101頁の「放射冷却と逆転層」を参照）。

着色していない領域では、H_2O濃度が低いために地表面からの赤外線放射による放射冷却現象を捉えていると考えられます。

太陽放射照度の変動からは実際に観測されているほどの気温変動は説明できないか　～「20世紀の温暖化の原因は太陽活動以外に求めるべき」という人為的CO_2温暖化説の主張について

人為的CO_2地球温暖化説を提唱する側からの傾聴すべき唯一の自然科学的な主張は、「太陽放射照度の変動では、実際に観測されているほどの大きな気温変動を説明できない」というものです。例えば、太陽放射照度が1,366W/m^2から1,367W/m^2になったとしても、僅か0.07%の変化であり、気温に与える影響は無視できると彼らは考えたのです。したがって、20世紀の温暖化の原因は太陽活動以外に求めるべきであるというのが人為的地球温暖化説の主要な論拠の一つでした（だからと言って、人為的に放出されたCO_2による付加的な温室効果が温暖化の原因であるという論拠にはなりませんが）。

確かに、太陽の放射照度の変動だけでは実際に観測されている気温変動を定量的に説明することはできません。しかし、過去の気象観測データや歴史的な記録から、太陽活動の活性度を示す指標の変動と気温変動の間には極めて良い相関関係があることが分かっています。また、人為的な影響が小さいと考えられる産業革命以前でも、実際に大きな気温変動が起こっていました。

この歴史的な事実から、太陽活動の放射照度以外の因子が地球の気温変動に何らかの影響を与えているのではないかと、その可能性を探ってみるべきでした。まず産業革命以前の気温変動の原因が何であったのかを明らかにし、その上で20世紀の気温変動の特殊性を議論するのでなければ、20世紀の気温変動が人為的な影響によるものだという主張の正しさを裏付けることにはならないからです。

侵入宇宙線量と低層雲量は逆相関関係
～いわゆる「スベンスマルク効果」について

CO_2地球温暖化説を支持する立場の気象学者たちは太陽活動を太陽放射照度だけで捉えています。それは、宇宙観測衛星による雲量の観測が技術的に確立していなかった時代の限界であったかもしれません。しかし、現在では人工衛星による雲量の観測を通して、太陽活動の変動によって気温を決める大きな因子である雲量が変化することが分かってきました。

「ウィルソンの霧箱」という理科の実験をご存知でしょう。過飽和水蒸気を満たした空間に荷電粒子を入射させると、荷電粒子の軌跡に沿って霧（水滴）ができるという実験です。大気中の水蒸気が凝集するための核は帯電した粒子の影響を受けると成長しやすくなり、雲が発達します。したがって、地球大気に進入する宇宙線量が増えるほど雲量が増加すると考えられます。

デンマーク国立宇宙センターの太陽・気候研究センターの所長スベンスマルク（H. Svensmark）は宇宙線量と雲量の関係に着目しました。図3.9は地球大気に侵入する宇宙線量と低層雲量を比較したものです。宇宙線量（偏差）と低層雲量の変動が見事に対応していることが分かります。太陽活動が活発な

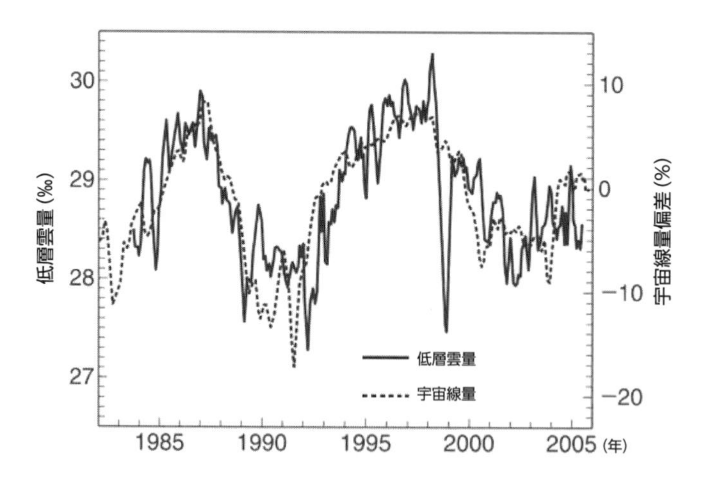

図3.9　低層雲量と宇宙線量（原図：Svensmark, 2007）

ときには侵入宇宙線量が少なく、雲の発生量が少なくなります。逆に、太陽活動が不活発なときには侵入宇宙線量が多く、雲の発生量が多くなります。

したがって、太陽活動が活発なときには単に太陽放射照度が強くなるだけではなく、雲の量も減少するために、相乗効果で地球を温める有効な太陽放射量が太陽放射照度の増加の割合以上に増幅されます。

この雲による効果を提唱者の名前をとって「スベンスマルク効果」と呼びます。太陽放射照度の変動と雲量の変動の双方を考慮すると、気温変動を十分に説明することができます。

雲量の変化が気温に与える影響を考える
～1990年と1995年の比較

雲量が気温にどの程度の影響を与えているかを、簡単にシミュレートしてみましょう。1990年と1995年を比較することにします。

図3.10は、宇宙空間にある人工衛星で観測した太陽放射照度の経年変化を示したものです。図3.9を参考に、シミュレーションの条件を表3.1に示します。

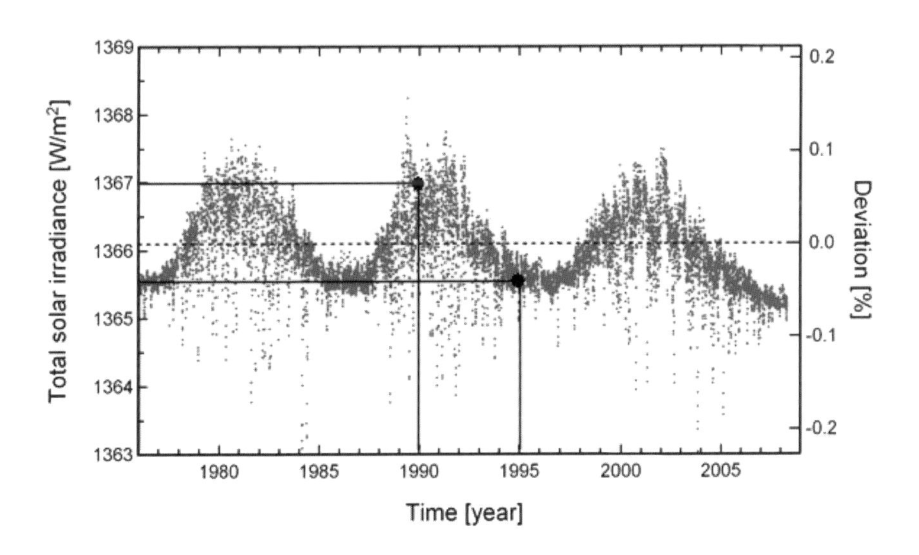

図3.10　衛星から観測した太陽放射照度
(https://www2.pvlighthouse.com.au)

この条件に従って、図3.2（77頁）に示す標準的な地球大気の熱収支の数値がどのように変化するかを調べることにします。

西暦	太陽放射照度	低層雲量
1990年	1367　W/m^2	28%
1995年	1365.6 W/m^2	30%

表3.1　放射照度と雲量

まず、太陽放射照度の変動だけを使って温度変化を推定してみます。

1990年の太陽放射照度は1367（W/m^2）なので、地球表面積に対する平均的な太陽放射照度は1367÷4＝341.75（W/m^2）です。これを100とすると、地球表面からの赤外線放射は341.75（W/m^2）×（114/100）＝389.6（W/m^2）になります（図3.2参照）。このときの地球表面温度はステファン・ボルツマンの法則から次のように計算できます。

$$T=\sqrt[4]{\frac{389.6}{5.67\times10^{-8}}}=287.9(\mathrm{K})=14.7(℃)$$

同様に、1995年では地球表面積に対する平均的な太陽放射照度は1365.6÷4＝341.40（W/m^2）です。これを100とすると、地球表面からの赤外線放射は341.40（W/m^2）×（114/100）＝389.2（W/m^2）になります。地球表面温度は次のように計算できます。

$$T=\sqrt[4]{\frac{389.2}{5.67\times10^{-8}}}=287.8(\mathrm{K})=14.6(℃)$$

太陽放射照度にだけ着目した場合の1990年と1995年の地球表面の温度変化（≒気温変化）は0.1℃です。

次に、雲量の影響を考慮することにします。1990年の低層雲量28%を基準にして、1995年は2%増加の30%です。

図3.2から、雲と大気による反射は22.5です。雲量の増加を考慮して、ここでは22.5×30/28＝24.1に変更します。この修正によって、反射は31から32.6に増加します。地球表面の太陽放射の吸収量は49から47.4に減少します。し

たがって、地球表面からの赤外線放射は114から112.4に減少します（その他の数値は変更しないことにします)。

これらの数値を使って1995年の気温を修正することにします。

地球表面からの赤外線放射は341.40（W/m^2）×（112.4/100）＝383.7（W/m^2）になります。地球表面温度は次のように計算できます。

$$T = \sqrt[4]{\frac{383.7}{5.67 \times 10^{-8}}} = 286.8\,(\mathrm{K}) = 13.6\,(℃)$$

雲量の変化に伴う太陽放射の反射量の変化の影響を加味した場合、温度変化は1.1℃です。

以上の結果をまとめると表3.2の通りです。

西暦		地表面温度
1990年		14.7℃
1995年	放射	14.6℃（－0.1℃）
	放射＋雲量	13.6℃（－1.1℃）

表3.2　気温変動に対する雲量の効果

雲量の増加による反射率の変化を考慮すると、太陽放射照度の変化だけを考慮して求めた地表面温度の変化の11倍になることが分かります。雲量の変化による影響が太陽放射照度の変化による影響の実に10倍という大きな値を示しています。

ここで示したのは単純化したシミュレーションであり、このまま定量的な評価をすることは難しいでしょう。しかし、定性的には雲量の変化が地表面温度や気温に対して大きな影響を与えることが分かります。

気温の変動機構を解明するためには、太陽活動の変化の影響を単に放射照度だけではなく、磁場の変化、大気への侵入宇宙線量の変化などを含んだ総合的な影響としてとらえることが必要です。

地球放射の観測データの間違った解釈例
～高校理科教科書の教師向け解説の誤記を放置する教科書会社

高校の理科の教科書出版の大手である啓林館のホームページでは、図3.11に示すように地球放射の観測データの解釈を完全に誤って説明しています。私は2012年11月にこの誤りに気づき訂正するように何度か要請しましたが、いまだに放置されたままです。

◆地球放射

太陽放射で暖められた地球は，平均15℃になり，この温度の赤外放射をしている。各波長別の強度は下図のようになる。赤外線を主体とする地球放射のある波長領域は，大気中の水蒸気や二酸化炭素によってほとんど吸収される。そのため，実際に大気を通り抜けて宇宙空間に放出されるのは，吸収を免れた部分だけである。この領域を地球放射の窓という。

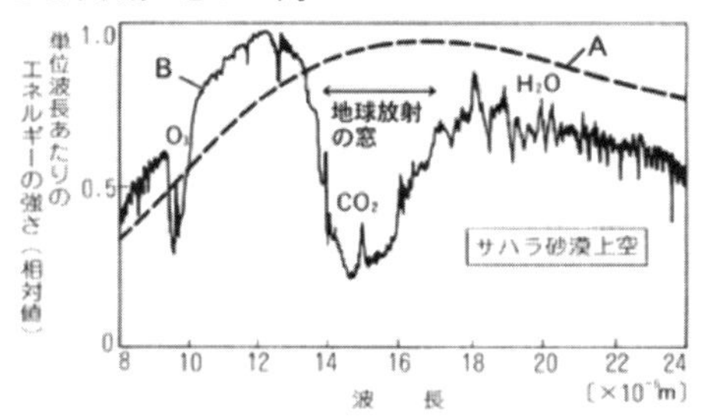

▲　地球放射の波長別強度分布

A：300 K の物体の放射エネルギー

B：大気中で吸収されるエネルギー

図3.11　啓林館高校理科総合B教科書解説ホームページの記述（http://keirinkan.com/kori/kori_synthesis/kori_synthesis_b_kaitei/contents/sy-b/1-bu/1-3-1.htm）

すでにお分かりのように、啓林館の図でBと示されている辺りが「大気の窓」領域（8～14μm付近）であり、地表面からの赤外線放射をそのまま宇宙空間に放射している部分です。図で「地球放射の窓」とされている部分は対流圏上層のCO_2からの低温赤外線放射領域です。

このように検定済み教科書の教師向け解説に自然科学的に見て明らかに誤った解釈が堂々と掲載され、それが科学的な思考を停止してしまった無自覚な現場の教師たちによって検証もされずに若者に刷り込まれていることは由々しい問題です。保護者や一般市民から指摘を受けても検討することもなく何年間も放置し続ける権威主義に侵された非科学的な日本の教育業界の惨状を示している一例と言えるでしょう。

3-2
大気の安定性と鉛直温度分布

大気の温度は、気体の質量のように独立した物理量として計量できるものではありません。大気の温度とは、大気を構成する気体分子の運動状態を表す属性の一つであり、気体分子の保有する平均的な内部エネルギーの大きさで決まります。したがって、大気の温度を理解するためには気体分子の運動について理解することが必要です（5章参照）。

地球には重力があるために、重たいものほど下に、軽いものほど上に移動する傾向を持っています。重いものから次第に軽いものが積み重なった安定な状態を「安定密度成層構造」と呼びます。地球大気の平均的な鉛直方向の温度分布は、安定密度成層構造をもつ大気の温度状態によって決まります。

ここでは、大気の鉛直方向の力の釣り合いから、乾燥した大気の平均的な鉛直方向の温度分布を求めます。さらに、水蒸気を含んだ湿った大気の性質と、大気の水平方向の運動についても触れることにします。

対流圏大気の中での熱エネルギーの移動の3形態　～熱伝導、赤外線の放射・吸収、対流

熱や物質の移動がなく、化学的な変化も起こらない状態を「熱力学平衡」と呼びます。対流圏では大気にはさまざまな物理的、化学的変化が起きていますが、大気中の任意の場所で温度や密度を測定することができます。このように、任意の小さな部分空間に着目した場合、そこに含まれているエネルギーや物質の量や性質が一定だと見なせる状態を「局所熱力学平衡」と呼びます。

大気を構成している気体の分子レベルのエネルギーの受け渡しの形態は二つです。一つは分子同士の完全弾性衝突による運動エネルギーの受け渡しである「熱伝導」です。もう一つは赤外活性を持つ気体（主に水蒸気 H_2O と二酸化炭素 CO_2）分子間で起こる赤外線の放射・吸収による非接触のエネルギーの受け

渡しです。

気体分子の衝突や赤外線の放射・吸収によるエネルギーの受け渡しによって成り立っている熱力学的な平衡状態は、局所的なものです。大気全体を見ると、その中では複雑な気象現象が起こっていることでも分かるように、エネルギーや物質の状態は一様ではなく、絶えず変化しています。

大気温度の分布をはじめとする気象現象を支配しているのは、大気を微視的に観察したときの分子レベルのエネルギーの受け渡しに基づく局所的な平衡状態ではなく、大気を構成する気体分子の巨大な集まりである圧縮性の流体としての大気の運動です。

対流圏の大気を巨視的にみると、地球上の平面的な位置（例えば緯度の違い）や標高によって温度、密度、湿度などの値は一定ではありません。これを原因とする重力に対する不安定性を緩和するために大気の流れ（対流）が生じます。地球の対流圏の大気の温度分布を決める主要なエネルギーの移動は、この「対流」によるエネルギーの移動です。

乾いた大気の温度の鉛直分布を考える
～乾燥大気の断熱温度減率と等温位線

最初に、水蒸気を含まない乾いた大気について、大気の温度の鉛直分布を考えることにします。

図3.12に示すように、大気中に底面積が1の小さな直方体を考えます。この直方体の中では局所熱力学平衡の条件が成り立ち、一定の温度や密度が定まる程度の大きさだとします。z 軸を、標高0mを原点とする鉛直上向きの座標と

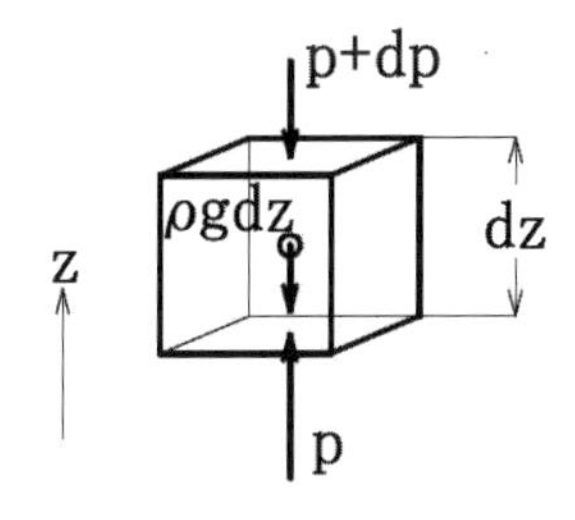

図3.12　大気の鉛直方向の力の釣り合い

します。直方体のz軸方向の高さをdz、直方体の底面に働く圧力をp、上面に働く圧力を$p+dp$、大気の密度をρ、重力加速度をgとして、大気を理想気体と仮定して、この直方体の鉛直方向の力の釣り合いを考えます。

$$p-\rho g dz-(p+dp)=0 \qquad \therefore dp=-\rho g dz$$

上式は、着目している小さな直方体の大気に鉛直方向に全く力が働いていない状態であることを表しています。大気の密度ρは大気の温度と圧力の関数になります。上式を満足する標高H（$z=H$）の大気の温度Tは次の式で表すことができます。

$$T=T_1-\frac{g}{\mathrm{C_P}}H$$

温度T_1は、対流圏の任意の高度Hの温度Tの乾燥した大気を断熱的に地表面まで下ろした場合（1気圧に加圧した場合、あるいは$z=0$ m）の温度を示しています。T_1を「温位」と呼びます。$\mathrm{C_P}$は大気の等圧比熱です。

上式で表される直線上では、大気はすべて同じ温位を持つことになります。この直線を「等温位線」あるいは「乾燥断熱線」と呼びます。

等温位線の勾配を「乾燥断熱（温度）減率」と呼びます。地球大気の乾燥断熱減率は次の通りです（等温位線については133頁の解説1を参照)。

$$\frac{g}{\mathrm{C_P}}\cong\frac{9.8(\mathrm{m\cdot sec^{-2}})}{1000(\mathrm{m\cdot sec^{-2}\cdot ℃^{-1}})}=9.8(℃/\mathrm{km})$$

乾燥した地球の大気は、標高が1 km上がることで温度が9.8℃低くなります。

図3.13に気温15℃の大気についての等温位線を示します。気温15℃（≒温位15℃）の大気は、標高5 kmで−34℃であることが分かります。

等温位線で表される乾燥大気の状態は、標高に関係なく鉛直方向には全く力が働いていません。等温位線で表される乾燥大気よりも温位の高い大気は軽く、温位の低い大気は重くなります。

実際の乾燥大気のP点における温度分布の温度減率が等温位線よりも大きい場合は、P点より標高が低いところでは温位が15℃よりも高く大気は軽く、標高が高い所では温位が15℃よりも低く大気は重くなり、重力的に不安定になります。この場合には、不安定な状態を解消するように鉛直方向の大気の入れ

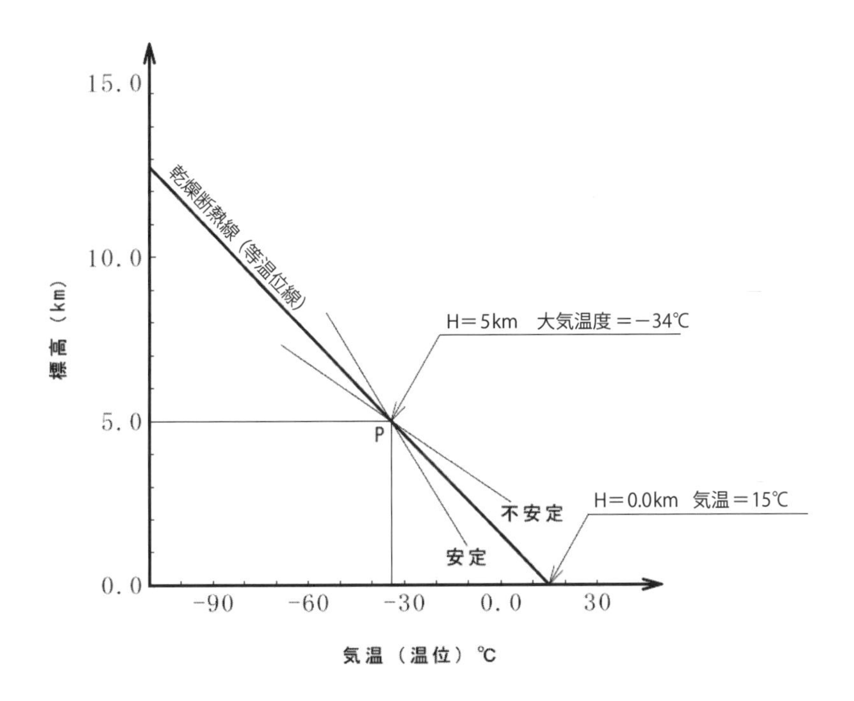

図3.13　乾燥断熱線と水蒸気で飽和していない大気の安定性

替わり、つまり対流が生じます。

逆に、P点の温度減率が等温位線よりも小さい場合は、P点より標高が低いところでは温位が15℃よりも低く大気は重く、標高が高い所では温位が15℃よりも高く大気は軽くなり、重力的に安定で対流は起こりません。

したがって、仮に地球の大気が乾燥しているとすれば、地球の対流圏の平均的な大気温度の鉛直分布の温度減率は9.8℃/kmを超えることはありません。

大気の安定度は3状態に
～乾燥断熱線と湿潤断熱線

実際の地球大気は水蒸気を含んでいるために、もう少し複雑な温度変化を示します。

水蒸気で飽和した大気を断熱的に減圧すると、温度の低下にともなって水蒸気が凝結します。水蒸気が液体の水に変化するとき、凝結熱を放出して大気を暖めます。その結果、水蒸気で飽和した大気の減圧による温度の低下は乾燥大気よりも小さくなります。

水蒸気で飽和した大気の減圧による断熱温度減率は、温度や圧力によって大気に含まれる水蒸気量が大きく変化するため一定ではありません（便宜的に一定値を用いる場合には5.0℃/kmとすることが多いようです）。

大気の安定度は、温度や湿度の条件によって、図3.14に示すように三つの状態に分かれます。

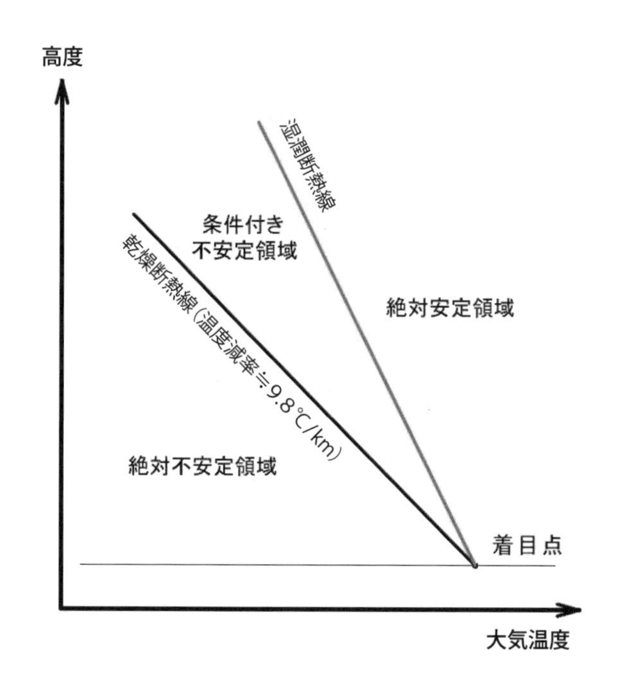

安定状態	温度減率の条件	説　明
絶対不安定	9.8℃/kmよりも大きい	大気は不安定となり対流が起きる
条件付き不安定	湿潤断熱減率～ 9.8℃/kmの間	空気塊が水蒸気で飽和している場合、湿潤断熱減率よりも温度減率が大きければ不安定になり対流が起こる
絶対安定	湿潤断熱減率より小さい	大気は安定密度成層となり対流は起こらない

図3.14　地球大気の安定性

高度による湿った空気塊の温度変化
～持ち上げ凝結高度、自由対流高度、中立浮力高度、相当温位

図3.15は、地表面付近で飽和していない湿った空気の塊を大気中で断熱的に上昇させた場合の温度変化の模式図です。鉛直温度分布曲線は対流圏の平均的な鉛直温度分布を示します。

地表付近の飽和していない湿った空気塊に力を加えて断熱的に上昇させると、その温度は乾燥断熱線に沿って変化します。湿った空気塊を上昇させると温度が低下し、やがて露点に達します。露点に達する高度を「持ち上げ凝結高度」と呼びます。持ち上げ凝結高度に達した大気をさらに上昇させると、空気塊に含まれた水蒸気が凝結し始め、凝結熱を放出します。空気塊の温度は湿潤断熱線に沿って変化します。

空気塊をさらに上昇させると、湿潤断熱線と鉛直温度分布曲線が交わります。この標高を「自由対流高度」と呼びます。空気塊を自由対流高度より上まで上

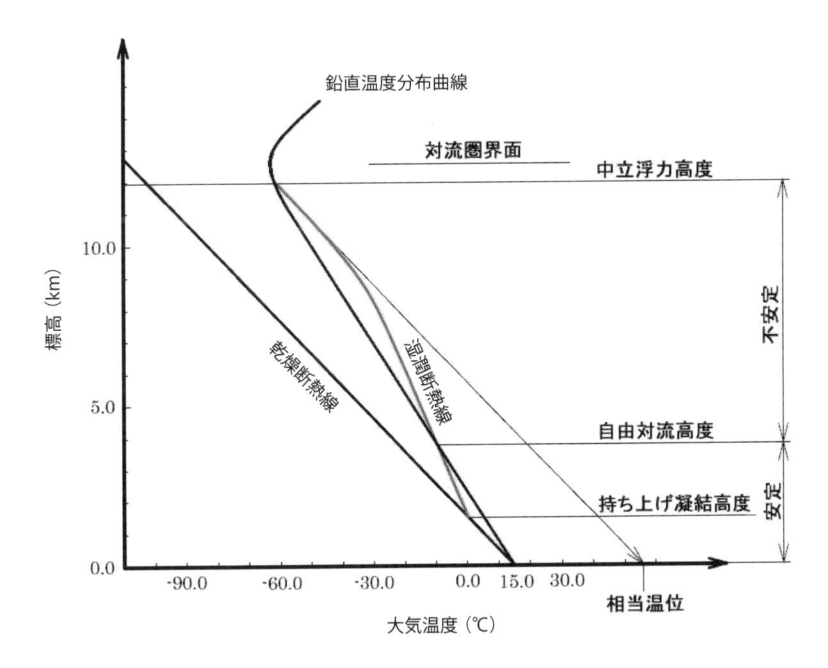

図3.15　地表付近の湿った大気の温度変化と安定性

昇させると、大気の温度よりも空気塊の温度のほうが高く、軽くなります。このために空気塊には浮力が働いて“不安定”になり、自ら大気中を上昇し始めます。

空気塊が上昇して水蒸気が凝結するのに従って、大気に含まれる水蒸気が取り除かれます。そして湿潤断熱線の温度減率は乾燥断熱減率に漸近します。やがて湿潤断熱線と鉛直温度分布曲線が再び交わります。この標高を「中立浮力高度」と呼びます。中立浮力高度に達すると、空気塊の温度は周囲の大気の温度と等しくなって同じ重さになるために浮力が働かなくなります。

中立浮力高度に達した空気塊の上昇速度はゼロではないので、大気中をもう少し上昇することになります。空気塊が上昇することができなくなる高さが対流圏と成層圏の境目である「対流圏界面」です。通常は中立浮力高度≒対流圏界面と考えてもよいでしょう。

水蒸気が取り除かれて乾いた空気塊を、断熱的に地表面まで下ろしたときの温度（乾燥断熱線に沿って地表面まで下ろしたときの大気温度）を「相当温位」と呼びます。

図3.16に、対流圏と成層圏の平均的な大気温度分布を示します。地球大気の対流圏の平均的な温度の鉛直構造は、対流圏上端の高度11kmで−56.4℃、地表で15.2℃程度です。対流圏の平均的な温度減率は（15.2＋56.4）/11≒6.5℃/km＝0.0065℃/m程度です。

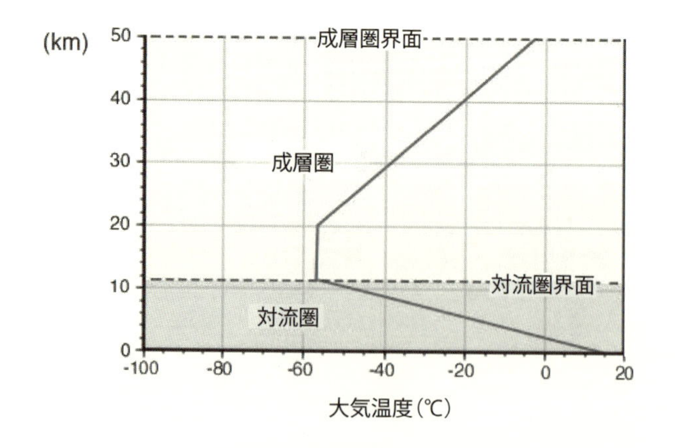

図3.16　対流圏、成層圏の平均的な大気温度の鉛直分布

空気塊の温度減率差によって起こるフェーン現象
～湿潤大気が山を越えて、乾燥した熱風となって吹き下ろす

天気予報でよく聞く言葉に「フェーン現象」があります。例えば、夏場に太平洋側に湿った南風が入って山岳地帯で雨を降らせ、日本海側に乾いた空気が吹き下ろすと、猛烈な暑さになります。これは、山岳地帯を上昇する空気塊と山岳地帯を越えて下降する空気塊の温度減率が異なることによって生じる現象です。

図3.17は、フェーン現象が起きるときの空気塊の温度変化の模式図です。この場合、風上側の標高０ｍの飽和していない湿潤大気の温度は20℃です。

この湿潤大気が風によって山肌に沿って標高1,000mまで持ち上げられると、100mにつき約１℃気温が下がる（乾燥断熱減率）ため10℃になります。標高1,000m（持ち上げ凝結高度）を過ぎると大気の温度が露点に達して大気中の水蒸気が凝結し始めるとします。湿潤断熱減率を５℃/kmだとすると標高2,000mでは５℃低くなり、山頂の気温は５℃になります。

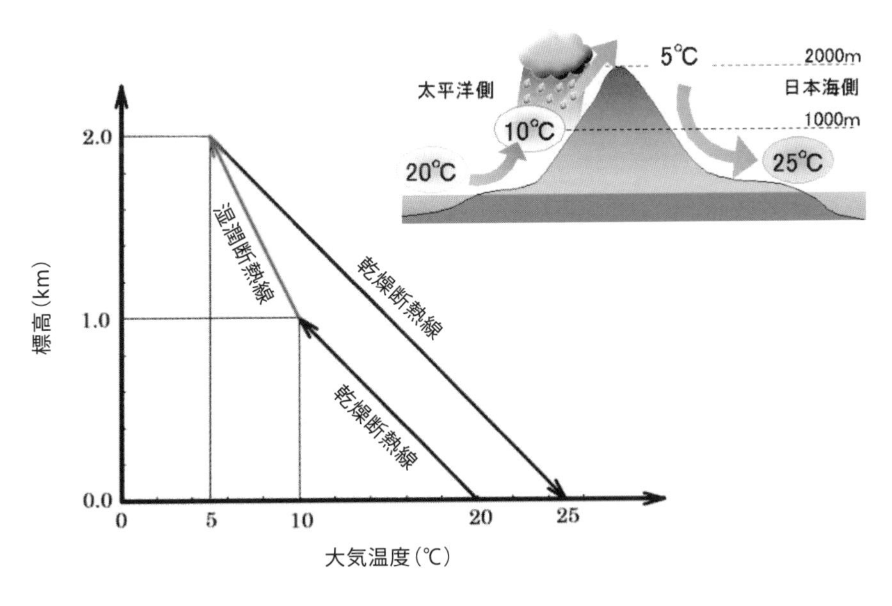

図3.17　フェーン現象と空気塊の温度変化

山の太平洋側の斜面で雨を降らせた大気が、山を越えて乾燥した状態で日本海側に下ると、100m当たり１℃気温が上がり（乾燥断熱減率）、標高０mでは20℃上昇して25℃になります。こうして太平洋側と日本海側で５℃の気温差が生まれます。

H_2O濃度で決まる対流圏の高さ
～赤道付近で18km、両極で10km

ここまでは混合気体である大気の分子量を一定だとして考えてきました。対流圏大気の組成（体積比）は酸素O_2が20.948％、窒素N_2が78.084％であり、この二つの気体で99.032％を占めています。したがって、大気の平均分子量は$(32\times0.20948+28\times0.78084)\div0.99032=28.846\fallingdotseq29$程度です。

大気中の水蒸気H_2Oの平均的な濃度はO_2に次いで高いのですが、H_2Oの濃度は気温や地表面の状態などで大きく変化するため、通常、地球大気の平均分子量を求める場合には含めません。

H_2Oの分子量は18で、大気の平均分子量29よりもはるかに小さい値です。同じ温度であってもH_2Oを多く含む大気（湿度の高い大気）のほうが軽く、上昇傾向を持つことになります。また前述の通り、H_2Oを含んだ大気が冷却されることによって凝結するとき、潜熱として保有していた水蒸気１g当たり590cal程度の凝結熱を放出して大気を暖めるために、相当温位が高くなります。

温度が高く、水蒸気濃度の高い大気ほど、軽いだけでなく多くのエネルギーを保有しています。そのために上昇傾向が強く、大気中を高くまで上昇します。したがって、対流圏の高さは、暖かくH_2Oを大量に含んだ大気となる赤道付近で最も高く18km程度、冷たく乾燥した大気となる両極で最も低く10km以下になります。

対流運動が起きる仕組み　～地球は太陽放射を熱源に、大気を動作物質とした冷却システムを持つ、一種の熱機関

対流圏の大気は、温位（相当温位）が高いほど軽く上昇傾向を持ち、温位（相当温位）が低いほど重く下降傾向を持つことが分かりました。

一方、地球の大気は太陽光をよく通すため、太陽光は主に大気の底である地

表面を温めます。昼に地表面から暖められるた地球の下層大気は必然的に地表面に近いほど温位が高くなり、不安定になる傾向を持っています。

地球の対流圏の大気は、地表面付近の湿って暖かく軽い大気の上空に向かう流れと、上空で放熱した乾燥して冷たく重い大気の地表面に向かう流れによって、重力に対する安定性を回復しようとする対流運動をしています。

対流運動は、地表付近の暖かい大気の内部エネルギーとH_2Oを対流圏上層に運び上げます。大気は対流圏上層で内部エネルギーとH_2Oの凝結熱を低温赤外線放射で宇宙空間に放熱し、凝結したH_2Oは雨となって地表面に戻ります。このことから、地球は太陽放射を熱源に、大気を動作物質とした冷却システムを持つ、一種の熱機関だと考えることができます。

対流圏の大気の平均的な鉛直方向の温度分布は、大気の鉛直方向の対流運動による熱輸送によって決まります。

放射冷却と逆転層
～温度減率が負の値となる大気の層の出現

温帯に位置する日本ですが、秋から冬には湿度が低くなって、強い放射冷却現象が起きることがあります。日没後、太陽放射がなくなると地表面は赤外線放射で急速に熱を失い、地表面付近の大気も急速に冷却されます。

温度減率が負の値になる範囲を一般的に「逆転層」と呼びます（図3.18）。地表面からの赤外線放射による放熱で生じる逆転層は上空数100mの範囲で、

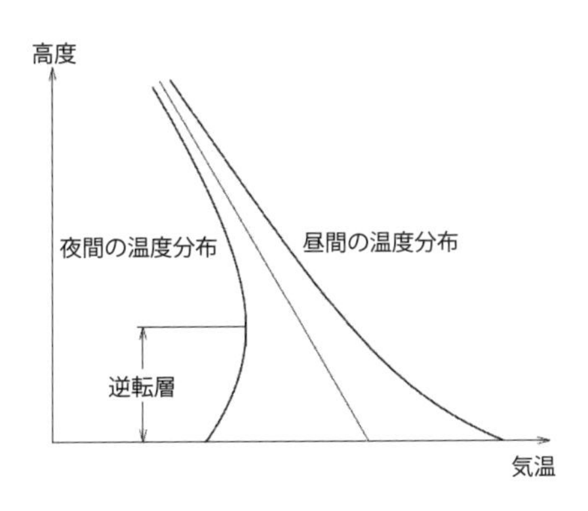

図3.18　放射冷却と逆転層

特にこれを「接地逆転層」と呼びます。接地逆転層を含む低層大気は絶対安定になります。

地表面付近で冷やされた大気の温度が露点以下にまで下がると、水蒸気が凝結して霧が発生します。これを「放射霧」と呼びます。放射霧は秋から冬にかけて高気圧に安定的に覆われてよく晴れた風の弱い日の明け方に地表面付近に見られます。地表面付近の気温が日の出とともに上昇しはじめ、露点以上に上昇するとやがて放射霧は消えてしまいます。

気象シミュレーションの登場
～大気の移動を無視した「放射平衡モデル」の大失敗

20世紀後半、気象現象をコンピューターによる数値計算を使って分析し、あるいは予測しようという「気象シミュレーション」が開始されました。

気象シミュレーションの初歩的な段階として、大気中の鉛直温度分布を再現する試みが行われました。その基本となったモデルが「放射平衡モデル」です。これは、“大気の鉛直方向の温度分布が、対流しない「灰色大気」の赤外線に対する放射・吸収現象として定まる”とした数値モデルです。

ステファン・ボルツマンの式は、すべての波長の電磁波を吸収してこれを100％放射する、つまりすべての波長帯域で射出率＝吸収率＝$\varepsilon = 1.0$の仮想の物体である黒体についての放射照度と温度の関係を表す式でした（78頁参照）。一方、「灰色大気」とは、射出率＝吸収率＝$\varepsilon < 1.0$としてモデル化した仮想の大気のことです。

実際の大気に含まれる赤外活性を持つ気体分子には、電磁波に対してそれぞれ特定の吸収波長帯域が決まっているため、これをすべての波長帯域に対して同一の射出率、吸収率を持つ灰色大気で近似することには無理があります。また、対流圏での大域的な熱輸送で主要な役割を受け持つのは赤外線の放射・吸収現象ではなく、大気の対流運動です。この対流運動を表すことのできない放射平衡モデルは、そもそも対流圏の温度分布を模倣するには不適格なモデルでした。

ここでは最も単純な一層の放射平衡モデルを紹介します（図3.19）。

図3.2（地球大気の熱収支の概要）を参考に、有効太陽放射S_e＝341.5×

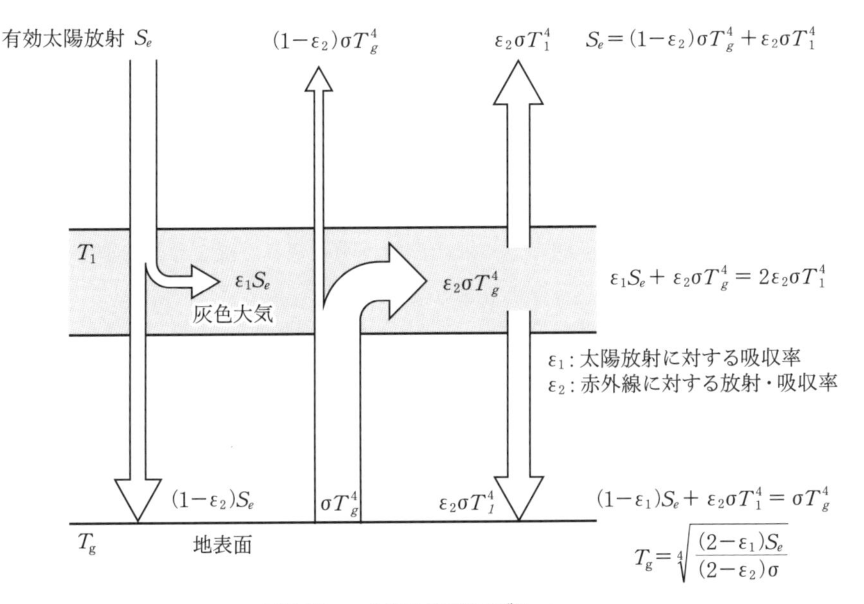

図3.19　一層放射平衡モデル

0.69＝236W/m^2、 ε_1＝20/69＝0.29とします。また、(1－ ε_2) ＝12/114から ε_2＝0.89とすると、地表面温度 T_gは

$$T_g=\sqrt[4]{\frac{(2-0.29)\times 236}{(2-0.89)\times 5.67\times 10^{-8}}}=283\,(\mathrm{K})=9.8\,(℃)$$

になります。大気層の温度 T_1は

$$T_1=\sqrt[4]{\frac{\sigma T_g^4-(1-\varepsilon_1)S_e}{\varepsilon_2\sigma}}=\sqrt[4]{\frac{5.67\times 10^{-8}\times 283^4-(1-0.29)\times 236}{0.89\times 5.67\times 10^{-8}}}=250(\mathrm{K})$$

$$=-23.2(℃)$$

一層モデルでは大気の温度は－23℃の一定値となり、鉛直温度分布を表すことができません。温度分布を表すためには、大気を複数の層に分割した多層モデルを使用します。

1964年に真鍋らは多層モデルを用いて大気の鉛直温度分布を求めました。真鍋らのモデルは、移動しない大気を高さ方向に複数の層に分割した放射平衡モデルを使って、ここに入力として有効太陽放射を与えて、出力である大気層・地表面から宇宙空間に放出される赤外線放射（＝地球放射）の合計が有効太陽放射と釣り合うという条件で、大気中の鉛直方向の温度分布を求めました。各大気層の間のエネルギーの移動は赤外線の放射・吸収で表しました。

真鍋らのモデルは、これまで本節で見てきた大気の重力に対する安定性を考慮せずに、動かない大気層の赤外線の放射・吸収だけで温度分布を求めようとしたところに本質的な誤りがありました。

図3.20の曲線(a)が放射平衡モデルによる数値計算結果を示しています。地球の表面温度は333K（＝59.8℃）程度、対流圏の平均的な温度減率は14.3℃/km程度になりました。

現実の地球大気では、乾燥断熱減率よりも遥かに大きな14.3℃/kmという温度減率を示す大気は絶対不安定であり、直ちに激しい対流運動が生じて重力に

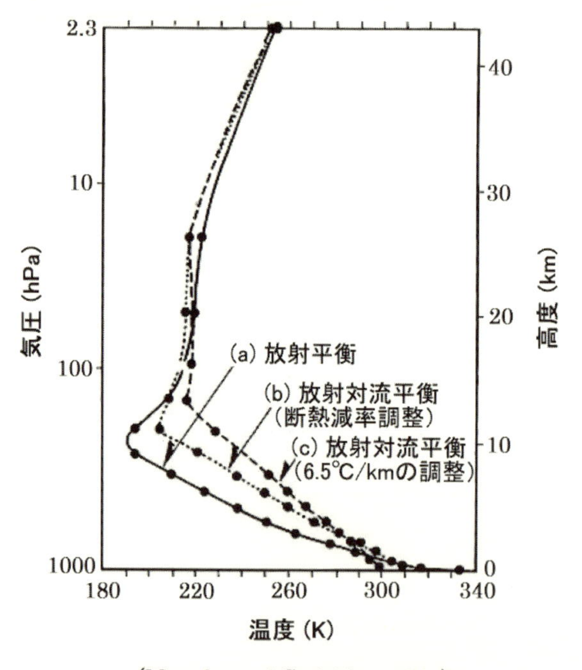

(Manabe and Strichler, 1964)

図3.20　放射平衡モデルによる大気温度の鉛直分布シミュレーション

対する安定性を回復します。平均的な地球の対流圏大気の温度減率は、乾燥断熱減率＝9.8℃/kmより大きな値にはなりません。実際の対流圏の湿った大気の平均的な温度減率は6.5℃/km程度です。放射平衡モデルによる対流圏の温度分布は、大気の重力に対する安定性を表現できないために現実とはかけ離れた結果になったのです。

この真鍋らのコンピューター・シミュレーションの失敗からの重要な結論は、対流圏の温度分布を決定しているのは赤外線の放射・吸収現象ではない、ということでした。

「調整」は自然現象の模倣ではない「置き換え」
～パラメータ化はモデル設計者がお望みの計算結果を得るためのカンニング行為

図3.20の曲線(b)、(c)に示されている「放射対流平衡モデル」について簡単に触れておきます。

真鍋らの放射平衡モデルでは、大気の移動による熱移動現象である対流は考慮されていません。放射平衡モデルでは大気の対流運動はブラックボックスなのです。それでは放射対流平衡モデルでは、対流運動の影響をどのように反映して“調整”しているのでしょうか？

今、放射平衡モデルによる数値計算によって求めた温度減率をΓとします。曲線(b)で表される「断熱減率調整」では数値的な計算を行わずに、温度減率に対していきなり次のような置き換えを行います。

①$\Gamma \leqq 9.8$℃/kmの場合、何もしない。

②$\Gamma > 9.8$℃/kmの場合、$\Gamma \equiv 9.8$℃/kmとする。

放射平衡モデルでは、対流圏の平均的な温度減率は14.3℃/kmでした。したがって、断熱減率調整を行えば、対流圏の温度減率はすべて9.8℃/kmになってしまいます。これでは放射平衡モデルで数値計算している意味はありません。曲線(c)の「6.5℃/kmの調整」も同じです。

真鍋らが放射対流平衡モデルで行ったこの“カンニング行為”は、一般的に「パラメータ化」と呼ばれるものです。現在の超高速のスーパー・コンピューターを使った気候予測シミュレーションでも、このパラメータ化が広く行われています。数値計算モデルでは表現できない状態量などをモデルの設計者が恣意的に指定するパラメータ化によって調整することで、いくらでもお望みの計算結果が得られるわけです。

気象現象の数値モデルによるシミュレーションとは、自然現象の模倣ではなく、モデル設計者の望む結果を表現しているコンピューター・ゲームにすぎないのです。

大気の水平方向の対流
～地球大気の循環構造について

ここまで大気の鉛直方向の温度分布について見てきましたが、水平方向の移動についても少しだけ見ておくことにします。

天気予報で見る地表面の気圧配置図で分かるように、地表面の気圧には高い場所と低い場所があります。大気は平面的な気圧の差＝気圧傾度力で、気圧の高い方から低い方へ流れます。これが大気の水平方向の対流運動の動力です。

一般的に気温の高い地域では大気は膨張して軽いために上昇気流が起きており、そこでは地表面の気圧が低くなります。逆に、気温の低い地域では大気は重く地表面の気圧が高くなります。地表面付近の大気は高気圧から吹き出して低気圧に向かって流れます。高気圧の中では流れを補償するように冷たい大気の下降気流が生じます。

対流圏界面の標高は、気温の高い場所ほど高くなります。同様に、対流圏上層では、同じ気圧を示す標高（＝等圧面）は、気温の高い場所ほど高くなります。同じ標高で見ると、対流圏上層では気温が高い場所ほど気圧が高くなります。したがって、対流圏上層では地表付近とは逆の気圧配置になり、地表面と逆方向に大気が流れています。

太陽光に対する地表面の角度の影響で、気温は低緯度ほど高く、高緯度ほど低くなります。地球の対流圏では、低緯度の赤道付近で暖かい大気が上昇し、上空では低温の高緯度方向に流れます。高緯度地域の上空に流れ込んだ大気は冷却されて重くなり、下降気流となって高緯度の寒冷な大気を低緯度側に吹き出します。地球が自転していなければ、南北方向の大気循環は北半球と南半球でそれぞれ一つの大循環構造を形成することになります（図3.21）。

地球は地軸の周りに自転しているために、地表面と大気との間に相対的な回

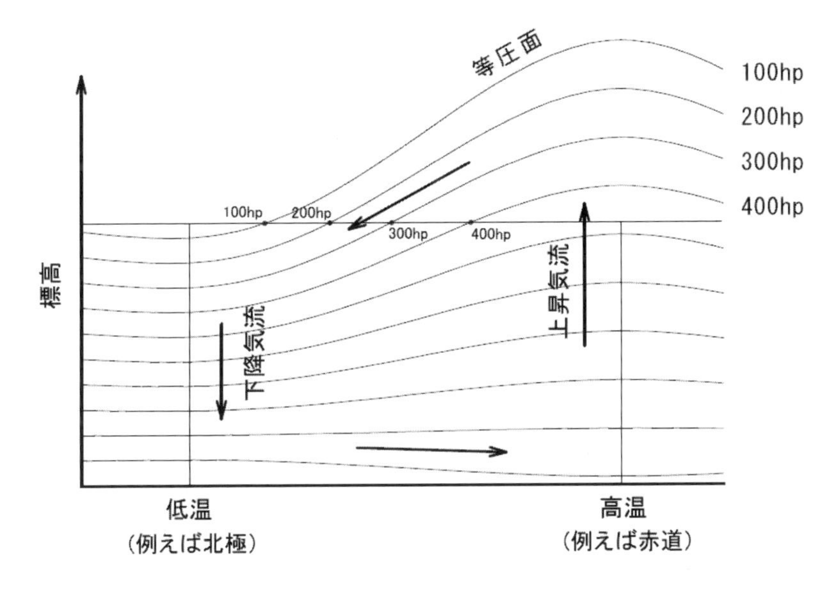

図3.21　大気の循環構造

転速度の差が生じ、摩擦力が働きます。その結果、赤道に並行する方向の大気の流れが加わります。赤道付近で吹く東風＝貿易風（trade winds）と、中緯度で吹く西風＝偏西風（Westerlies）と、高緯度で吹く東風＝極偏東風（Polar easterlies）があります。

口絵04に示すように、地球の自転の影響で生じる赤道に並行する大気の流れによって地球大気の南北方向の循環構造は低緯度側からハドレー循環（Hadley cell）、フェレル循環（Ferrel cell）、極循環（Polar cell）の三つに分断されています。

さらに、大陸と海洋の配置によって水蒸気濃度や温度に差が生じ、また高山よる影響なども加わり、対流圏の大気の運動は複雑な流れになります。こうした地球大気の複雑な流れによって、気象現象は大変複雑になります。

太陽放射は地球の表面環境（大気・海洋を含む）にエネルギーを供給する経路として重要です。しかし、最終的に地球環境の気温分布や気象現象を決めているのは、流体としての大気や海水の流れによる熱輸送です。

3-3

都市部の乾燥化と異常昇温は温暖化とは無関係
～それは土地利用政策の失敗の結果である

第2章までの検討で、20世紀に経験した全体としての地球の気温の上昇は特異なものではなく、自然現象として正常の範囲内にあることが分かりました。しかし、地球全体の温度状態とは別に、日本の都市部で異常な高温が観測されることが多くなりました。

ここではこの数10年、私たちが経験するようになった都市化による局所的で異常な気温上昇の仕組みを紹介します。

気温に与える都市化の影響
～東京、福岡、浜田の比較から

口絵05は、日本の代表的な大都市、地方中核都市、そして地方都市の気温観測点の気温変動を、1895年に対する気温偏差で示したものです。東京ではこの100年間で3℃程度（2.9℃/100年）気温が上昇しています。都市化の影響の小さい観測点だと考えられる浜田では同じ期間に1℃程度（1.1℃/100年）の気温上昇です。地方中核都市である福岡の気温上昇は、東京と浜田との間の値（2.4℃/100年）を示しています。

浜田の気温変動は、これまで見てきた20世紀の太陽活動の変動（図2.2、2.3参照）とよく同期しているようです。20世紀中盤まで上昇傾向を示し、その後1970年代に低下傾向を示した後、2000年頃まで再び上昇傾向を示し、その後は低下しています。これに対して、東京や福岡の気温は単調な上昇傾向を見せています。

このことは、20世紀の日本の大都市の気温の変動は、太陽活動の変動の影響よりも都市化による環境変化の影響の方が強いことを示唆しています。

人工エネルギーの利用による都市の昇温

～人工熱源の影響を考慮した地表面の熱収支から

人為的な影響としてまず思いつくのが、工業的に生産されたエネルギーの大量消費です。利用されたエネルギーは最終的にすべて排熱になります。

2012年度の日本の1年間の一次エネルギーの消費量は20.819×10^{18}Jでした。これを日本の国土面積（37.793万km^2）の中の可住地面積32.1%で消費すると仮定して、単位面積当たりの平均的な仕事率を求めると次の通りです。

$$20.819 \times 10^{18}\mathrm{J} \div (365 \times 24 \times 3600)\mathrm{s} \div (37.793 \times 10^{10} \times 0.321)\mathrm{m}^2$$

$$= 5.442(\mathrm{W/m^2})$$

人工的なエネルギー消費からの排熱が全て地表面を温めるものとします。東京のような大都市では平均的な一次エネルギー消費量の5倍程度（27.21W/m^2）を消費するものと仮定すると、地表面の熱収支は図3.2の値から図3.22に示すように変化します（341.5W/m^2を100とした表示）。

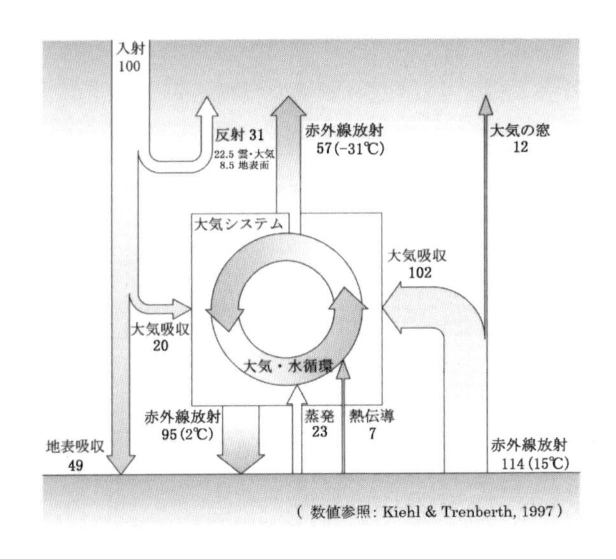

図3.2　地球大気の熱収支の概要（再掲）

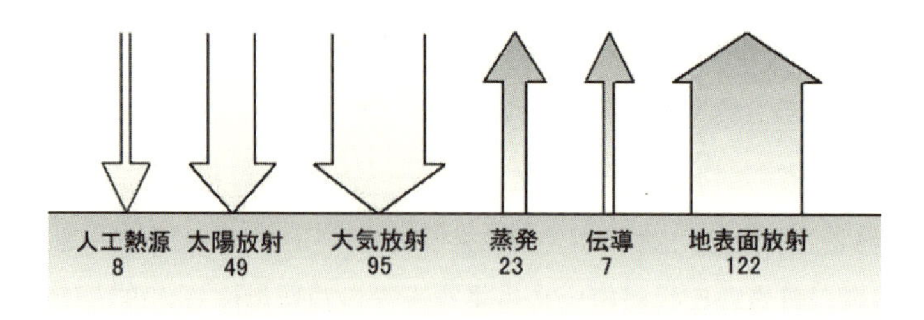

※人工熱源＝27.21W/m^2 ×（100/341.5W/m^2）≒8とする。

図3.22　都市の人工熱源を考慮した地表面の熱収支

実際には人工熱源によって増えた入力は蒸発や伝導によっても放熱されますが、ここでは全て地表面からの赤外線放射によって放熱されるものと仮定します。この場合、地表面からの赤外線放射は $I = 341.5\mathrm{W/m^2} \times (122/100) = 416.63\mathrm{W/m^2}$ になり、気温は次のように計算できます。

$$T = \sqrt[4]{\frac{416.63}{5.67 \times 10^{-8}}} = 292.8(\mathrm{K}) = 19.6(℃)$$

大都市部では人工的なエネルギー消費の影響で平均気温15℃から4.6℃も上昇することを示しています。実際には大気の流れなどで熱が拡散するために、ここまで昇温することはありませんが、無視できない気温上昇が起こります。

比較のために、人工的なエネルギー消費による排熱の影響を日本の可住地全体で均等に受けた場合の平均気温を求めておきます。

この場合の地表面からの赤外線放射は $I = 341.5\,\mathrm{W/m^2} \times (114/100) + 5.442\mathrm{W/m^2} = 394.75\,\mathrm{W/m^2}$ になり、気温は次のように計算できます。

$$T = \sqrt[4]{\frac{394.75}{5.67 \times 10^{-8}}} = 288.9(\mathrm{K}) = 15.7(℃)$$

排熱による異常昇温で地球は温暖化しているか？
～それは地球全体の気温変化とは無関係な局所的な都市問題

ここで、人工的なエネルギー消費によって生じる排熱が地球全体の平均気温に与える影響を考えてみます。

2014年度の世界の一次エネルギー消費量は559.818×10^{18}Jです。地球の単位面積あたりの仕事率は次の通りです。

$$559.818 \times 10^{18}\mathrm{J} \div (365 \times 24 \times 3{,}600)\,\mathrm{s} \div (510{,}064{,}471 \times 10^{6})\,\mathrm{m}^2$$

$$= 0.035\,(\mathrm{W/m^2})$$

これは、平均的な太陽放射のわずか0.0026％（≒0.035÷1,366）に過ぎません。地球全体の気温変動を考える場合には人工的なエネルギー消費による影響は無視しても構わない程度の小さなものです。

人工的なエネルギーの消費による異常な気温上昇は、日本の大都市部のように大量の人工的なエネルギーを集中的に消費する特殊な都市環境の局所的な問題なのです。

地表面の乾燥化でどれだけの冷却効果が失われるか
～水の蒸発量が半分になれば気温は6℃上昇する

私は九州の地方都市に生まれました。物心ついた小学生の頃、1960年代には至る所に雑木林や竹やぶ、原っぱがありました。主要な道路以外は未舗装の凸凹道ばかりで、市の中心の商業地以外では下水道もほとんど整備されていませんでした。雨が降ればいたるところに水溜まりができたものでした。

この50年余りで日本全国の地方都市の環境は激変しました。市街地のほとんどすべての道は舗装路となり、学校や病院などの施設の敷地内も花壇として囲い込まれた場所以外では生きた土壌は姿を消しました。水田や畑、雑木林や原っぱも激減しました。地方中核都市や東京などの巨大都市での環境の変化はこの比ではないでしょう。

こうした私たちにとっての身近な自然環境の変化は、水循環を破壊し、地表面環境の乾燥化を招きました。乾燥して植生が貧弱になった場所では夏は大変暑くなりました。舗装された地面は、真夏の昼間には50℃を超えるほどです。ところが、そのすぐ横の花壇の湿った土の表面温度はそれほど高くありません。植物の葉の表面温度はさらに低いようです。何が違うのでしょうか？

109頁の図3.2（再掲）を見てください。地表面からの放熱には赤外線放射以外に蒸発と熱伝導があります。ここでは蒸発23による潜熱による放熱について考えてみます。

地表面への降水量は地球の全表面積に対して平均的に年間1,000mm程度です。海水位が顕著に変動していないことから、平均的に年間1,000mm程度の水が地表面、海面から蒸発していることになります。

1,000mmの蒸発量とは、１m^2当たり１m^3＝1,000,000cm^3＝1,000,000gの水が蒸発するということです。水の気化熱は、気温によって変化しますが、590cal/g≒2,470J/g程度です。１年間を通して一定量ずつ蒸発するとした場合、その平均的な冷却効果は次の通りです。

$$2{,}470\,\mathrm{J/g} \times 1{,}000{,}000\,\mathrm{g} \div (365 \times 24 \times 3{,}600) = 78.3\,(\mathrm{W/m^2})$$

これは地表面が受け取る太陽からの平均的な放射照度341.5（W/m^2）を100とした場合、22.9≒23に相当します。

都市部では地表面に降った雨は不透水性の舗装や下水道によって速やかに地表面から取り除かれるので、地表面からの蒸発量が半分程度になるとします。そのときの地表面の熱収支は、蒸発による熱の放出が半分程度の12になると仮定しましょう。蒸発量が減ったことによる地表面からの放熱量の減少分を地

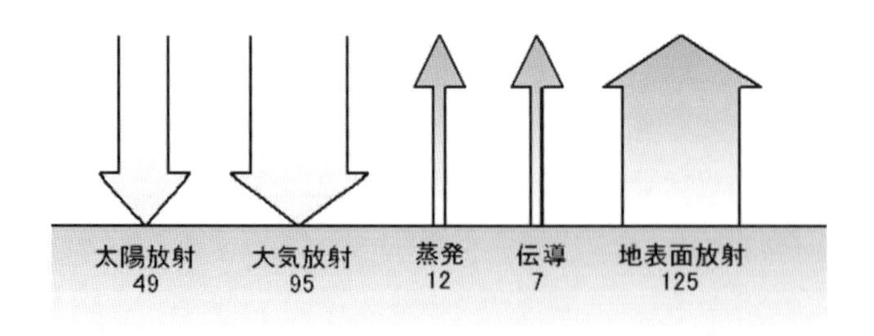

図3.23　地表面の乾燥化による熱収支の変化

表面放射が補うとすれば、114から125（$341.5W/m^2 \times (125/100) = 426.88W/m^2$）に増加します（図3.23）。

このときの気温はステファン・ボルツマンの式から次の通りです。

$$T = \sqrt[4]{\frac{426.88}{5.67 \times 10^{-8}}} = 294.6(K) = 21.4(℃)$$

平均的な地球環境で蒸発量が半分になり、地表面から蒸発する水の量が500mm程度減少すると、$78.3 \times (500mm/1000mm) = 39.15W/m^2$もの冷却効果が失われ、平均気温で6℃程度も上昇することになります。これは、東京のような巨大都市の人工熱源の増加による昇温効果よりも大きい値です。

日本の平均年間降水量は1,700mm程度です。都市部では降雨の大部分が不透水性舗装された地表面から下水道に流し込まれるために、地表面からの水の蒸発の減少量は500mmよりもはるかに大きく、失われた冷却効果は上に示した$39.15W/m^2$を大きく上回っているのです。

地方都市でも進む地表面環境の乾燥化による気温の上昇　～植生破壊、表面舗装、下水道システムで冷却効果が減少

都市の異常な気温上昇には、表面舗装と下水道システムによる地表面環境の乾燥化だけでなく、緑地の減少も大きな影響を与えます。

森は同じ面積の水面と同程度の量の水蒸気を蒸散しています。暑い夏の日、緑豊かな公園に足を踏み入れると体感的に明らかに涼しさを感じます。これは植物の蒸散による冷却効果のお陰です。緑地の減少も気温上昇の大きな原因の一つです。

日本では大都市部にとどまらず全国の市街地で、植生の破壊と不透水性舗装と下水道による降水の地表面からの排除によって乾燥化による気温の上昇が進行しています。可住地域全体を平均的に見れば、人工的なエネルギー消費の増加（$5.442W/m^2$）による気温上昇よりも、地表面の乾燥化によって失われた冷却効果の減少による気温上昇の影響のほうがはるかに大きいのです。地方都市の高温化の主要な原因は、この地表面環境の乾燥化です。

ますます寝苦しい日本の夏の夜
～熱帯夜に蓄熱装置からの放熱も加わって

夏場の日本の都市部で起きている地表面からの蒸発量の減少による気温上昇の仕組みは、昼間の砂漠が高温である仕組みと似ています。しかし全く同じではありません。

地表面環境が乾燥している砂漠では、水の蒸発による放熱ができないために昼間はとても高温になります。しかし、砂漠では大気の湿度も低いために、地表面からの赤外線放射は大気にあまり吸収されずに直接宇宙空間に放熱することで急速に地表面の冷却が進みます。「放射冷却現象」です。砂漠では、太陽放射の強い昼間は高温になっても、一旦日が沈めば急速に気温が下がります。

これに対して温帯の島国である日本では、特に夏場には湿度の高い空気が絶えず流れこむために放射冷却現象は起こりません。日中高温になった地表面からの放射は大部分が大気に吸収されて、大気を暖めます。太陽が沈んでも地表面からの放射は大気によって吸収されて、日中に暖められた大気で保温されるために気温が急激に下がることはありません。「熱帯夜」です。

さらに、舗装路や建築物が“蓄熱装置”となって昼間の高温の熱を夜間に放熱するために、ますます寝苦しい夜になります。

日本の大都市部の異常高温とゲリラ豪雨
～乾燥による高温化と集中豪雨の頻発は密接につながっている

「ヒートアイランド現象」と呼ばれる都市部の異常な高温化の主要な原因は、地表面環境の乾燥化と緑地の減少と人工エネルギーの集中的な使用です。付け加えれば構造物による蓄熱容量の増加です。一方で、近年、日本の大都市では「ゲリラ豪雨」と呼ばれる異常な集中豪雨が頻発しています。

この都市部で観測されている乾燥による高温化と集中豪雨の頻発という二つの現象は全く逆の現象のように見えますが、実は密接に関係しています。

日本の巨大都市の多くは太平洋側の臨海部に集中しています。夏の午後には日向の気温が40℃を超えることも珍しくありません。不透水性の舗装で被覆された地表面の温度は50℃を超えます。夏の都市の地表付近の大気の温度減率は、乾燥断熱減率（3章2節参照）よりもはるかに大きな値になります。真夏の都市の地表付近の大気は絶対不安定であり、自ら大気中を上昇します。

このように、ヒートアイランド現象で異常に高温化した都市部に太平洋高気圧が水蒸気濃度の高い大気を絶えず供給しています。水蒸気をたっぷり含んだ大気は地表面付近で急激に加熱されることで強い上昇気流となって凝結高度にまで到達します。凝結高度に達した大気は雲を生じ、凝結熱を放出しながらさらに加熱されて上昇し、巨大な積乱雲となって狭い範囲に豪雨を降らせます。これがゲリラ豪雨です。

図3.24　都市部の異常高温による積乱雲の発達

気象庁敷地から移転した気象観測点「東京」
～都市化の影響で年間平均気温 0.9℃の「誤差」を観測し続けた実例

2014年12月に気温観測点「東京」の場所が移転しました。これは観測点周辺の環境が人為的な影響を強く受けているために、気象観測データとしての信頼性が保証できないと判断されたためでしょう。

移転前の観測点は気象庁の敷地内にありましたが、そこは高速道路やビル群に取り囲まれた場所でした。新しい観測点「東京」は、そこから約900m離れたところにある、緑豊かな北の丸公園の一画に設置されました。

この移転に備えて、気象庁では旧観測点と北の丸公園の現在の観測点で３年間にわたって観測を行いました。その結果、この２地点で大きな気温差があることが判りました（図3.25）。平面的にわずか900mの移動で年間平均気温でマイナス0.9℃、年間平均最低気温でマイナス1.4℃、熱帯夜がマイナス17日という大きな違いが観測されました。

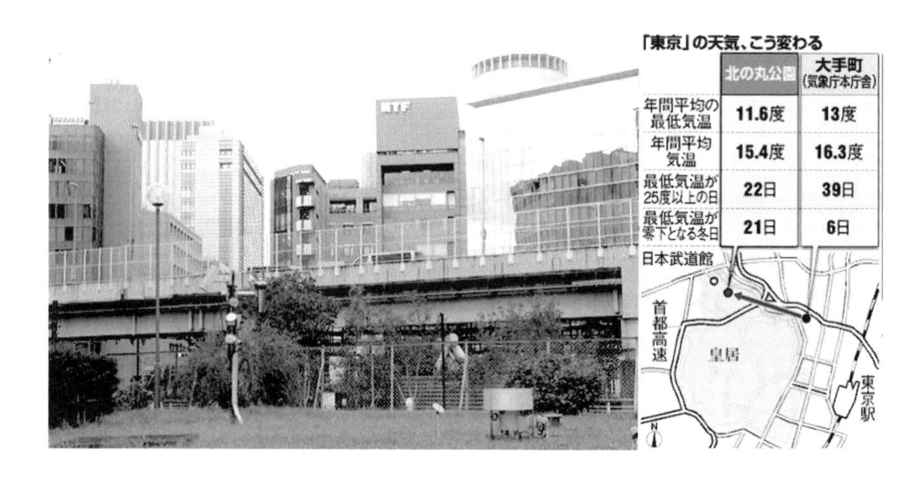

図3.25　気象観測点「東京」の移転（写真は移転前の旧観測点）

観測点「東京」の場合は極端な例ですが、日本中、そして世界中の気象観測点で、程度の差はあるにしても、同じような局所的な環境変化の影響を受けています（巨大都市東京の中の緑地である新観測点と言えども、都市化の影響を少なからず受けています）。

日本に限らず、古くから利用されている気象観測点は比較的アクセスのよい場所に設置されているため、近年の都市化の影響を強く受けています。その結果、近年の気温観測データには都市化による局所的な気温上昇の影響が含まれています。極端な例として挙げた観測点「東京」のように、年間平均気温で0.9℃以上もの「誤差」を含んでいる場合もあるのです。

都市部の異常昇温は土地利用政策の失敗の結果 ～それは「環境問題」ではなく「社会問題」

図3.26は、世界の陸上気温についての代表的な気温データベースの一つであるNASA/GISSの気温データについて、データに含まれている都市化の影響を推定する目的で、名古屋産業大学の小川克郎氏が気温観測点の人口の規模ごとの気温偏差の変動をグラフに描いたものです。20世紀の人口1,000万人以上の巨大都市部では単調な気温上昇を示す一方、都市化の影響が小さいと考えられる人口1,000人以下の田舎町では1970年代を底とする明確な気温低下が起きていたことを示しています。

NASA/GISSの気温データベースによる都市の規模別の気温偏差の変動傾向は、口絵05に示した日本の場合と同様の傾向を示しています。

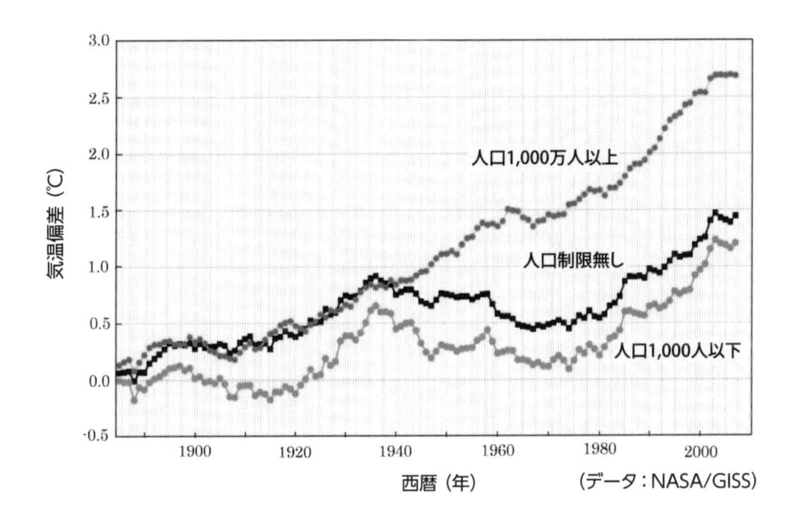

図3.26　世界平均気温偏差に見る都市化の影響

20世紀後半に観測された日本を含む世界の都市部の気温の異常な上昇は、そこに住む人々の生命にもかかわる重大問題です。しかし、その原因は第一に地表面の不透水性舗装－下水道システムによる地表面環境の乾燥化であり、次いで緑地の減少、人工的エネルギーの大量消費、巨大構造物の建造です。これは大多数の気象研究者や官庁、マスコミが吹聴している「大気中CO_2濃度の上昇による全地球的な環境問題」などではなく、都市部の局所的な「社会問題」です。人・モノ・資本が過度に集中した巨大都市システムとその土地利用の在り方を見直すことで対処すべき問題です。

都市化の影響を取り除いたら
～20世紀の気温は太陽放射照度に同調している

前項で紹介した名古屋産業大学の小川克郎氏らのグループは、NASA/GISSの気温データベースから、人口1,000人以下の気温観測点のデータを使って、さらに20世紀の地球の気温と大気中CO_2濃度の変動傾向を分析しています(図3.27)。

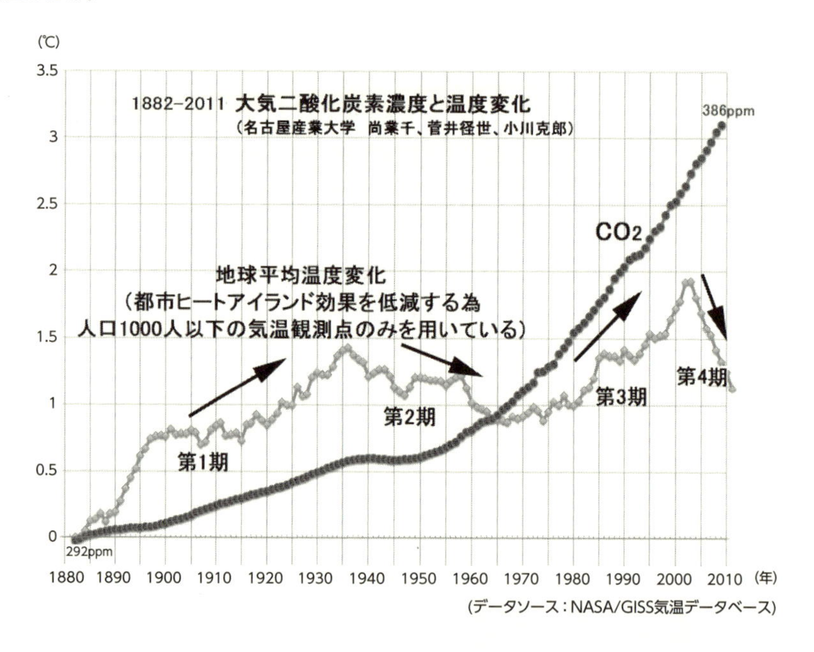

図3.27　都市化の影響を取り除いた地球の気温変動とCO_2濃度

地球の気温は、産業革命以降1930年代まで（第１期）は上昇傾向を示し、その後1970年代まで（第２期）は低下傾向を示しています。1970年代は北極海の海氷面積が異常に発達して海上交通に支障をきたした時期です。その後

2000年まで（第3期）気温は再び上昇傾向を示しましたが、2000年以降（第4期）は急激に低下しています。

これに対して、同じ期間に大気中のCO_2濃度は単調な増加傾向を示しています。図3.27の範囲で、気温変動と大気中CO_2濃度の間に現象的な関連を推定することは困難です。

その一方、図3.28に示す太陽放射照度の変動と図3.27の地球平均温度変化の変動傾向を比較してみると、両者は非常によく対応しています。2000年以降は、太陽放射照度が急速に低下していることに対応して気温にも低下傾向が表れていることが一目瞭然です。

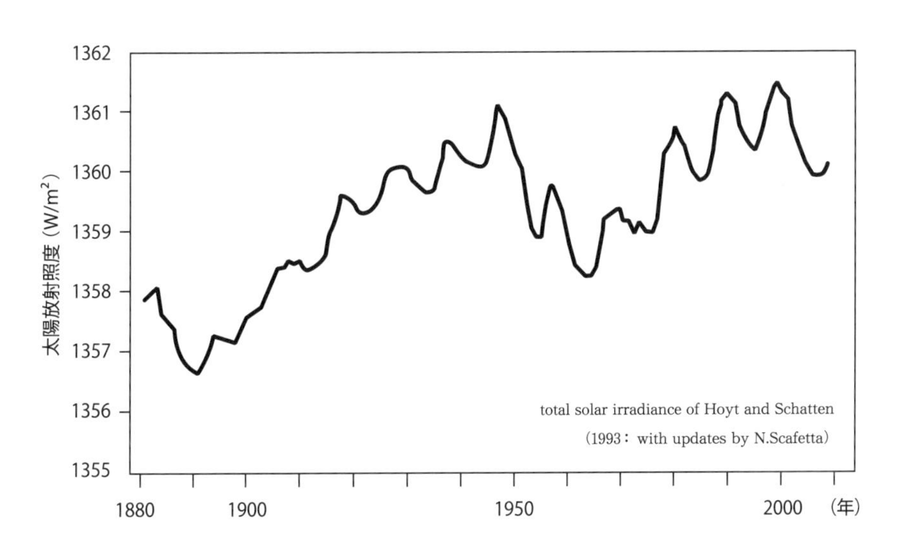

図3.28　太陽放射照度の変動傾向（原図：HoytとSchatten、1993年。Scafettaによって更新）

3-4

日本人が知らないクライメートゲート事件の実像
～気象学主流派が手を染めた空前の研究不正が暴露された

20世紀の終盤、地球温暖化によって生態系に致命的な悪影響が起こるという「人為的CO_2地球温暖化脅威説」が登場すると、先進工業国政府と大企業による強力な後押しで瞬く間に“世界標準”の気象理論として広がりました。その自然科学的な評価は棚上げにされたまま、現在では温暖化の解消が世界共通の重要な政治課題の一つだと認識されるようになりました。

日本でも国策として温暖化対策が打ち出され、すでに巨額の国家予算が毎年投入されるようになりました。このような政治状況を受け、もはや人為的CO_2地球温暖化脅威説を“表立って”理論的に否定する気象研究者は影を潜めてしまいました。

本節で取り上げるクライメートゲート（Climategate）事件とは、上記の人為的CO_2地球温暖化脅威説の立場から国連に設置されたIPCC（気候変化に関する政府間パネル）に参加する中心的な組織の一つである英国イーストアングリア大学・気候研究ユニットのフィル・ジョーンズ（Phil Jones）所長のメールがハッキングされ（2009年11月）、同ユニットによって気温観測データの改竄や人為的温暖化説に対して批判的な論文の握り潰しなどの研究不正が大々的に行われていた事実が暴露された事件のことです。

気象研究におけるこの空前の不正事件が「クライメートゲート事件」と呼ばれるのは、米国のニクソン大統領の辞任（1974年）につながった民主党本部盗聴にはじまる一連の大政治スキャンダルであった「ウォーターゲート事件」になぞらえたからで、欧米では大々的に報道されて誰知らない者のない事件です。

ところが日本では、この近代自然科学における重大事件は国民大衆にはほとんど知られていません。それは年間10兆円規模に膨れ上がった温暖化対策予算に群がる日本気象学会をはじめとする、大学・企業・行政・マスメディアによって構成された複合利権集団「人為的CO_2温暖化ムラ」によって

“なかったこと”にされたからでした。権威主義と「反知性主義」に侵されて自分の頭で科学的に考えることを放棄した反原発団体や環境団体も大した関心を払いませんでした。

ここでは一連のクライメートゲート事件の中で、自然科学的な問題の核心部分である気温観測データに対する不正操作の一端を紹介し、改めてこの事件が抱える今日的な重大性について考えます。

世界中の地上気温の観測データを集約したGHCNのデータベース ~気象庁も日本以外のデータを依存

地球の全体的な気温の状態を把握するために、世界には現在、以下に示す三つの主要な地上気温観測のデータベースがあります。

- GHCN：NOAA（米国海洋大気庁、National Oceanic and Atmospheric Administration）の下部組織NCDC（国立気候データセンター、National Climatic Data Center）の地上気温データベース
- GISTEMP：NASA（米国航空宇宙局、National Aeronautics and Space Administration）の一部門であるGISS（ゴダード宇宙科学研究所、Goddard Institute for Space Studies）の地上気温データベース
- CRUTEM：英国のUEA（イースト・アングリア大学、University of East Anglia）のCRU（気候研究ユニット、Climatic Research Unit）の地上気温データベース

しかし、この三つのデータベースは独立のものではなく、元データは上記のNCDCで集計された地上ステーションの観測データであるGHCN（Global Historical Climatology Network）に依存しており、統計処理の方法がそれぞれのデータベースで若干異なっているに過ぎないようです。

日本の気象庁の気温データベースについて気象庁は、

「1880～2000年までは，米国海洋大気庁（NOAA）が世界の気候変動の監視に供するために整備したGHCN（Global Historical Climatology

Network）データを主に使用し，使用地点数は年により異なりますが，約300～3,900地点です。2001年以降については，気象庁に入電した月気候気象通報（CLIMAT報）のデータを使用し，使用地点数は1,000～1,300です。なお、日本域については、日本の平均気温を算出している15地点のデータを使用しています。」（気象庁ホームページから）

としています。したがって日本の気象庁の気温データベースも、日本以外の気温観測ステーションはGHCNのデータに依存していたことになります。

また、「CLIMAT報」とは、

「世界各国から毎月送られてくる「地上月気候値気象通報（CLIMAT報）」により得られた値で、国際連合の世界気象機関（WMO）に加盟している各国の気象機関が、日々の気象観測データから計算して相互に交換しているデータです。」（同上）

というものです。これもNCDCの強い影響を受けていると考えられます。

20世紀地球温暖化の自然科学的な検討の基礎データとして、GHCNの地上気温データセットは決定的に重要な、ほとんど唯一の一次データだったことが分かります。

採用する気温観測点数の不自然な激減
～ピーク時の80％がデータベースから除外された

さて、一般に面的な広がりを持つ現象を理解するためには、全領域に対して偏りのない、できるだけ多くの観測点のデータを収集することが望ましいことは言うまでもありません。気温観測データについても同様です。常識的には、「観測技術や情報技術が急速に進歩している近年は、気温観測データ数もそれに伴って増加しているはず」と思っている方が多いのではないでしょうか。しかし、実際には全く逆のことが起こっています。

図3.29は、GHCNの採用する気温観測ステーション数の変化を示したものです。

第二次世界大戦後1970年代までは、GHCNの地上気温データベースが採用する気温観測ステーションの数は急激に増加しました。ところが、その後は気温観測ステーションの数が激減しています。現在は1970年代のピーク時の

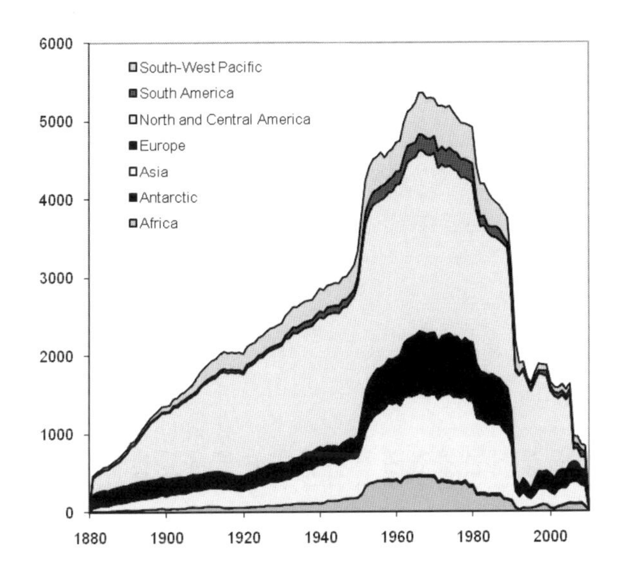

図3.29　GHCNの観測ステーション数の不自然な激減（出典：Temperature stations : how many have data adjusted?, by Verity Jones, 2010.1.23）

5,500程度に対しておよそ80％に当たる4,500程度のステーションがGHCNのデータベースから除外されています。

注意が必要なのは、あくまでも気温データがGHCNのデータベースから除外されただけであって、気温観測ステーションが閉鎖されたわけではないということです。なぜ敢えてデータ数を削減する必然性があったのでしょうか。

GHCNのデータベースには、観測ステーションの立地条件による分類が記されています。R（Rural）は人口10,000人未満の農村を、S（Small town）は人口10,000～50,000人の町を、U（Urban）はそれよりも大きな都市であることを示しています。1970年代以降の気温データ数の削減では、主に「non-urban」、つまり農村や小さな町のデータが優先的に外されました（R. McKitrick, 2010）。

参考のために、日本の気象庁の地上気温データベースが採用している気温観測ステーション数の推移を図3.30に示します。

図3.29と比べてみると、気象庁の地上気温データベースが採用している気温観測ステーション数の変動も、GHCNの地上気温データベースの影響を強

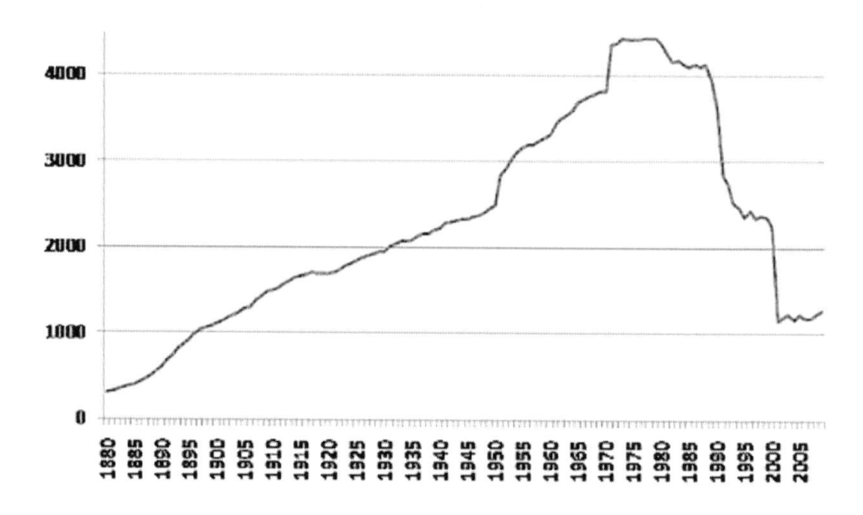

図3.30　気象庁の地上気温データベースが採用する観測ステーション数の変動

く受けていることが分かります。

気温観測点の選別で「人為的な温暖化」を強調
〜都市を残して小さな町や農村が外された

現在、地球上の気温について、緯度、経度方向とも角度5°の格子ごとに代表値を計算しています。単純に考えると、地球の表面をカバーする格子の数は（180/5）×（360/5）＝2,592 になります。陸地面積を地表面の30％とすると、含まれる格子の数は 2,592×0.3≒778 になります。現在、GHCNの地上気温データベースで採用している気温データ数は1,000程度ですから、5°×5°の格子（赤道付近では555km×555km程度）に含まれる観測点数は平均すると2点にも満たないのです。

図3.31にGHCNの気温観測ステーションの分布図を示します。1970年と1999年を比べると、気温観測ステーション数が激減していることが分かります。また、地域的な分布の偏りが大きいことも分かります。北半球の中緯度、特に北米大陸と欧州に気温観測ステーションが集中していますが、それ以外の地域との較差が大きく、1999年では空白地域も少なくないようです。現在、GHCNが採用している気温データ数は、地球全体の気温の状態を的確に把握

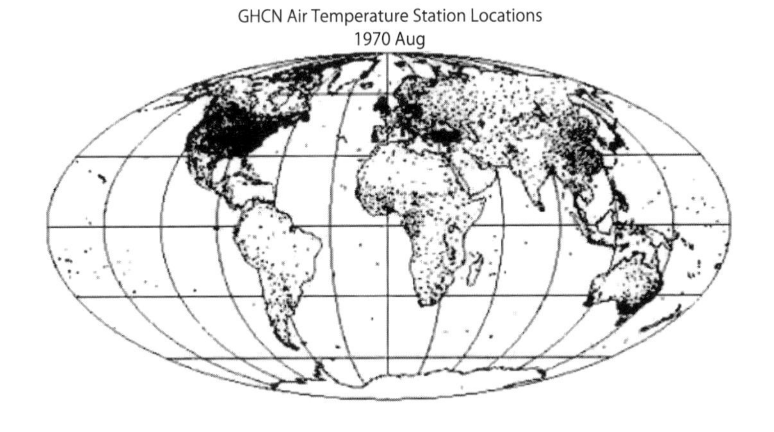

図3.31　GHCN気温観測ステーションの分布（上：1970年8月、下：1999年10月）
（原図：GHCN Air temperature station）

するにはあまりにも少なすぎます。

前節で紹介したように、都市化された地域の異常な気温上昇は、乾燥化と人工的なエネルギーの集中的な消費などの影響による極めて局所的な現象です。都市という特殊な環境の気温変動は、地球の全体的な気温の変動傾向とは全く異なります。一方、小さな町や農村の気温観測ステーションの気温データは都市化の影響が小さく、地球全体の気温の変動傾向を知るデータとしてはこちらが優れています。

太陽活性度によく同期している小さな町や農村の気温観測ステーションの気温データをごっそり排除した現在のGHCNの地上気温データベースの自然科学的な信頼性は低いと言わざるを得ません。

このような自然科学的に不合理な観測ステーションの選別と排除が行われたのは、人為的CO_2地球温暖化説が主張している「20世紀の人為的な異常な温暖化」を強調するための作為が働いていると考えるのが合理的です。

「補正」＝データの改竄で気温上昇を捏造
～都市部の観測点の割合が増えると「補正」の必要もなくなった？

クライメートゲート事件で明らかになったのは、平均気温偏差を算定する基礎になるGHCNの気温観測データベースが採用する観測ステーションの作為的な選別だけではありませんでした。観測データに対して“補正”という名目で直接的に観測値を改竄している実態も暴露されました。

以下、気温観測データがどのように改竄されたのか、実例を紹介します。

口絵06は、GHCNが採用している気温観測ステーションの一つであるダーウィン空港の気温観測データです。青の折れ線で示しているのが実際の観測値です（左側の目盛り）。回帰直線の傾きは100年間で－0.7℃を示しています。

GHCNではこの生データに対して“補正（adjustment）”と称して黒の実線で示す値（右側の目盛り）を加えることによって赤の折れ線で示すデータに改竄し、これをダーウィン空港の正式の観測記録としたのです。回帰直線の傾きは、100年間で＋1.2℃を示しています。“補正”をおこなうことで100年間で実に2℃近くもの気温上昇を捏造したのです。

気温観測ステーションの環境に対する近年の人為的な影響を排除することが目的ならば、本来は温度勾配を小さくする方向への補正をすべきです。ところがGHCNでは温度勾配を大きくする方向への調整が行われていました。これは人為的な影響を排除するという本来の目的でおこなわれる補正ではありません。人為的CO_2地球温暖化説の正当性を演出するために、さらなる気温の上昇傾向を作り出すための恣意的なデータの改竄であり、「気温上昇の捏造」と呼ぶべきです。

気温観測データに対するこのような改竄は稀な事例ではありません。気温観測データの改竄は組織的かつ大規模に行われていました。例えば、CRU（英国イーストアングリア大学気候研究ユニット）の副所長であるキース・ブリファ（Keith Briffa）教授が使った気温データ改竄のプログラムコードがハッキングで流出しました（http://www.di2.nu/foia/osborn-tree6/briffa_sep98_d.pro）。コンピューターを使って大量のデータの書き換えが行われていたと考えられます。

図3.32に、GHCNが採用している気温観測ステーションの数（左側の目盛り）と、補正された気温データ数の割合（右側の目盛り、%）を示します。図から、1990年以前の気温観測データについては、実に70%～90%が補正されていたことがわかります。1990年以降は、ステーション数の減少と同様に、補正された気温データ数の割合も急速に減少しています。これは、敢えて補正を加えなくても気温の上昇傾向が顕著な都市部のステーションの割合が増加したと考えれば理解できます。

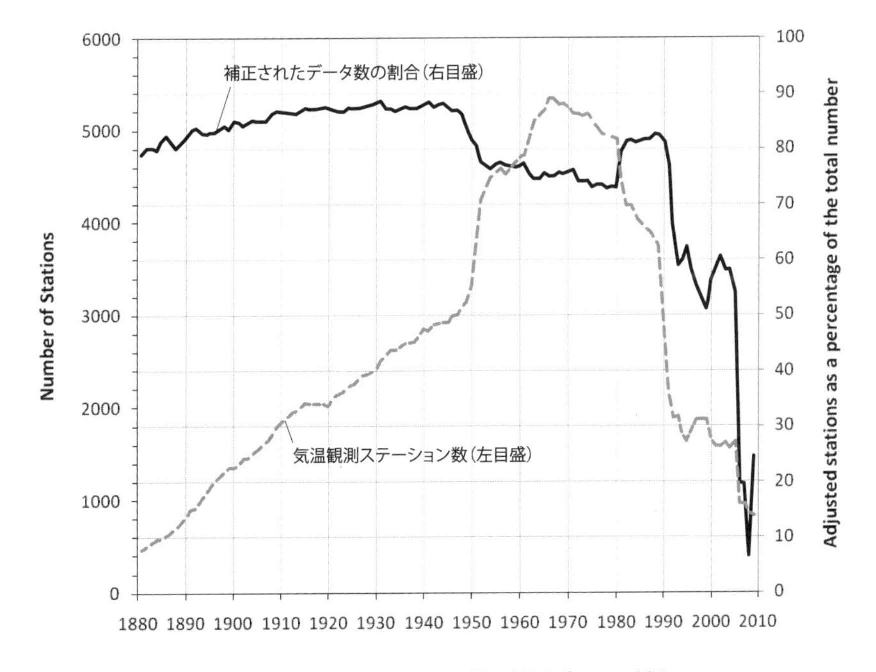

図3.32　GHCNが採用した気温観測ステーション数と補正データの割合
（原図：Temperature stations : how many have data adjusted? by Verity Jones, 2010.1.23）

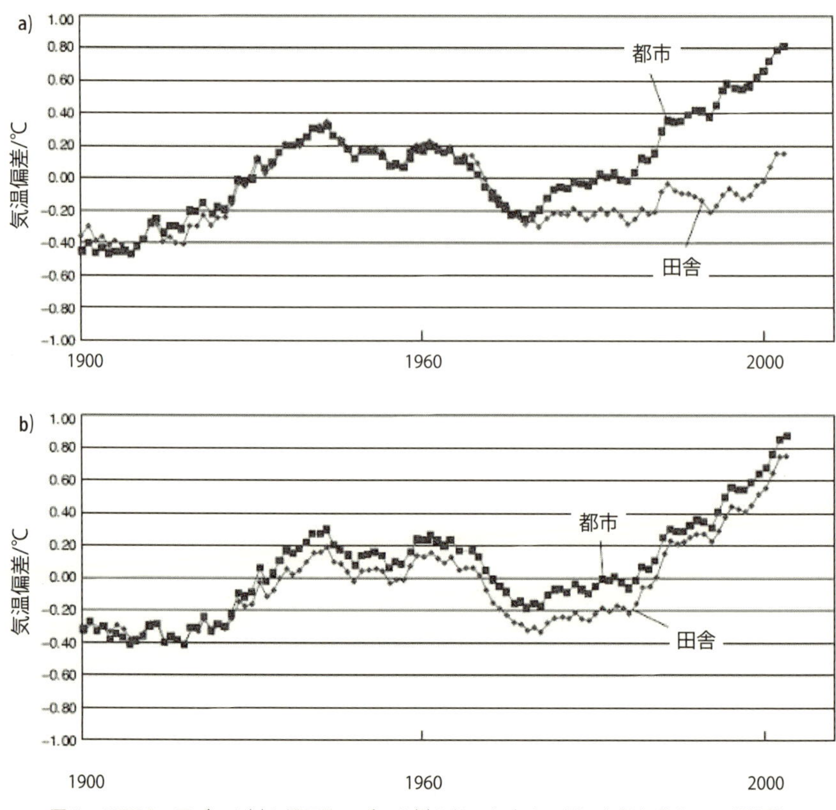

図１　NCDCの元データ(a)と補正後のデータ(b)を使った全米48州の気温偏差トレンド比較
縦軸は1961年～90年の平均値をゼロと見た気温偏差.（参考文献５より引用して改変）

図3.33　NCDCによる気温観測データ改竄の実態

図3.33は、『化学』Vol.65 No.5（2010）に掲載された渡辺正氏（東大生研）のレポートで紹介されたグラフです（オリジナルは、E.R.Long, “Contiguous U.S. Temperature Trends Using NCDC Raw and Adjusted Data for One. per.State Rural and Urban Station Sets,” SPPI Original Paper（27 February 2010））。

グラフからわかるように、NCDC（国立気候データセンター）は、米国の田舎の気温観測ステーション（＝気温の上昇傾向の小さい観測ステーション）のデータに対して“補正”を加えることで、都市部の人為的な環境変化の影響の大きな気温観測ステーションのデータと同様の気温変動傾向が現れるように改竄したのです。

＊

これらの例からわかるように、IPCCに関わる研究機関では日常的、組織的に人為的な温暖化を正当化するためのデータの改竄が行われているのです。

GHCNの気温観測データから「補正」をはがすと
～小氷期終了後の気温回復の実相が見えてくる

図3.34（口絵07）は、日頃よく目にする世界の主要な気象研究機関が作成した20世紀の標準的な気温変動曲線です。すべてGHCNの地上気温データベースに基づいたものです。

この種の気温変動曲線では、GHCNの地上気温データベースに対してどのようなサブセットを選び出し、どのようなデータ処理を行ったかの詳細は公表されませんが、いずれの気温変動曲線もほぼ同じ傾向を示しています。これら

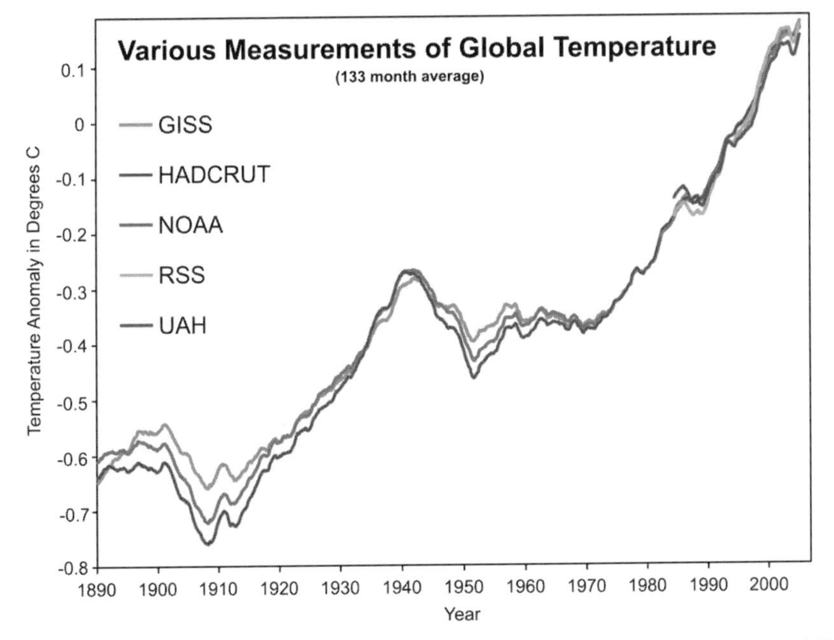

図3.34　GHCNの地上気温データベースに基づいた世界の主要な気象研究機関の気温変動曲線（http://www.flickr.com/photos/60934725@N08/5718900979/）

の気温変動曲線を見る限り、20世紀の気温上昇傾向は顕著です。

このような標準的な気温変動曲線に対しての気温補正の影響を確認するために、GHCNの採用している気温観測ステーションについて、補正を行っていない生データを用いて気温変動を求める試みが行われています。一例を示します。

図3.35は、NOAA（米国海洋大気庁）のホームページで公開されている無補正の気温観測データを用いて気温変化を求めたものです。現在の気温は、14世紀半ばから19世紀半ばまで継続していた小氷期の中のマウンダー極小期（1645～1715年）とダルトン極小期（1790～1830年）の間の気温回復期の極大値（1735年前後）と同程度であることが分かります。小氷期終了（19世紀中盤）から現在までの気温上昇は1℃程度です。おそらく現在は中世温暖期よりはかなり低温であると考えられます。

20世紀の気温上昇について、人為的CO_2地球温暖化説を主張する研究者は「いまだかつて経験したことのないほど急激な気温上昇であり、人為的な原因以外に考えられない」と主張していますが、図3.35を見ると、18世紀から19世紀初頭までの激しい気温変動と比べて、20世紀の気温変動は大変緩やかです。

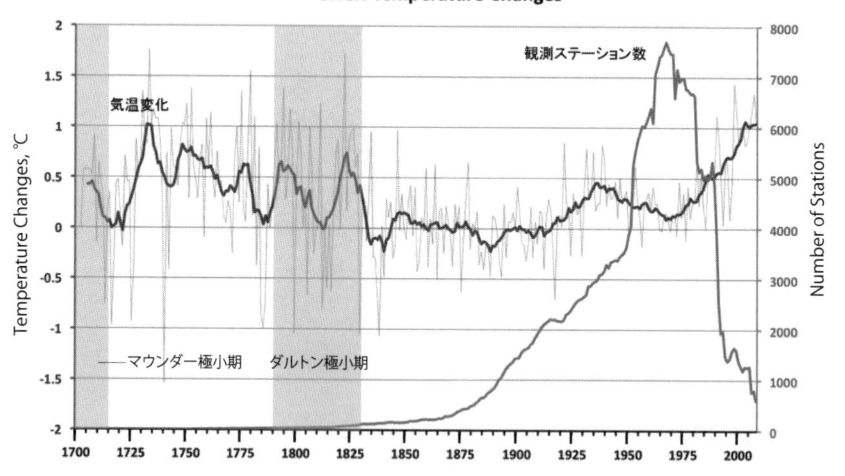

図3.35　GHCNが採用した気温観測ステーション数の増減と無補正のデータから求めた気温変化（原図：GHCN Data Analysis：A Simple Approach, by Verity Jones, 2010.1.4）

図3.35に示す気温変動では、GHCNの地上気温データベースに含まれる補正（改竄）は取り除かれていますが、1900年代後半のデータには都市化の影響が含まれています。1970年代以降のデータには観測ステーションの恣意的な選別の影響も含まれています。これらを考慮すると、小氷期終了から現在までの気温上昇量は大きく見積もっても1℃に満たないと考えられます。

気温「補正」＝改竄の動機は奈辺に
～1970年代の気温極小期を目立たせたくなかった？

注目してほしいのは、図3.34と図3.35の1940年代の気温極大期と1970年代の気温極小期の温度差です。図3.34に示す主要な気温変動曲線では0.1℃～0.2℃未満の気温低下ですが、図3.35では0.4℃程度の気温低下を示しています。この時期は、第二次世界大戦後に世界の工業生産が急増した時期であり、人為的なCO_2放出量が急増した時期でもあります。

人為的CO_2地球温暖化説が登場した当初から、1970年代の気温低下について合理的な説明は行われず、それは彼らにとって大変“不都合な真実”でした。口絵06に示したGHCNのダーウィン空港の地上気温観測データに対する「補正」は、1940年から補正量が急増しています。人為的CO_2地球温暖化説では説明できない1970年代の気温極小期を目立たせなくすることが、この気温「補正」が行われた大きな動機であったと考えられます。

「高温化の脅威」は気象学の主流派がデータ操作で作り上げた虚像だった
～2000年代に入って地球の気温は低下局面に入っている

GHCNに記録のある気温観測ステーションの総数は7,280です。その中で、WMO（世界気象機関）の地上気温データベースに含まれる気温観測ステーションは4,495であり、残りの2,785はGHCNが独自に採用したものです。7,280の気温観測ステーションの記録しているデータ長は、ステーションが開設・閉鎖された時期によってさまざまです。

図3.36は、WMOの地上観測ステーションに含まれる4,495のステーションの補正を行っていない生データを用いて気温偏差を求めたものです。

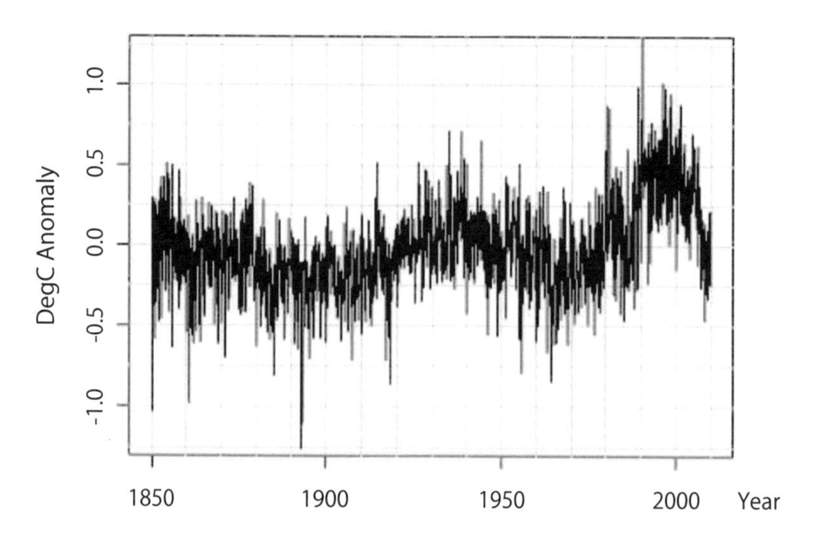

図3.36　GHCN気温観測ステーションの未補正の気温観測データから求めた気温偏差
（出典：CRU3#.The next step, by Jeff Id, 2010.1.3）

図3.36では、19世紀半ばまでの小氷期が終了した後の1890年代の気温極小期と1970年代の気温極小期はほとんど同程度の気温であることを示しています。これは、1970年代の北極海の海氷面積が小氷期後期と同程度にまで拡大したという歴史的事実と合致します。

図3.34に示す気温変動曲線では、21世紀に入っても気温の上昇傾向を示していますが、図3.36では、20世紀終盤に気温極大期が出現した後、太陽活動の低下（図1.18　太陽黒点数と太陽黒点周期）に同期して急速に気温が低下していることが分かります。すでに現在の地球は気温低下局面に入っていることが明らかです。この寒冷化がどの程度継続するかはまだ判断できませんが、少なくとも21世紀に入ってからの地球は温暖化の「脅威」などとはまったく無縁なのです。

「自然の気温変動では考えられない急激な気温上昇」であるとか「人類がいまだかつて経験したことのない高温化の脅威」であると喧伝されていますが、その実体は、先進資本主義国の巨大資本や政府機関、国連と結びついた気象学の主流派の研究者たちが「人為的」なデータ操作によって作り上げた虚像でしかないのです。

［解説１］等温位線の導出

大気を理想気体で表せるものとして、等温位線を求める。

断熱変化

一般的に、気体に加えられた熱量（dq）は、その過程で気体がした仕事量（dw）と内部エネルギーの変化量（du）の和と等しくなる。

$$dq = dw + du$$

ここでは断熱過程を取り扱うので、$dq=0$である。圧力 p に抗して外部に対してした仕事量は、体積変化をdVとすると、$dw=pdV$である。定積モル比熱をC_Vとすると、温度変化 dT による内部エネルギーの変化量は、$du=C_V dT$ である。以上から次式を得る。

$$0 = pdV + C_V dT \qquad \therefore pdV = -C_V dT$$

状態方程式の微分

１モルの気体に対する気体の状態方程式は次式で表される。

$$pV = RT$$

状態方程式の微分を求め、$R=C_p-C_V$の関係（C_p：定圧モル比熱）を用いると次式を得る。

$$dpV + pdV = (C_P - C_v)dT = C_P dT + pdV \qquad \therefore dp = \frac{C_P}{V}dT$$

等温位線

以上の関係を用いて空気塊の鉛直方向の釣り合いの式 $dp=-\rho gdz$ を書き換え、気体１モルの質量をmとすると、

$$\frac{C_P}{V}dT = -\rho gdz \qquad \therefore dT = -\frac{\rho Vg}{C_P}dz = -\frac{mg}{C_P}dz$$

上式の左辺を地表面における（１気圧における）温度 T_1から高度Hにおける温

度 T まで積分し、右辺を標高 0 から高度 H まで積分することで次の式を得る。

$$\int_{T_1}^{T} dT = -\int_{0}^{H} \frac{mg}{C_P} dz \qquad \therefore T - T_1 = -\frac{mg}{C_P} H$$

C_P として定圧比熱を用いる場合は次式になる。

$$T - T_1 = -\frac{g}{C_P} H \qquad \therefore T = T_1 - \frac{g}{C_P} H$$

任意の高度 H における温度 T の大気を断熱的に地表面まで下ろした場合（1 気圧にした場合）の温度 T_1 を「温位」と呼ぶ。上式で表された直線上で表される大気はすべて同じ温位を持つことになる。上式で表される直線を「等温位線」と呼ぶ。

第４章
気温と大気中CO_2濃度

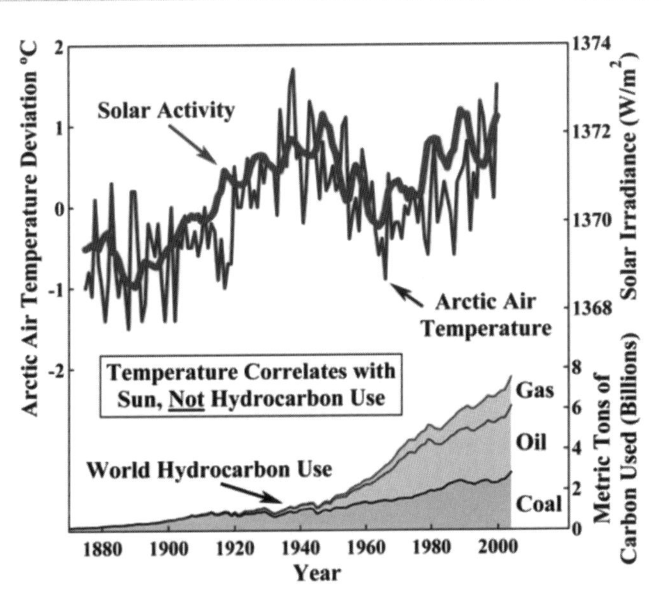

気温の変動は太陽放射照度の変動の結果であり、
炭化水素燃料の消費とは無関係

今、多くの人々は、産業革命期から20世紀終盤まで続いた気温の上昇が産業活動によって放出された二酸化炭素CO_2の温室効果によるものだと信じています。それは第3章の第4節で紹介したように、歴史的な記録や気象観測データと矛盾しているにもかかわらず、気温観測データを改竄してまで人為的CO_2地球温暖化説を正しいと主張する声の大きな“専門家”の偏った主張がマスメディアを通して繰り返し流されているからであり、人々がそれを自分で検証してみることもなく受け容れているからです。

人為的CO_2地球温暖化説は、自然科学的には独立した二つの仮説から構成されています。一つは、産業革命以降の大気中CO_2濃度の上昇の主因が、産業活動に伴って人為的に放出されたCO_2が大気中に蓄積した結果であるとする「人為的CO_2蓄積説」です。もう一つは、産業革命以降の気温上昇の主因が、大気中のCO_2濃度が上昇したことによって温室効果が大きくなった結果であるとする「CO_2地球温暖化説」です。

産業革命から20世紀まで気温が上昇傾向を示したことは歴史的な事実です。しかし、それが人為的な影響によるものなのか、あるいは自然現象なのかによって人間社会の対応はまったく異なるものになります。その意味で、大気中のCO_2濃度の上昇の主因が人為的なものなのかどうかを確認することが決定的に重要な意味を持ちます。なぜなら、仮にCO_2地球温暖化説が正しいとしても、大気中のCO_2濃度の上昇が自然現象を主因とするものであるならば、現在おこなわれている人為的なCO_2放出量を削減するという地球温暖化対策はまったく見当違いで無意味なものになるからです。

ここまで、第1章、第2章では地球の気温の歴史的な記録や近年の観測データを基に、20世紀の地球温暖化という現象を検証してきました。その結果、20世紀の温暖化は過去の地球の自然現象としての気温変動の範囲を逸脱するような特殊な現象ではなかったことが分かりました。

第3章では対流圏の大気温度の鉛直分布や気温がどのように決まるのかという気象学の基礎を紹介しました。

本章では地球の表面環境の炭素循環について概観し、人為的CO_2蓄積説の科学的な妥当性について検討します。

4-1

気体の溶解反応についての化学的な基礎知識

第４章では、産業革命以降の大気中CO_2濃度上昇の原因を自然科学的に検証します。そのために、まず大気中のCO_2濃度を考えるために必要な化学の基礎的な内容を簡単に整理しておきます。初等中等教育で学んだ内容なので必要ない方は２節から入ってください。

（１）正反応、逆反応、可逆反応

物質Ｘと物質Ｙを一つの容器で混ぜあわせると、化合物XYが生成するとします。初期状態として容器内に物質Ｘと物質Ｙが化合物XYを作るのに過不足なく存在していたとしても、全てが化合物XYになるとは限りません。物質Xと物質Y、そして化合物XYが一定の比率で混在する状態で量的な変化が止まる場合があります。

これは反応が止まったわけではなく、物質Ｘと物質Ｙから化合物XYができる「正反応」と、化合物XYが物質Ｘと物質Ｙに分解する「逆反応」が同じ速さで進行しているからです。

このように正反応と逆反応が同時に起こる化学反応を「可逆反応」と呼び、次式で表します。

$$X + Y \rightleftarrows XY$$

（２）反応速度と化学平衡、質量作用の法則

可逆反応の正反応（左から右へ進む反応）について考えます。物質X、物質Yのことを「反応物」、反応の結果生成する物質XYを「生成物」と呼びます。

反応物X、Yの濃度をそれぞれ[X]、[Y]で表すものとします。反応系の温度が変化しない場合、正反応の反応速度v_1はk_1を比例定数として、反応物Ｘ、

Ｙの濃度［X］､［Y］の積に比例します。

$$v_1 = k_1[\mathrm{X}][\mathrm{Y}]$$

同様に、逆反応の速度v_2は次式のように表すことができます。

$$v_2 = k_2[\mathrm{XY}]$$

k_1、k_2は温度などによって定まる定数であり、「速度定数」と呼びます。

反応物ＸとＹの場合、はじめの段階では生成物XYは存在しないので正反応だけが進行します。反応が進むと［X］と［Y］が低下し、［XY］が上昇します。それにともなって正反応速度 v_1は次第に小さくなり、逆反応速度 v_2が大きくなります。ある程度時間が経過すると［X］、［Y］、［XY］は一定の値になり変化しなくなります。この状態を「化学平衡」と呼びます。

これは反応が止まってしまったのではなく、正反応の速度 v_1と逆反応の速度v_2が等しくなったことを示しています。したがって化学平衡では次式が成り立ちます。

$$v_1 = k_1[\mathrm{X}][\mathrm{Y}] = v_2 = k_2[\mathrm{XY}]$$

反応系の温度が一定の場合、正反応の速度定数k_1と逆反応の速度定数 k_2の比率を「平衡定数」K と定義します。平衡定数 K は、平衡状態の反応物と生成物の濃度を用いて次式で表すことができます。

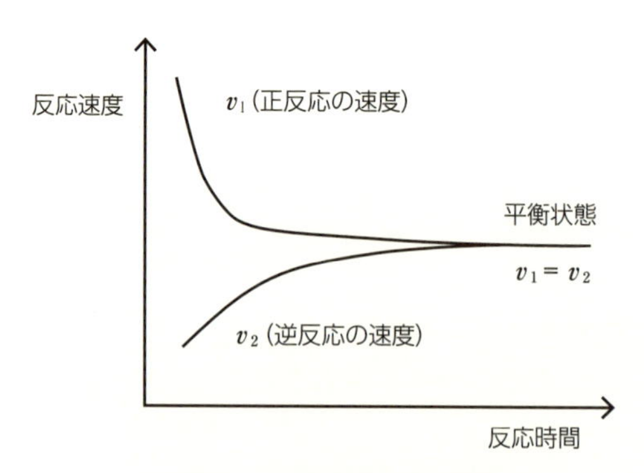

図4.1　反応速度と化学平衡

$$K=\frac{k_1}{k_2}=\frac{[XY]}{[X][Y]}$$

一般に、ある温度の化学平衡を表す平衡定数Kは、反応に関わる物質の濃度によって定まります（特に「濃度平衡定数」という場合もある）。これを「質量作用の法則」と呼びます。

（3）気体の水への溶解反応と反応熱

気体の水への溶解反応を考えます。ここで扱う気体はメタンCH_4や二酸化炭素CO_2など、水に対する溶解度があまり高くないものとします。

図4.2に示すように、水と気体が接しているような系を考えます。気体物質Xの水への溶解反応を正反応、水に溶けていた物質 X が気体となって放出される反応を逆反応だとします。

一般に、気体の水への溶解反応は発熱反応になるので反応熱 $Q>0$ として、化学反応式は次のように表すことができます。

$$X(気体) \rightleftarrows X(液体) + Q$$

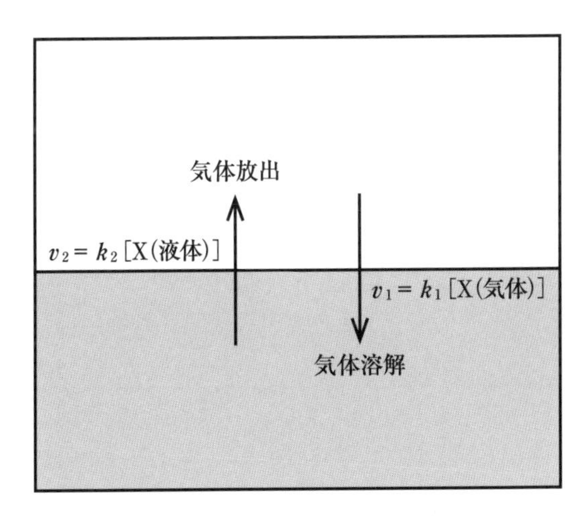

図4.2　気体の水に対する溶解反応

（4）ルシャトリエの法則と大気中 CO_2 濃度

化学平衡にある系に対して何らかの変化を与えると、系の平衡状態は加えられた変化を緩和する方向に遷移します。これを「ルシャトリエの法則」と呼びます。ここでは大気中CO_2濃度を考える場合に重要な二つの例を示します。

例1.　平衡系に熱を加えた場合の化学平衡の遷移

化学平衡にある系に熱を加えると、系は温度の上昇を小さくする方向＝吸熱反応方向に化学平衡が遷移します。

気体の水への溶解反応は発熱反応でした。

$$\mathrm{X(気体)} \rightleftarrows \mathrm{X(液体)} + Q$$

気体の溶解反応では、熱を加えると逆反応（吸熱反応）が進む方向（右から左方向）に遷移します。したがって、化学平衡にある系の温度を上げると溶液からX（気体）の放出が増え、[X（液体）] が低下し、[X（気体）] が上昇します。

図4.3は、水に1気圧のCO_2を接触させた場合、水1kgに対するCO_2の溶解量をモル数で表したグラフです。温度の上昇にしたがって溶解度は小さくなります。これは、系の温度の上昇によって水に溶けていたCO_2が放出される方

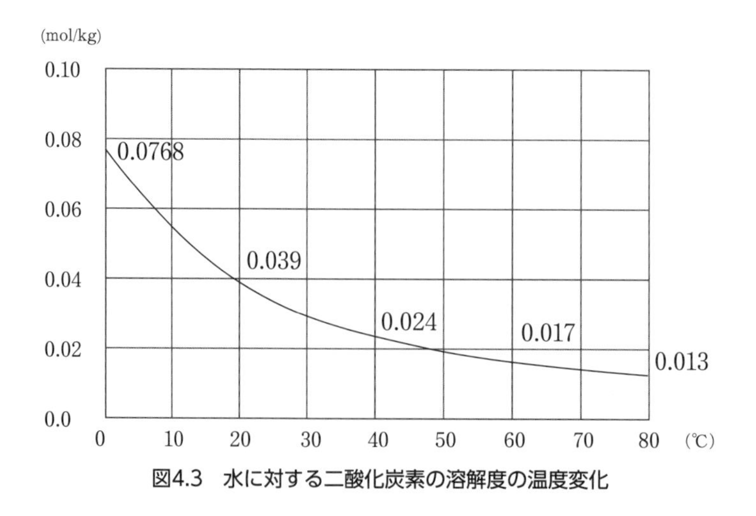

図4.3　水に対する二酸化炭素の溶解度の温度変化

向に化学平衡が遷移する現象として理解できます。

海洋表層水に溶けたCO_2は海水中でさらに化学反応を起こすために単純に図4.3の値を参考にするわけにはいきませんが、定性的に温度が上昇するほどCO_2の溶解度は小さくなります。

例2.　気体濃度が変化する場合の化学平衡の遷移

気体Xの水への溶解反応では、

正反応速度：$v_1 = k_1$[X(気体)]、

逆反応速度：$v_2 = k_2$[X(液体)]

として、平衡状態では、平衡定数Kは次のように表すことができます。

$$K = \frac{k_1}{k_2} = \frac{[\mathrm{X}(液体)]}{[\mathrm{X}(気体)]}$$

温度が変わらなければ、平衡定数Kは一定の値をとります。

化学平衡にある系に、系外からX(気体)を加えると気体Xの濃度[X(気体)]が上昇します。その結果、化学平衡が破れて[X(気体)]に比例する気体の水への溶解速度v_1が大きくなり、[X(気体)]は低下し[X(液体)]が上昇することで化学平衡を回復します。

系外からX(気体)を加える前の初期状態の気体Xの濃度を[X_0(気体)]、遷移した新たな化学平衡状態の濃度を[X_1(気体)]で表すと、次の関係が成り立ちます。

$$[\mathrm{X}_0(気体)] < [\mathrm{X}_1(気体)]$$

(5) ヘンリーの法則

今、X(気体)の圧力をp、体積をV、温度をT、モル数をn、気体定数をRとすると、気体の状態方程式から[X(気体)]は次式で表すことができます。

$$pV = nRT \qquad \therefore [\mathrm{X}(気体)] = \frac{n}{V} = \frac{p}{RT}$$

したがって、

$$[\mathrm{X}(\text{液体})] = K[\mathrm{X}(\text{気体})] = \frac{K}{RT}p$$

上式から、温度Tが一定であれば、気体の液体への溶解度は気体の圧力pに比例することがわかります。これを「ヘンリーの法則」と呼びます。

（6）活性化エネルギーと触媒反応

化学反応が起きるとき、反応物はエネルギー的に一旦励起[註)]されることが必要です。

図4.4は、物質の持つエネルギー状態が化学反応の進行にともなってどのように変化するのかを模式的に表したものです。縦軸がエネルギー量、横軸が正反応の進行方向を示しています。

左側の図について考えます。化学反応が進行するためには反応物は基底状態から一旦E_aだけ励起されなければなりません。このE_aのことを「活性化エネルギー」と言います。活性化エネルギーを得た反応物は化学反応によってエネルギー的に安定な生成物になります。このとき、反応物の持っていたエネルギーよりも生成物のエネルギーが小さい場合には余分なエネルギーQを反応熱として放出します。図4.4は発熱反応です。

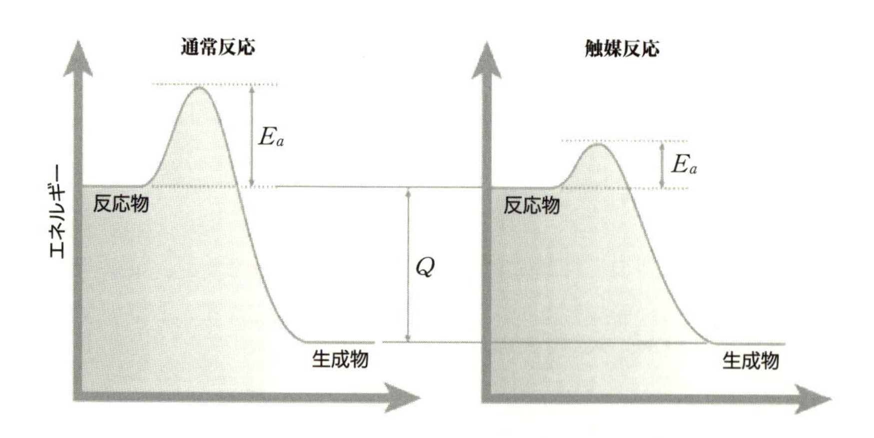

図4.4　活性化エネルギーと触媒の効果

逆反応（右から左に反応が進行する場合）では、活性化エネルギーは（$Q+E_a$）になります。逆反応では反応前のエネルギーのほうが小さいので、反応熱は$-Q$で吸熱反応です。

注意すべきことは、たとえ発熱反応であっても無条件に反応が進むわけではなく、一旦活性化エネルギーを超えるために励起されることが必要だということです。

右側の図は同じ化学反応について、反応を促進する触媒がある場合です。触媒は反応の前後の状態を変化させることはありませんが、活性化エネルギーE_aを小さくすることで反応の進行を促進します。

註）励起：原子や分子などがある定常状態にあるとき、外部からエネルギーを得て、より高いエネルギーをもつ状態になること。

（7）アレニウスの式

アレニウスは温度Tにおける化学反応速度を推定する目的で、速度定数kを次のように表しました。

$$k = \mathrm{A}e^{\frac{-E_a}{RT}}$$

ここに、A は温度とは独立の定数であり、「頻度因子」と呼ばれています。

この式は温度Tにおける速度定数kが、分子の持つ運動エネルギーが活性化エネルギーE_aよりも高くなる確率に比例することを示しています。

指数部分（$-E_a/RT$）<0から、速度定数kは反応の活性化エネルギーE_aが小さく、温度Tが大きいほど大きな値になることを示しています。つまり、化学反応は一般的に触媒を用いて温度を高くするほど反応速度が大きくなります。

4-2

気温が先、CO_2は後
～氷期－間氷期サイクルと大気中CO_2濃度の変化の仕組み

南極の氷床コア分析によって、過去数10万年間の気温と大気中のCO_2濃度やCH_4濃度の変動が明らかになりました。それによると、CO_2濃度やCH_4濃度が気温と同期して変動していることが分かりました。

ここでは、比較的水に溶けにくい気体の水への溶解反応として、地球の氷期－間氷期サイクルの気温変動に伴う大気中CO_2濃度[註)]の変化の仕組みを紹介します。

註）化学反応式では、物質の量をモル数の比率の関係として表す。したがって、化学反応において一般的に濃度とはモル濃度を指す。

気体の場合は、標準状態（0℃、1気圧）ですべての気体は1モルが22.4リットルになり、体積とモル数が比例する。混合気体の濃度、例えば大気組成については、一般的には直感的に理解しやすい体積濃度で表すことが多い。

体積濃度の単位としてppm（百万分の一）が用いられる。$1\,m^3 = 1{,}000{,}000$ ccなので、大気$1\,m^3$当たりに含まれる着目する気体の体積をccで計測すれば、それがそのまま体積濃度ppmと等しくなる。例えば、CO_2濃度が400ppmといえば、大気$1\,m^3$当たりにCO_2が400cc含まれていることを示す。

大気中CO_2濃度は化学平衡状態で近似できる
～近年の大気中CO_2濃度の年間上昇率は0.4%程度

CO_2の水への溶解反応で、大気中濃度を［CO_2（気体）］、正反応速度をv_1、速度定数をk_1、逆反応速度をv_2とすると、化学平衡は次のように表すことができます。

$$v_1 = k_1[CO_2(\text{気体})] = v_2$$

地球の表面環境の炭素循環は、CO_2については含まれる炭素C（原子量12

あるいは12g/モル）の重量で表すことが多いので、上式を書き換えることにします。

ここではCO_2の溶解反応速度v_1（単位はモル/秒：1秒間あたりに水に溶解するCO_2のモル数）の代わりにq_1（単位はギガトン/年：1年間当たりに水に溶解するCO_2に含まれているCの重量）を使うことにします。

※ Gt（ギガトン）＝1×10^9t（トン）＝1×10^{15}g（グラム）

$$q_1 = v_1(\text{モル/秒})\times 12(\text{g/モル})\times 3600(\text{秒/時間})\times 24(\text{時間/日})\times 365(\text{日/年})$$
$$= 3.78\times10^8\times v_1(\text{g/年})$$
$$= 3.78\times10^{-7}\times v_1(\text{Gt/年}) \equiv A_1 v_1 \qquad \text{ただし、} A_1 = 3.78\times10^{-7}$$
$$\therefore \quad v_1 = q_1/A_1$$

同様に、大気中のCO_2濃度はモル濃度［CO_2（気体）］（単位はモル/リットル）の代わりに体積濃度（単位はppm）を使います。標準状態で1モルは22.4リットルなので、

$$\text{体積濃度} = [CO_2(\text{気体})](\text{モル/リットル})\times 22.4(\text{リットル/モル})\times(10^6\text{ppm})$$
$$= 2.24\times10^7[CO_2(\text{気体})](\text{ppm})$$
$$\equiv A_2[CO_2(\text{気体})] \qquad \text{ただし、} A_2 = 2.24\times10^7$$

大気中のCO_2の体積濃度は高々390ppmと低濃度なので、近似的に大気中に含まれているCO_2の重量に比例すると考えて差し支えありません。大気中のCO_2の体積濃度を大気に含まれている炭素重量Q（Gt）で表せば、

$$A_2[CO_2(\text{気体})] \fallingdotseq A_3 Q \qquad \text{ただし、} A_3 \text{は比例定数}$$
$$\therefore \quad [CO_2(\text{気体})] \fallingdotseq (A_3/A_2)Q$$

以上の関係を使うと、

$$v_1 = k_1[CO_2(気体)] = q_1/A_1 = k_1(A_3/A_2)Q$$

$$\therefore\ q_1 = rQ \qquad ただし、r = k_1(A_1A_3/A_2)は比例定数$$

したがって、大気中に含まれている量が少なく、比較的水に対する溶解度が小さな気体であるCO_2の１年間当たりの吸収量（炭素重量）q_1は、大気中に含まれているCO_2の炭素重量Qに比例します。

比例定数rは速度定数k_1に比例するので、温度が高くなるほど大きな値になります。１年間に大気中に放出されるCO_2に含まれる炭素重量をq_2とすれば、化学平衡は次式で表すことができます。

$$q_1 = q_2 = rQ \qquad (1)$$

近年の大気中CO_2濃度は急速に上昇していると言われています。しかし、その上昇速度は1.5（ppm/年）程度であり、CO_2濃度は有限の値として測定可能です。また、大気中CO_2濃度を390ppmとすると、上昇率は高々1.5（ppm/年）÷390（ppm）≒0.004/年＝0.4（%/年）程度です。Qの増加速度は十分に遅く、準定常的に変化すると考えられます。

したがって、特定の時点において大気に含まれているCO_2の量的な状態を分析する場合には、化学平衡状態を表す式（１）を用いることができます。

気温が原因となってCO_2濃度、CH_4濃度が変動した
～南極ドームC基地の氷床コア分析から

第１章で紹介した南極のドームC基地で採取した氷床コアを分析して得られた気温、CO_2濃度、CH_4濃度の変動の復元図（図1.12）を見ると、気温、CO_2濃度、CH_4濃度の三つの曲線は同期して変動していました。これは、比較的水に溶けにくい気体の水に対する溶解反応が発熱反応であることから、気温が上昇することで逆反応（吸熱反応）である海洋からの気体放出速度が大きくなる方向に化学平衡が遷移するためです（ルシャトリエの法則）。

つまり、気温変動が原因となって、結果として大気中CO_2濃度とCH_4濃度が変動していたのです。

大気中CO_2濃度は海洋の調整力で準定常的に変化する　～濃度の変化を緩和する方向に化学平衡が遷移する

地球の表面には海洋だけではなく陸地があります。氷期－間氷期サイクルの大気中CO_2濃度の変動は、単純に水に対する溶解反応として理解してもよいのでしょうか？

陸上では動植物の生物活動や無機的な風化や火山活動などがCO_2の放出・吸収に関与しています。陸上での主要なCO_2の放出現象は生物の呼吸であり、吸収現象は光合成です。これら呼吸や光合成という生物反応は、気温が上昇すれば活発になります。また、光合成は大気中のCO_2濃度が高くなるほど活発になります。

しかし、陸上生態系の生物反応には、呼吸で放出するCO_2量と光合成によって吸収するCO_2量が等しくなるように短期間で調節する能力はありません。風化や火山活動も同様です。それでは、陸上環境におけるCO_2の収支が釣り合わない場合にはどうなるのでしょうか？

例えば呼吸によるCO_2の放出が光合成による吸収を上回る場合は、大気中に含まれるCO_2重量 Q が増加します。これは、本章2節で考察したルシャトリエの法則の例2として紹介した《気体濃度が変化する場合の化学平衡の遷移現象》に当たります。

Q の増加に即応して、海洋部分では Q に比例するCO_2の海洋への溶解速度が大きくなり、呼吸によって上昇した大気中のCO_2濃度の変化を緩和する方向に化学平衡が遷移します。反対に、光合成によって吸収されるCO_2の量が卓越する場合には逆の現象が起こります。

一般的に、海洋以外に独立したCO_2の放出・吸収源がある場合でも、海洋の調節能力によって地球の大気中のCO_2濃度は常に準定常的に変動していると考えられます。したがって、図4.5（148頁）の場合には次式が成り立ちます。

$$(q_{in1}+q_{in2}) = (q_{out1}+q_{out2}) = \mathrm{r}Q$$

より一般化して、CO_2の放出源、吸収源が複数ある場合には次式が成り立ちます。

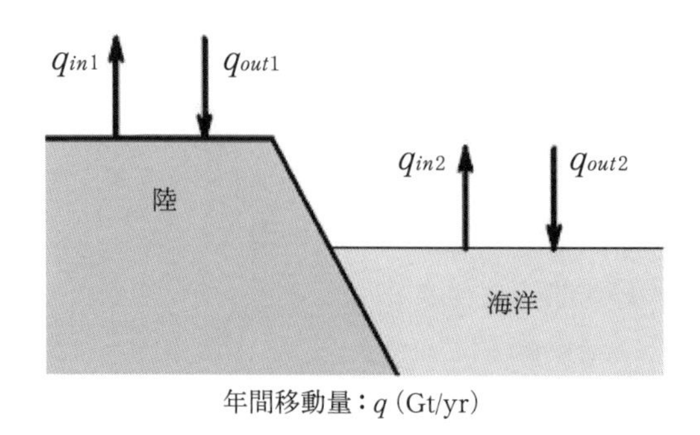

図4.5　陸海と大気の間のCO_2循環

$$\Sigma q_{in} = \Sigma q_{out} = \mathrm{r}Q \qquad (2)$$

ただし、上式に現れている比例定数rには、陸上生態系の呼吸と光合成の影響、その他火山活動や風化といった無生物的な影響などの地球の表面環境のさまざまな要素も含まれているため、CO_2の水への溶解反応の速度定数に単純に比例するものではありません。

寒冷な時期ほどダストの巻き上げが多いのはなぜか
～南極ボストーク基地の氷床コア分析から①

図4.6に、南極ボストーク基地付近で採取された氷床コアの分析結果を紹介します。過去40万年間の気温と大気中CO_2濃度、そして大気中の粉塵量（Dust）の変動が示されています。寒冷な時期ほど大気中の粉塵量が多いことが分かりますが、なぜでしょうか？

図4.7に、気温と飽和水蒸気量の関係を示します。気温の上昇に従って飽和水蒸気量が急速に大きくなります。

気温が上昇すると水循環は活発になり、地表面環境からの水の蒸発量、対流圏大気に含まれる水蒸気量、降水量もそれぞれ多くなります。地表面環境は湿潤になり、陸上の植生も豊かになります。その結果、気温が上昇すると地表面から大気中に巻き上げられる砂塵の量が減ると考えられます。

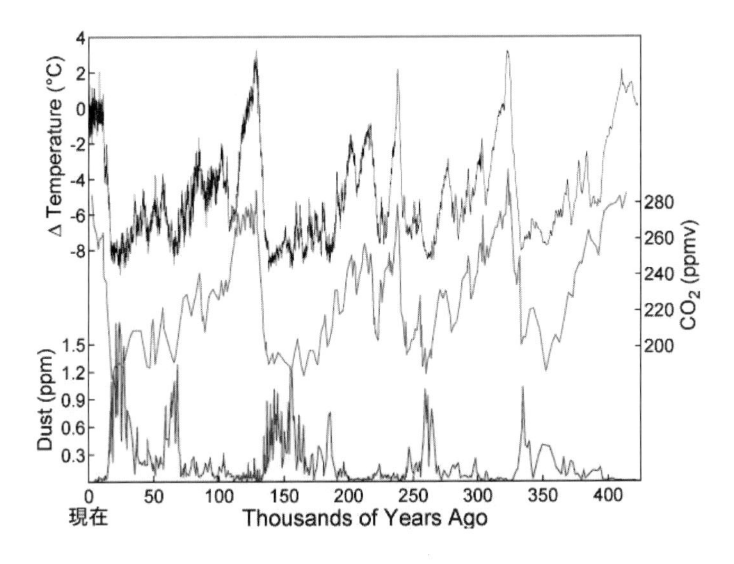

図4.6　南極Vostok基地の氷床コア分析結果
（原図：EarthLabs：Climate and the Cryosphere）

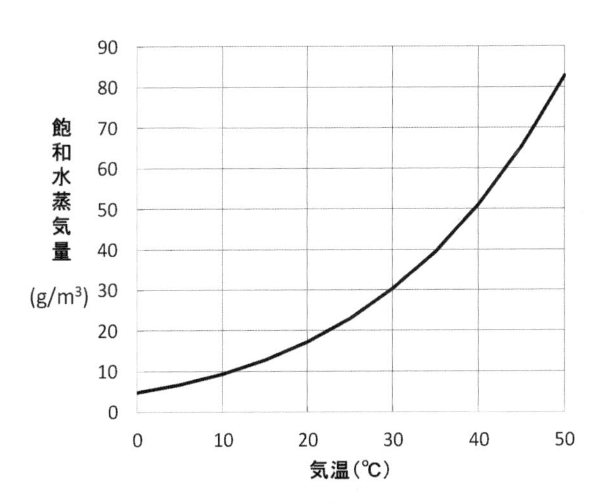

図4.7　飽和水蒸気量の温度依存性

気温が先か、CO_2が先か
～南極ボストーク基地の氷床コア分析から②

図4.8は、南極ボストーク基地の氷床コア分析結果（図4.6）について、気温と大気中CO_2濃度の変動傾向を詳しく比較したものです（図4.6と図4.8は時間軸の向きが逆になっていることに注意）。

気温（△印）と大気中CO_2濃度（□印）は同じような変動傾向を示していますが、詳しく見ると気温変動が先に起こり、少し遅れて大気中CO_2濃度が変動してることが分かります。時系列的な関係からも、氷期－間氷期サイクルに見られる気温とCO_2濃度の変動は、気温変動が原因となって、結果として大気中CO_2濃度が変動することを示しています。

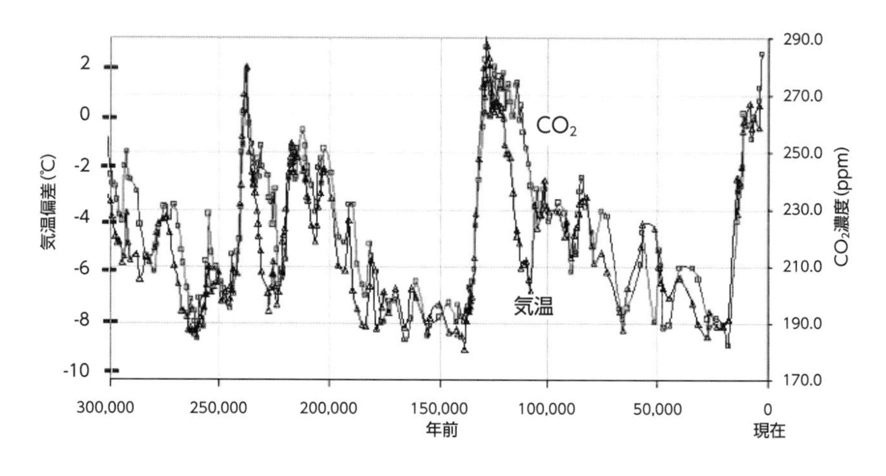

図4.8　氷床コア分析から得られた気温とCO_2濃度の変動傾向の比較
（http://www.drroyspencer.com/wp-content/uploads/vostok-co2-and-temperature.jpg）

4-3

CO_2は大気と陸海の間を循環している

～ CO_2蓄積説の不合理と効果のない温暖化対策について

CO_2の大気への放出は大きく二つに分けることができます。一つは陸上からの放出です。動植物の呼吸や有機物の酸化、あるいは火山活動や風化、そして人間の社会的な活動からCO_2が絶えず大気中に放出されています。もう一つは海洋からの放出で、温度状態に応じてCO_2が絶えず大気中に放出されています。陸海から1年間に放出されるCO_2の総量は、大気に含まれているCO_2量の30%程度にも及びます。

大気に含まれるCO_2量は、氷期一間氷期サイクルのように数万年の時間スケールで見れば大きく変動しますが、短期的にはほとんど変化しません。現在、大気に含まれているCO_2量の1年間当たりの変化量は、陸海からのCO_2放出量と比較して高々百分の一のオーダーにすぎません。これは生態系を含む陸海の表面環境が1年間のCO_2放出量にほぼ見合う量を吸収していることを示しています。つまり、大気中に存在するCO_2は蓄積されているわけではなく、絶えず陸海との間を循環しているのです。

一般的には、産業革命以降の大気中CO_2濃度の上昇の原因として、石炭や炭化水素燃料の燃焼によって人為的に放出されたCO_2が大気中に蓄積した結果であると説明されていますが、現実は違うようです。

ここでは、CO_2が大気と陸海の間を絶えず循環していることに着目して、産業革命以降の大気中CO_2濃度の上昇の原因は何なのか、大気中CO_2濃度に対する人為的な影響はどの程度なのかを考察します。

エルニーニョ/ラニーニャと同期する世界平均気温偏差の変動 ～気温に与える海面水温の影響

図4.9に、気象庁のデータベースから作成した最近の100年余りの期間の世界年平均気温偏差の変動傾向を示します。

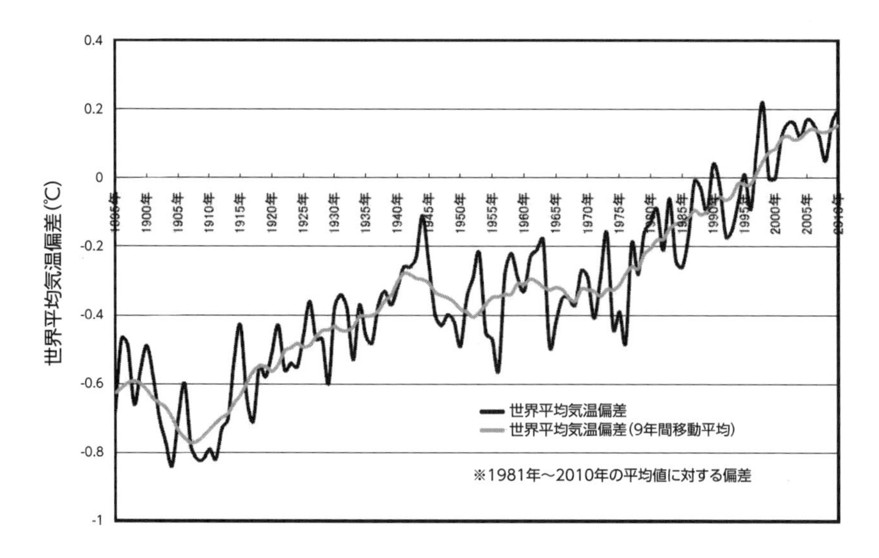

図4.9　1981～2010年の平均値に対する世界平均気温偏差

図からは、約11年周期の太陽活動の活性度の変動とは異なる数年周期の不規則な気温変動があることが分かります。この気温変動は、エルニーニョ/ラニーニャの発現周期と同期しています。

口絵08に、1997年10月のエルニーニョの最盛期の海面水温の平年値に対する温度偏差の分布を示します。

海面水温が平年よりも異常に高い海域がペルー沖赤道方向に分布していることが分かります。この現象を「エルニーニョ」と呼びます。最も高いところでは平年値より5℃以上も高温になっています。

図4.10に、太平洋の主な海流を示します。

「大気の水平方向の対流」(106頁)で見たように、太平洋上には赤道を挟んで恒常的な東寄りの風＝貿易風（trade winds）が吹いています。この東風によって表層の海水が吹き流されることで、北半球では「北赤道海流」、南半球では「南赤道海流」という赤道付近で東から西に向かう海流が生じます。

赤道海流は赤道付近で暖められた表層水を赤道に沿って太平洋西方に運んでいます。北半球では太平洋西方で右回りにフィリピン沖を北上して、日本付近では「黒潮」と呼ばれています。

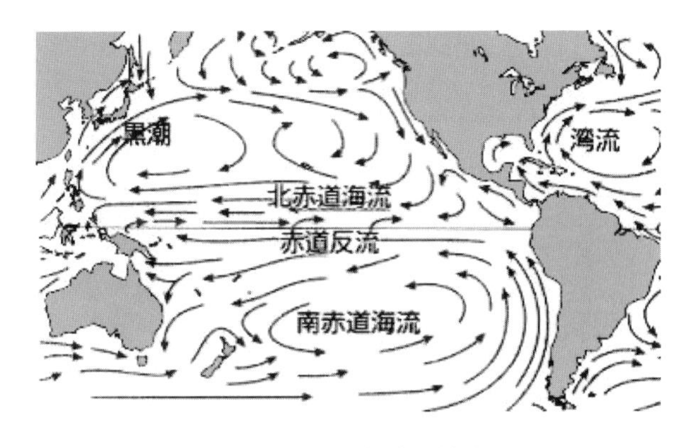

図4.10　太平洋の主な海流

図4.11に、太平洋の赤道面で見た通常時の海水温分布と大気循環の模式図を示します。表層の暖められた海水が貿易風による赤道海流で太平洋西部のインドネシア沖に吹き寄せられます。南米ペルー沖では、これを補うために湧昇流で冷水が海面に向かって上昇します。

海水面の温度状態は、大気に供給されるエネルギーや水蒸気量に差を生みます。通常時は海面水温の高いインドネシア沖が低圧部になり、強い上昇気流が生じます。ペルー沖の比較的海面水温の低い高圧部では下降気流が生じることから、ここに大気の循環構造ができます。これを「ウォーカー循環」と呼びます。

エルニーニョが発生すると、図4.12に示すように貿易風が弱まり、赤道付近で暖められた表層水のインドネシア沖への吹き寄せが弱くなります。インドネシア沖にあった低圧部の中心は東に移動します。ペルー沖では湧昇流が弱まり、

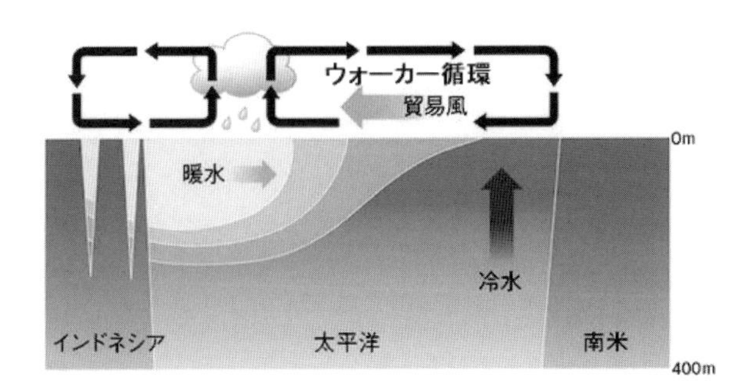

図4.11　赤道海域の通常時の海水温分布
（出典：気象庁ホームページ「エルニーニョ/ラニーニャ現象」）

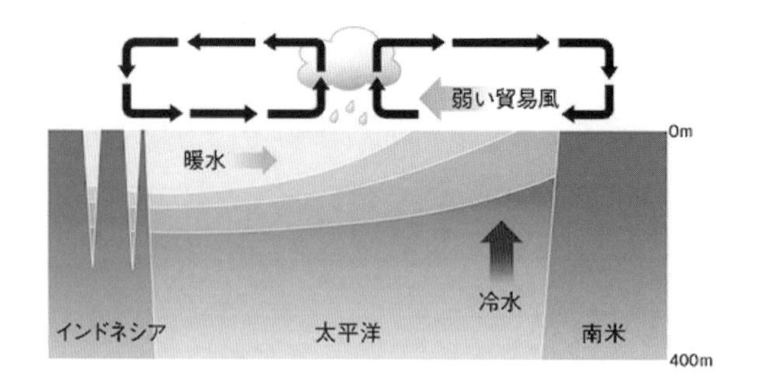

図4.12　赤道海域のエルニーニョ発生時の海水温分布
（出典：気象庁ホームページ「エルニーニョ /ラニーニャ現象」）

冷水の上昇が弱くなるために海面水温が上昇します。ペルー沖の高圧部が弱くなり、ウォーカー循環も弱くなります。

ラニーニャは、これとは逆の現象です。貿易風が強まってフィリピン沖の低圧部の中心が西に移動し、ペルー沖の湧昇流が強くなって冷水が海面に多く供給されます。ペルー沖の高圧部は強くなり、ウォーカー循環も強くなります。

エルニーニョあるいはラニーニャは、直接的にはペルー沖の海面水温の異変を示す現象ですが、これにともなって赤道太平洋の西側と東側で気圧がシーソーのように連動して変化します。この現象を「南方振動」と呼びます。

エルニーニョあるいはラニーニャ現象の影響はインド洋の海面水温分布や気圧配置にも影響します。さらに、地球大気の大循環構造を通して世界の気象に影響をあたえることになります（例えば日本では、一般的にエルニーニョが発生すると冷夏・暖冬傾向になると言われている）。

図4.13に示す通り、海面水温（SST＝Sea surface temperature）と海面上の気温は非常によく同期します。世界平均気温偏差を算定するとき、海洋部分では気温偏差の代わりに海面水温の偏差を代替使用しています。地球の表面積に対する海洋面積の割合は71%程度なので、世界平均気温偏差に対して海面水温の変動は大きな影響を与えます。

口絵08に示したように、エルニーニョが発生するとペルー西方沖の太平洋を中心として広範囲で海面水温が上昇するため、世界平均気温偏差は上昇します。逆に、ラニーニャが発生すると世界平均気温偏差は低下します。

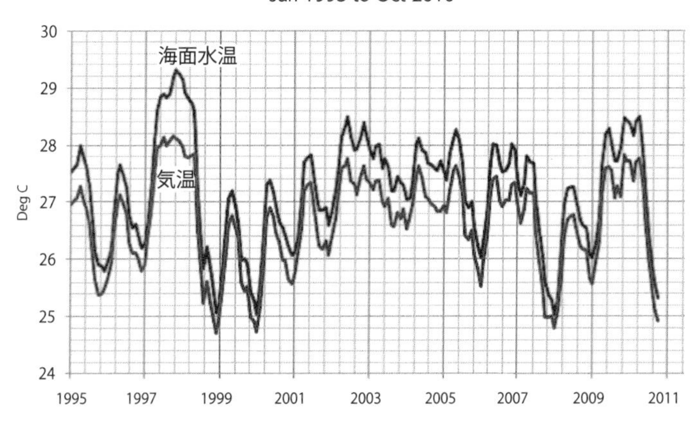

図4.13　海表面水温と海上気温

エルニーニョあるいはラニーニャ現象についての観測データの蓄積によって、世界の気象にどのような影響が生じるのかが次第に明らかになっています。しかし、どうして数年おきにエルニーニョあるいはラニーニャ現象が起きるのかについては、その根本的な原因は今のところ解明されていません。

キーリングのグラフについての解釈
～槌田の環境経済・政策学会報告から

過去の氷期－間氷期サイクルに伴う大気中のCO_2濃度の変動は、気温変動が原因となって結果としてCO_2濃度が変動していることが分かりました。それでは近年の観測値ではどうなのでしょうか？

大気中のCO_2濃度の精密連続観測が1950年代にキーリングによって南極のサウスポール基地とハワイのマウナロア山観測所で開始されました。キーリングは、CO_2濃度の観測データから「長期的な傾向を取り除いた」短期的な変動と世界平均気温偏差を比較したグラフを発表しました（図4.14）。

熱物理学者の槌田敦は環境経済・政策学会和文年報第４集（1999年）において、元気象庁予報官であった根本順吉が著書『超異常気象』で紹介したこのグラフ（図4.14）に触れて、次のように報告しました。

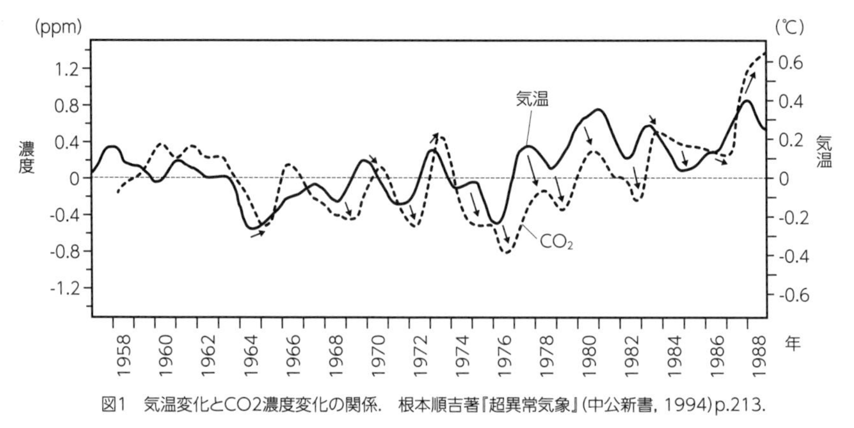

図1　気温変化とCO2濃度変化の関係．根本順吉著『超異常気象』(中公新書，1994)p.213.

図4.14　キーリングによる大気中のCO_2濃度の短期変動と気温変動の比較

1．気温の変化がCO_2濃度の変化に先行する

多くの研究者は，大気中のCO_2濃度の増大が気温を上昇させるという．しかし，事実は逆である．ハワイのマウナロア観測所でのCO_2の長期観測者として知られるC. D. Keelingグループの研究によれば，図1（本書では図4.14。近藤）に示すように，気温の上がった半年～1年後にCO_2が増えている．［1］　　（事実②）

また，C. D. Keelingらは，エルニーニョ発生の1年後にCO_2が増えたことも発表した［1］，［2］．赤道付近の海面温度の上昇がCO_2濃度の上昇の原因となっているのである．　　（事実②）

したがって，大気中のCO_2濃度の増加で温暖化するのではなく，気温（海面温度）の上昇でCO_2濃度が増えるというべきである．根本順吉は，このC. D. Keelingらの仕事に注目し，「現在の温暖化のすべてを温室効果ガスによって説明することはたいへん無理である」と述べた［3］．しかし，このC. D. Keelingらの研究も，根本氏の見解も無視されたまま，現在に至っている．

【参考文献】

［1］ Keeling, C. D. et al., Aspects of Climate Variability in the Pacific and the Western Americas (ed.Peterson, D. H.), pp.165-236 (Geophys. Monogr. 55, Am. Geophys. Union, Washington DC, 1989)

［2］ Keeling, C. D. et al., Nature 375, pp.668 (1995)

［3］ 根本順吉『超異常気象』中公新書，1994年.

キーリングのグラフは、気温の変化に対してCO_2濃度の変化が遅れることを示しており、図4.8に示した氷期－間氷期サイクルと同様に、現在でも気温の変化が原因となって大気中のCO_2濃度が変化していることを示唆していました。

地球の表面環境の炭素循環を考える
～IPCC2007年報告・炭素循環図から①

地球の表面環境の炭素循環についてはさまざまな数値が提案されていますが、ここでは比較的新しいものとして、IPCC2007年報告の炭素循環図を紹介します。炭素は場所や環境によってさまざまな化合物に変化しますが、炭素循環図に示す数値は化合物に含まれる炭素の重量です。

口絵09はIPCC2007年報告の炭素循環図の日本語版です。矢印の数値は炭素Cの年間移動量（Gt/年）を表しています。四角の枠の中の数値は炭素Cのストック量（Gt/年）を表しています。また、黒の数値、矢印は、産業革命以前の定常状態と考えられている時代の炭素循環を、赤の数値、矢印は、産業革命から現在までの変化量を示しています。以下、この図について考察します。

産業革命前の炭素循環の概要
～IPCC2007年報告・炭素循環図から②

産業革命以前の炭素循環の定常状態は、時刻をt_0として次式で表わします。

$$\begin{aligned}\Sigma q_{in}(t_0) &= 119.6\,[\text{呼吸}] + 70.6\,[\text{海洋放出}]\\ &= 190.2\,(\text{GtC/年})\\ \Sigma q_{out}(t_0) &= 0.2\,[\text{風化}] + 120\,[\text{光合成}] + 70\,[\text{海洋吸収}]\\ &= 190.2\,(\text{GtC/年})\\ \therefore\quad \Sigma q_{in}(t_0) &= \Sigma q_{out}(t_0)\\ Q(t_0) &= 597.0\,(\text{GtC})\end{aligned}$$

産業革命以前の大気中CO_2濃度は280ppm程度だとされています。大気中

CO_2濃度は近似的に大気中に含まれるCO_2の炭素重量 Q に比例することから、

$$(597.0/280) = 2.13\ (\mathrm{GtC/ppm})$$

つまり、大気中に含まれるCO_2の炭素重量 Q が2.13Gt増加するとCO_2濃度が1ppm上昇していることになります。

また、Q に対する地表面環境の1年間当たりの吸収率rは次式で表すことができます。

$$\mathrm{r}(t_0) = \Sigma q_{out}(t_0)/Q(t_0) = 190.2/597.0 = 0.3186\ (1/年)$$

したがって、1年間で大気中に含まれている全CO_2量の内、実に31.86%が地表面環境に吸収されていたことがわかります。このことは別の言い方をすれば、大気中に含まれているCO_2の総量は地表面環境が1年間に放出したCO_2のわずか3.139年分（＝1/0.3186）だったということです。

現在の炭素循環の概要
～IPCC2007年報告・炭素循環図から③

次に、現在の炭素循環について考えることにします。時刻をt_1として、現在の炭素循環の概要は次式で表わせます。

$$\begin{aligned}\Sigma q_{in}(t_1) &= 190.2 + 1.6\,[土地利用変化] + 20\,[海洋放出増加]\\ &\quad + 6.4\,[化石燃料消費]\\ &= 218.2\ (\mathrm{GtC}/年)\\ \Sigma q_{out}(t_1) &= 190.2 + 2.6\,[土地吸収] + 22.2\,[海洋吸収増加]\\ &= 215.0\ (\mathrm{GtC}/年)\\ Q(t_1) &= 597.0 + 165.0\,[産業革命から現在までの変化]\\ &= 762.0\ (\mathrm{GtC})\end{aligned}$$

以上から、現在の大気中CO_2濃度は、762.0（GtC）/2.13（GtC/ppm）＝ 358ppm。

IPCC2007年報告の炭素循環図からは、現在の大気への年間CO_2流入量

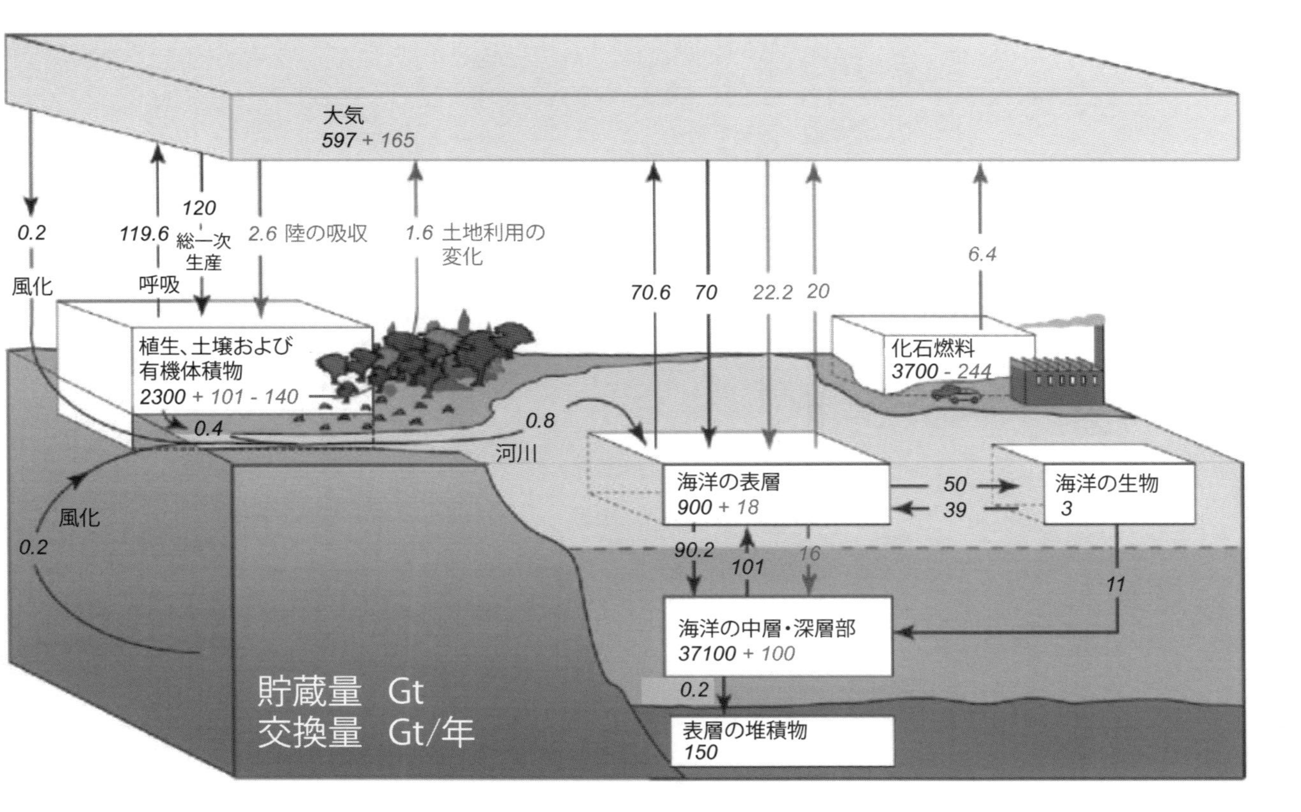

IPCC2007年報告の炭素循環図（日本語版）

※気象庁による日本語版の重量単位をGtに変更。

$\Sigma q_{in}(t_1)$と年間CO_2流出量 $\Sigma q_{out}(t_1)$は釣り合っていません。不平衡量は次の通りです。

$$\Sigma q_{in}(t_1) - \Sigma q_{out}(t_1) = 3.2\,(\text{GtC/年})$$

この不平衡量は化石燃料の消費で大気中に放出されたCO_2量である6.4（GtC/年）のちょうど半分に対応しています。実際には、このような高い精度で炭素循環が定量的に測定されているわけではありません。おそらくこの数値は、キーリングによる大気中CO_2濃度の観測結果から「人為的なCO_2放出量の半分程度が大気中にとどまると考えると辻褄が合う」とする《人為的CO_2蓄積説》を反映したものでしょう。しかし、ここでは炭素循環の概要を把握することを目的としているので、この程度の不平衡量に大きな意味はありません。

地表面環境の炭素循環が準定常的に（＝ある時々で大気中CO_2濃度が有限確定値として観測できる程度にゆっくり）変化している場合には、４章２節の式（２）が成り立ちます。観測時刻をtとして、一般的に次式が成立します。

$$\Sigma q_{in}(t) = \Sigma q_{out}(t) = \mathrm{r}(t)Q(t) \qquad (3)$$

$\Sigma q_{in}(t) = \Sigma q_{out}(t)$であっても、気温変化などの環境条件の変化で地表面環境の吸収率 $\mathrm{r}(t)$が変化することによって、大気中CO_2量 Qは無数に異なる値を取ることができます。

気温上昇や地表面環境の変化が顕著な20世紀の大気中CO_2濃度の上昇を考えるとき、大気中CO_2濃度が年間1.5ppm程度上昇することを、年間の不平衡量が3.2（GtC/年）だからであると説明する人為的CO_2蓄積説のシナリオは短絡的な解釈[註)]です。

註）例えば、IPCC2007年の炭素循環図では、産業革命以前の地表面環境の年間CO_2吸収率 $\mathrm{r}(t_0)$は0.3186（1/年）だった。この値を維持したまま、地表面環境の年間CO_2放出量だけが $\Sigma q_{in}(t_1) = 218.2$（GtC/年）に増加した場合の大気中$CO_2$量は次のように計算できる。

$$\Sigma q_{in}(t_1)/\mathrm{r}(t_0) = 218.2\,(\text{GtC/年})/0.3186\,(1/\text{年}) = 684.9\,(\text{GtC})$$

産業革命以前の大気中CO_2量 $Q(t_0) = 597.0$GtCからの増加は87.9GtCであり、165.0GtCの半分程度の増加にとどまることが分る。残りの77.1GtCは、気温の上昇などによる地表面環境の変化によって年間CO_2吸収率 r が変化したことによって引き起こされているのである。

大気中CO_2濃度の上昇の原因を探る
～気温の上昇で海洋からのCO_2放出反応が活発化した

さて、ここではIPCCの炭素循環図の数値を元に、産業革命以降の大気中CO_2濃度の変化の主要な原因が何であったかを探ることにします。

現在は、産業革命以前と比べて１年間に大気に放出されるCO_2量が（218.2－190.2）＝28.0GtC/年だけ増加しています。増加した 28.0GtC/年の内訳は表4.1の通りです。

CO_2放出源	CO_2炭素重量	寄与率
海洋放出増加	20.0GtC/年	71.4%
土地利用の変化	1.6GtC/年	5.7%
化石燃料消費	6.4GtC/年	22.8%
合　計	28.0GtC/年	100%

表4.1　大気へのCO_2放出の増加量の内訳

同様に現在は、産業革命以前と比べて１年間に大気から吸収されるCO_2量が（215.0－190.2）＝24.8GtCだけ増加しています。増加した 24.8GtC/年の内訳は表4.2の通りです。

CO_2吸収源	CO_2炭素重量	寄与率
海洋吸収増加	22.2GtC/年	89.5%
土地吸収	2.6GtC/年	10.5%
合　計	24.8GtC/年	100%

表4.2　大気からのCO_2吸収の増加量の内訳

産業革命前と現在とを比較したとき、炭素循環の最大の変化は、海洋から大気への放出量の増加と大気から海洋への吸収量の増加です。これは、産業革命前から現在までの気温ないし海洋表層水温の上昇によって、海洋からのCO_2放出が増加して大気中CO_2濃度が上昇する方向に化学平衡が遷移したからです。つまり、氷期－間氷期サイクルの大気中CO_2濃度の変動と同じ現象なのです。

それに加えて、土地利用の変化や化石燃料の消費で大気中CO_2濃度が上昇したため、この変化を緩和するように海洋の吸収量がさらに増加した（ルシャトリエの法則）ものと解釈できます。

産業革命当時は、マウンダー極小期などの無黒点期で知られるように太陽活動が極端に低下して、完新世の中で最も寒冷な時期であった小氷期の末期でした。その後、太陽活動が再び活発になり、寒冷であった小氷期が終わって気温が回復して、現在は産業革命当時から0.6～1.0℃ほど気温が上昇していると考えられています。この気温の上昇にともなって海洋部分からのCO_2放出反応が活発になったことが、この間の大気中CO_2濃度上昇の主因であると考えることは自然科学的に見て合理的な解釈です。

大気中に放出されたCO_2は急速に混合する
～その放出源や時期の違いでCO_2の挙動を区別することはできない

CO_2の放出源が異なっても炭素原子に区別はありません。炭素原子の同位体は物理的な性質が異なりますが、大部分（98.93%）を占める質量数12の^{12}C同士を区別することはできません。したがって、一旦CO_2が大気中に放出されてしまえば、その放出源や放出された時期の違いによって大気中における挙動を区別することはできません。

大気中CO_2濃度は世界各地で観測されています。観測記録を見ると南極のサウスポール基地、ハワイのマウナロア山の観測所、日本の南鳥島の観測所…など地理的に離れた場所でも、季節変動を除けば、どの観測所の観測値、変動傾向も非常によく対応しています。このことは、大気が急速に撹拌されて一様に混合が進むことを示しています。その結果、対流圏の乾燥大気の組成はどこでも共通の値を示します。

大気中のCO_2量の循環モデル
～槌田の離散モデルから連続モデルへ

ここで大気中のCO_2濃度を決めている機構について考えます。

炭素循環について槌田敦は、等比級数で表される１年単位の離散的表現のCO_2循環モデルを提案しました。槌田の循環モデルの本質は《大気中に存在するすべてのCO_2は、その放出源によって区別することはできない》という化学的にごく自然な主張でした。物理学会誌Vol. 62, No. 2, 2007「CO_2を削減すれば温暖化は防げるのか」から関連部分を紹介します。

（前略）

IPCC によれば，大気中のCO_2 の量は約730 ギガトンであるが，毎年約120 ギガトンを陸と交換し，約90 ギガトンを海と交換している．つまり，大気中CO_2 は毎年30％が入れ替わり，大気中に残るのは70％である．

人間が毎年排出するCO_2 についても，その30％は陸と海に吸収され，70％が大気中に残る．この量はCO_2 温暖化説で大気中に溜まるという55.9％よりも多い．

しかし，今年溜まった70％の人為的CO_2 がいつまでも大気中に残ることはない．去年の分は70％の70％，つまり49％しか残っていない．一昨年の分は70％の70％の70％，つまり34.3％しか残っていない．

この人為的CO_2 の大気中に溜まる量の最大値は，

$$0.7+(0.7)^2+(0.7)^3+\cdots=0.7/(1-0.7)=2.33$$

と簡単に計算できて，人為的排出で溜まるCO_2 の量は最大でも2.33 年分[註)] でしかない．（後略）

註）2.33年分は前年度末の残留量であり、当年分を加えると最大で3.33年分が大気中に存在すると考えられる。（近藤）

大気と陸海を巡るCO_2の移動を図4.15に示します。ここでは、地表面環境の年間CO_2吸収量 q_{out} が大気中に存在するCO_2量 Q に比例するとして（比例

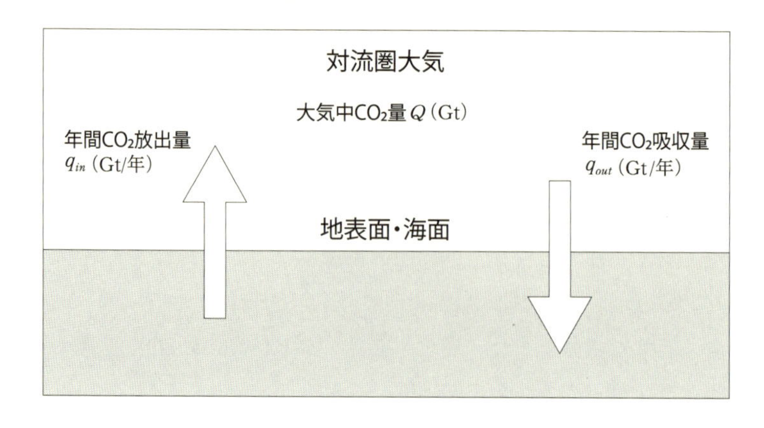

図4.15　大気と陸海の間のCO_2の移動

定数：r)、地表面環境からの年間CO_2放出量q_{in}とQの間の関係を微分形式で表現することで連続量としてモデル化することにします。

問題を単純化するために、地表面環境からの年間CO_2放出量q_{in}と地表面環境の年間吸収率 r を定数とします。微小時間dtの間の大気中に含まれるCO_2の変化量をdQとすると、

$$dQ = (q_{in} - q_{out})dt = (q_{in} - \mathrm{r}Q)\,dt \qquad \therefore \frac{dQ}{dt} + \mathrm{r}Q = q_{in}$$

これは簡単な微分方程式であり、一般解は次の通りです。

$$Q(t) = \frac{q_{in}}{\mathrm{r}} + \mathrm{C} \cdot e^{-\mathrm{r}t} \qquad \text{ここに、Cは積分定数}$$

$t=0$ におけるQの初期値をQ_0として、積分定数を決定すると次の通りです。

$$Q(t) = \frac{q_{in}}{\mathrm{r}} + \left(Q_0 - \frac{q_{in}}{\mathrm{r}}\right)e^{-\mathrm{r}t} \qquad (4)$$

式（４）は、炭素循環に係る地表面環境からの年間CO_2放出量q_{in}、大気中のCO_2量Q、大気中のCO_2量に対する地表面環境の年間吸収率 r の相互の関係を明示的に示しています。

式（４）について$t \to \infty$の極限値を求めることでQの定常解、つまり平衡に達した時の大気中CO_2量は次式で求めることができます。

$$\lim_{t\to\infty} Q(t) = \lim_{t\to\infty}\left(\frac{q_{in}}{\mathrm{r}} + \left(Q_0 - \frac{q_{in}}{\mathrm{r}}\right)e^{-\mathrm{r}t}\right) = \frac{q_{in}}{\mathrm{r}} \equiv Q$$

平衡に達した系では Q のうち、年率 r だけが地表面環境に吸収され、同時に同じ量のCO_2が補填されることを示しています。これは、当然ですが、本章２節で示した化学平衡から導いた大気中CO_2量の式（１）と同じです。

ここで、ある時点で大気中に存在するCO_2量 Q_0 が、時間の経過によって地表面環境に吸収されてどのように減少するかを見ておくことにします。これは、式（４）の右辺の Q_0 を含む項の変化を調べることで分かります。時間経過によるCO_2残留率は次式で表されます。

$$残留率 = \frac{Q_0\, e^{-\mathrm{r}t}}{Q_0} = e^{-\mathrm{r}t} = f(t)$$

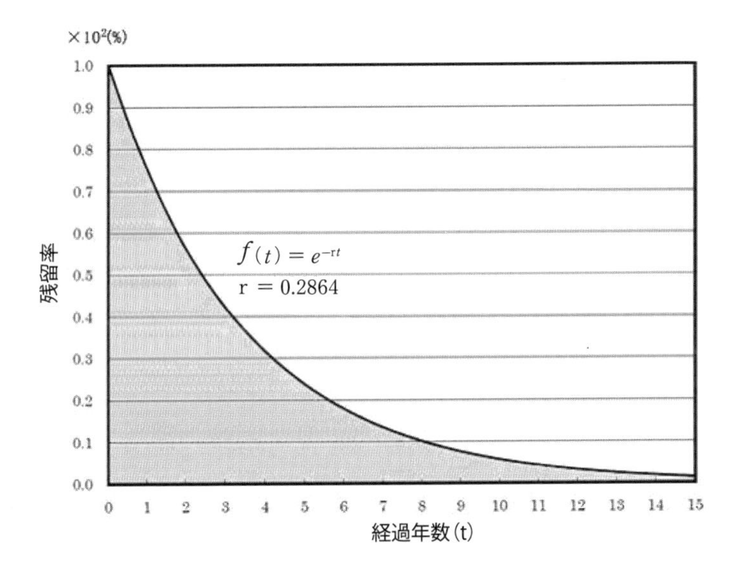

図4.16　CO_2残留率の時間変化

図4.16は、初期状態（$t=0$）で大気中に存在していたCO_2について、時間の経過とともに残留率がどのように減少するかを示したものです。大気中のCO_2量に対する年間吸収率 r の値はIPCC2007年報告の炭素循環図（159頁）を参

考に、$r = \Sigma q_{in}(t_1)/Q(t_1) = 218.2 \div 762.0 = 0.2864$（1/年）としています。

初期状態で大気中に存在するCO_2量 Q_0 のうち1年間に $r = 0.2864$ だけが吸収されることから、単純に考えれば $1/r = 3.491$ 年で大気中のすべてのCO_2が入れ替わるように思われます。この3.491年を「平均滞留時間」と呼びます。

仮に、地表面環境による年間吸収量が rQ_0 で一定であるとすれば、残留率は図4.17の $t=0$ の接線に沿って減少します。その場合は3.491年ですべてが入れ替わります。しかし、当初大気中に存在していたCO_2量 Q_0 は時間 Δt が経過すると ΔQ だけ減少するため、Δt 経過後の年間吸収量は

$$q_{out}(\Delta t) = r(Q_0 - \Delta Q)$$

に減少します。このような関係を満足するのが図4.16に示した指数関数です。この関数は図4.17に示すように、平均滞留時間が経過するごとに、残留率が $1/e = 1/2.71828 = 0.3679$ 倍になります。

図4.16の経過年数10年の Q_0 の残留率をみると10%未満であり、大気中に

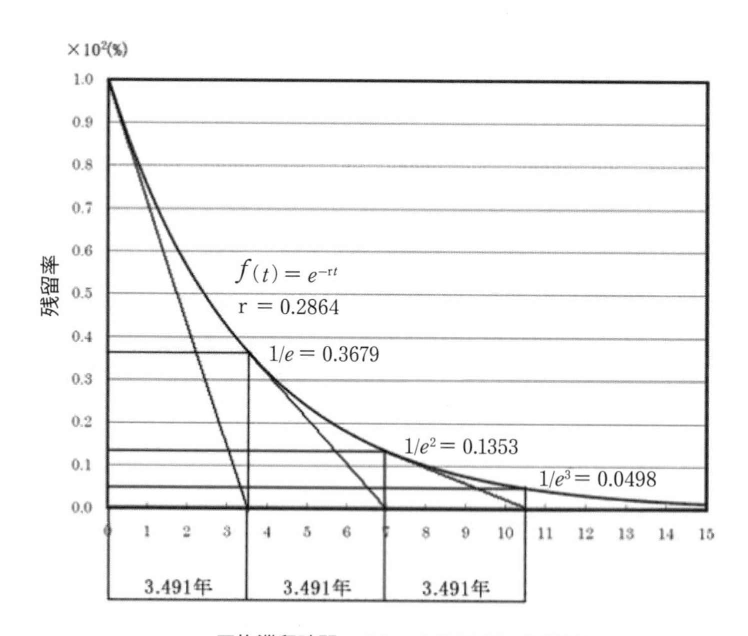

図4.17　CO_2の平均滞留時間と残留率の変化

存在しているCO_2量の90%以上は、過去10年間以内に大気に放出されたCO_2だということが分かります。しかも、その残留率は現在に近づくほど高くなります。したがって、Qに占める各CO_2放出源毎の寄与の比率は、直近のCO_2放出量の比率で近似することができます。

大気中CO_2量に対する放出源ごとの寄与を考える
～産業革命後の大気中CO_2濃度の上昇量に対する人為的影響は14%程度

それでは、現在の人間活動に伴う化石燃料の消費が大気中CO_2濃度にどの程度影響しているのかを考えることにします。式(3)から大気中のCO_2量Qと地表面からの年間CO_2放出量q_{in}の関係は、次式で表されます。

$$Q(t)=\frac{\sum q_{in}(t)}{\mathrm{r}(t)}$$

地表面環境の年間吸収率としては、次の値を用います。

$$\mathrm{r}(t_1)=\frac{\sum q_{in}(t_1)}{Q(t_1)}=\frac{218.2}{762.0}=0.2864\ (1/\text{年})$$

このことは、現在の大気中CO_2が1年間に28.64%入れ替わっていることを示しています。

各CO_2放出源iからの年間放出量q_iによる大気中CO_2量Qに対する寄与をQ_iとすると、

$$Q_i=\frac{q_i}{0.2864}\,(\mathrm{GtC}) \qquad (5)$$

この式を用いて、現在の各CO_2放出源からの寄与を表4.3に示します。

CO_2放出源	q_i(GtC/年)	$Q_i=q_i/0.2864$ (Gt)	体積濃度 (ppm)
呼吸	119.6	417.6	196.1
土地利用変化	1.6	5.6	2.6
海洋放出	70.6＋20	316.3	148.5
化石燃料消費	6.4	22.3	10.5
合　計	218.2	762	357.7

表4.3　大気中 CO_2に対する放出源ごとの寄与

表4.3から、現在の大気中CO_2濃度を357.7ppmとすると、化石燃料の消費で放出された人為的CO_2の寄与は10.5ppm、比率にして10.5/357.7＝2.94%だということが分かります。

産業革命以前の大気中CO_2濃度は280ppmなので、現在までの大気中CO_2濃度の上昇量は（357.7－280）＝77.7ppmです。この上昇量に対する人為的CO_2の影響は10.5/77.7＝14%です。

化石燃料消費削減の効果を確認する
～CO_2排出量をゼロにしても大気中濃度は14ppm下がるだけ

ここまで見てきたIPCC2007年報告の炭素循環図の数値は少し古くなっているので、最近の数値も見ておくことにします。

図4.18は、ハワイのマウナロア山の観測所における大気中CO_2濃度の観測値の変動曲線です。図から、現在の平均的な大気中CO_2濃度を390ppm程度としておきます。

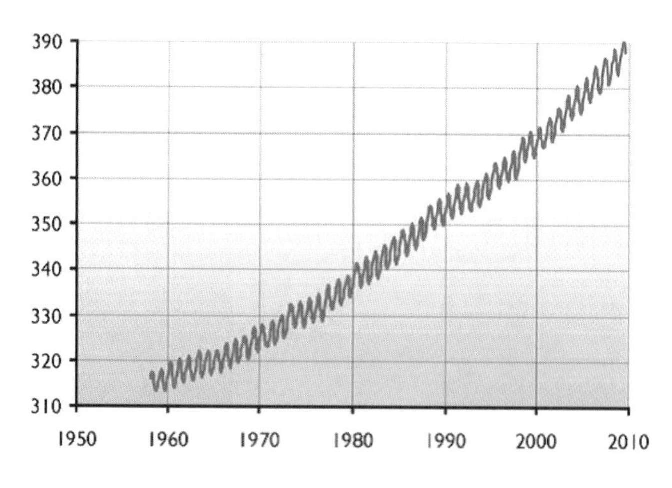

図4.18　Mauna Loaにおける大気中CO_2濃度の経年変化

図4.19は、IEA（国際エネルギー機関）調査による世界の人為的なCO_2排出量の経年変化のグラフです。図から、現在の人為的なCO_2の年間放出量を320億トン＝32Gtとします。これを炭素重量に換算すると、CO_2の分子量は44、

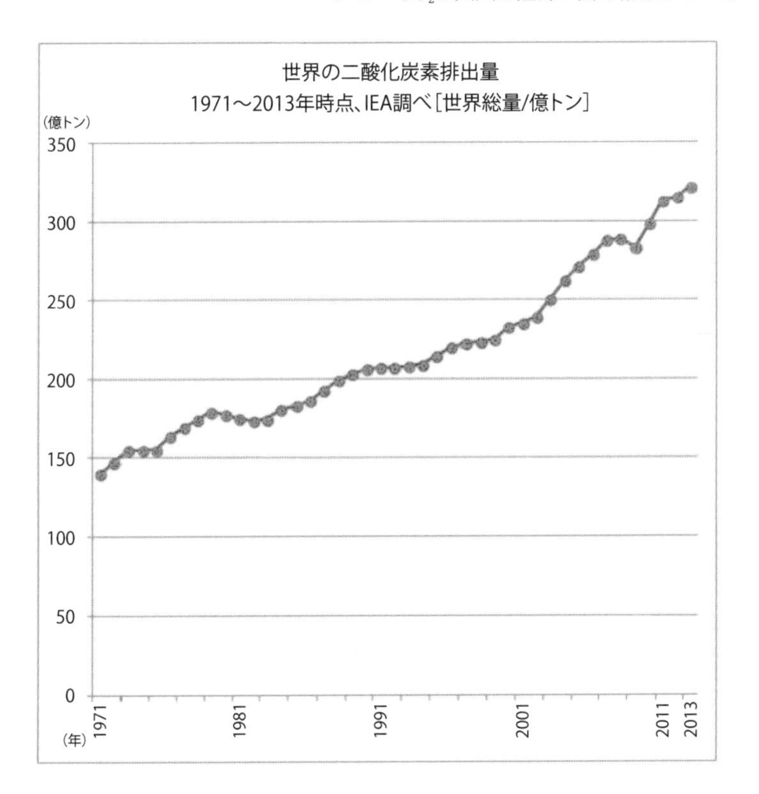

図4.19　人為的なCO_2放出量の経年変化

Cの原子量は12なので、

32(Gt/年)×(12/44)(GtC/Gt)≒8.7(GtC/年)

大気中のCO_2の年間吸収率には便宜的にr＝0.2864(1/年)をそのまま使うことにします。現在の大気中CO_2量に対する人為的に放出されているCO_2の寄与は、式(5)から

8.7(GtC/年)/0.2864(1/年)＝30(GtC)

これを大気中濃度で表すと、

30(GtC)/2.13(GtC/ppm)＝14ppm

大気中CO_2濃度390ppmのうち、人為的に放出されているCO_2の寄与率は14÷390＝3.6%です。産業革命から現在まで上昇した大気中CO_2濃度は、390－280＝110ppmなので、この産業革命以降の大気中CO_2濃度の上昇量に対す

る人為的に放出されているCO_2による寄与率は、14÷110＝13%に過ぎません。

したがって、現在人為的に放出しているCO_2量をゼロにしたとしても、大気中CO_2濃度は390ppmから（390－14）＝376ppmに減少するだけです。

効果のない温暖化対策が世界標準として継続される
～人為起源のCO_2放出をゼロにしてもCO_2濃度の自然増分は減らない

ここまでの検証で、産業革命から現在までに上昇した大気中CO_2濃度の87%は自然現象であることが分かりました。

CO_2温暖化説では「産業革命以降の大気中CO_2濃度の上昇による大気の温室効果の増加が気温上昇の主因である」と主張してきました。仮にその主張が正しかったとしても、これまでの検証で「CO_2濃度の上昇の主因は自然現象である」ことが証明されたのですから、産業革命以降の気温上昇の主因は自然現象だったということになります。

現在、地球温暖化対策として、化石燃料の消費量を削減してCO_2放出量を減らすという政策が世界中で採用されています。しかし、仮にCO_2温暖化説が正しかったとしても、人為的に放出しているCO_2量をゼロにすることで減らせる大気中CO_2濃度はわずかに14ppmほどです。その寄与率は産業革命以降に上昇した大気中CO_2濃度の13%に過ぎません。温暖化対策としての化石燃料消費量の削減に実質的な効果はありません。

4-4

人為的CO_2蓄積説の検討
〜キーリングのグラフに対する一貫性を欠いた非科学的な解釈

キーリングは1958年から南極とハワイで大気中CO_2濃度の精密連続観測を行ってきました。彼は科学誌『ネイチャー』に掲載された論文（Nature 375 (1995) 666－670.）で、彼の観測した期間内において大気中CO_2濃度が単調に増加していること、その上昇量が同期間に化石燃料の消費で人為的に放出されたCO_2量の半分程度に相当することを報告しました。

このキーリングの報告の内容を極端かつ短絡的に拡大解釈することで生まれたのが「人為的CO_2蓄積説」でした。すなわち、産業革命以降に観測されている大気中CO_2濃度の上昇のすべては、化石燃料の消費で人為的に放出されたCO_2の半量程度が大気中に蓄積した結果である、としたのです。この人為的CO_2蓄積説は、産業革命以降の気温上昇が人為的な原因によるものだと主張するためには必要不可欠なものでした。

ここでは、人為的CO_2蓄積説の具体的な内容を紹介するとともに、その自然科学的な妥当性について検討します。

人為的CO_2蓄積説の概要
〜人為的CO_2放出量の半分程度が大気中に溜まり続ける

まず人為的CO_2蓄積説の概念図を示します（172頁の図4.20）。

図4.20の左側の図は産業革命以降の大気中CO_2濃度の上昇を示す模式図です。数年周期の変動は、エルニーニョ/ラニーニャに対応する変動を示しています。

人為的CO_2蓄積説では、大気中CO_2濃度を二つの部分に分けることができると主張します。一つは右側下の図に示す自然のCO_2変動です。これは、平均値は変化せず、エルニーニョ/ラニーニャに対応する周期的な変動だけが生じる部分です。もう一つは右側上の図に示す人為的なCO_2増加です。

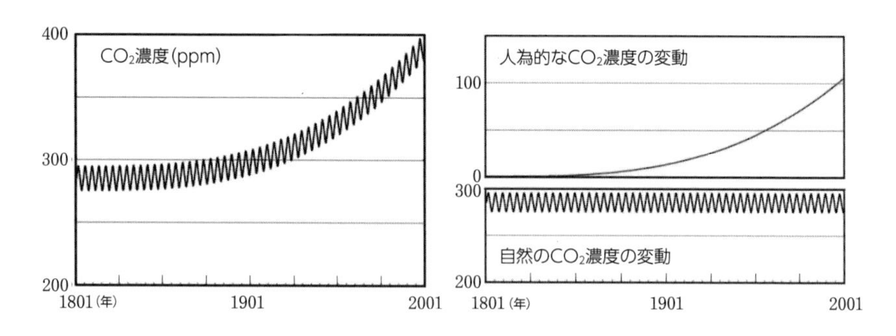

図4.20　人為的CO_2蓄積モデルの概念図

この人為的CO_2蓄積説の妥当性に関連して、かつて気象学会の会員の中から気温変化と短期的なCO_2濃度変化の関係を示したキーリングのグラフ（図4.14）に対して、「気温が原因となって大気中CO_2濃度が結果として変動しているのではないか」という疑問が提起されたことがあります。それに対して気象学会誌『天気』2005年6月号に掲載された気象庁気象研究所の河宮未知生による「回答」に、人為的CO_2蓄積説を支持する気象研究者の主張が端的に現れていました。以下に河宮の回答を紹介します。

回　答：問題とされている図に関してまず注意しなければいけないのは，質問中でも指摘されている通り，二酸化炭素の長期的な上昇傾向が除いてあるという点です．地球温暖化の原因となるのは正にこの長期的上昇傾向です．それが取り除かれたこの図で表されているのは自然起源の変動であり，人間活動に端を発する地球温暖化とは比較的関連の少ないものと言えます．（後略）

人為的CO_2蓄積説では、産業革命から現在までに化石燃料の消費によって人為的に放出されたCO_2の量を炭素重量で350Gt程度だとしています。そして、その半量の175Gt程度が大気中に蓄積することで大気中CO_2濃度が上昇したと主張します（IPCC2007年報告の炭素循環図の165Gtに対応）。

ここで、人為的地球温暖化説を支持する日本の研究者によってまとめられ、東京大学IR3S/TIGS叢書No.1として発行された『地球温暖化懐疑論批判』[註)]（2009年）の記述からも、関連部分を紹介しておきます。

議論16

（中略）一方、人為的二酸化炭素排出は、わずかずつであるものの、年度末残高を増加させる積立貯金になぞらえることができる（人類による二酸化炭素排出量は産業革命以降現在までの累計で約350Gt）。この累計で約350Gtというのは、産業革命以前の大気中二酸化炭素存在量の約7割であり、自然界の炭素循環過程での変動では吸収不能な量である。（後略）

（『地球温暖化懐疑論批判』第3章、議論16、p.39）

議論18

「人間活動によって放出されたCO_2のうち、約3割が海洋や森林に吸収される」（5割と言った方が実態には近いが、槌田氏の議論に合わせて3割という値を使う）という表現がよくなされる。（中略）すなわち、槌田氏が主張しているような「ある年に人間活動によって放出されたCO_2は、その年のうちに3割が吸収され、次の年には残りの7割のうちの3割がさらに吸収されるという過程が無限に繰り返される」という意味ではない。

したがって、人間活動によって放出されるCO_2量をQ、森林や海洋による吸収量のQに対する割合をrとし、Qとrは時間変化しないと仮定すれば、大気中に残存するCO_2量の正しい計算法は、

$Q\times(1-r)+Q\times(1-r)+Q\times(1-r)+\cdots$

ということになる。この数列の和は収束せず、人間活動によるCO_2放出が続く限り大気中のCO_2量は増えていくことになる。（後略）

（『地球温暖化懐疑論批判』第3章、議論18、p.42。下線は近藤）

つまり、人為的CO_2蓄積説とは、人間活動によって毎年放出されるCO_2量Qのうちの$(1-r)=(1-0.5)=0.5=50\%$が毎年溜まり続けるという主張であることが分かります。したがって、産業革命以降の人為的なCO_2放出量の合計である350GtCの半分が現在の大気中に「蓄積」しており、それが大気中CO_2濃度の上昇の原因であるとしているのです。河宮の「回答」の主旨は、この人為的CO_2蓄積説に基づいたものです。

註）『地球温暖化懐疑論批判』の発行について

IR3Sとはサスティナビリティ学連携研究機構（Integrated Research System for Sustainability Science）の略称、TIGSとは地球持続戦略研究推進室（Transdisciplinary Initiative for Global Sustainability）の略称。その記念すべき叢書No.1として発行された『地球温暖化懐疑論批判』の執筆者は、明日香壽川、河宮未知生、吉村純、江守正多ら10人。

内容は、彼らが「懐疑論」と規定するCO_2地球温暖化説に対する反対論者（槌田や私のほか、赤祖父俊一、池田清彦、伊藤公紀、武田邦彦、丸山茂徳、薬師院仁志、養老孟司、渡辺正など）の「議論から主な論点を拾い上げ、一方的な、あるいは間違った認識に基づくものに対して具体的な反論をおこなう」（Our mission）としている。

この書籍は文部科学省科学技術振興調整費「戦略的研究拠点育成」事業として公費で発行され、全国の研究・教育機関、図書館および希望する個人・団体に無償で配布された。

同一分子の異なる3つの挙動
～人為的CO_2蓄積説が前提とする科学観

同一の分子は区別することができません。大気中に存在しているCO_2分子は、大気中に放出された時期、放出源にかかわらず、全て同じように振る舞います。

ところが、人為的CO_2蓄積説が成り立つためには、CO_2分子は少なくとも三つの異なる振る舞いをすることが必要です（図4.21）。

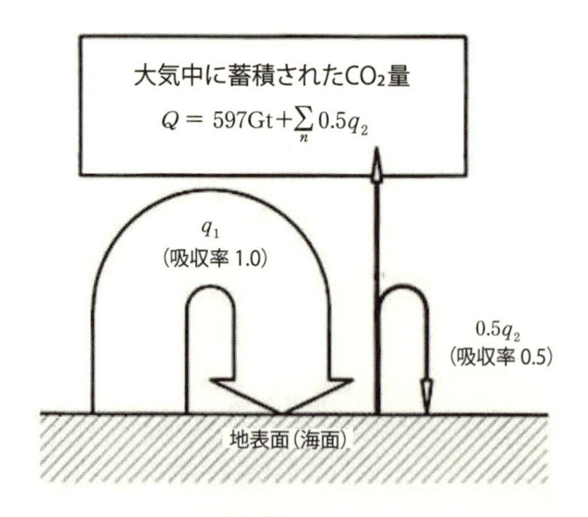

図4.21　人為的CO_2蓄積説が主張するCO_2分子の挙動

人為的CO_2蓄積説では、①着目する時点よりも前から大気中に存在する蓄積されたCO_2量Qは地表面環境には一切吸収されません。②自然起源のCO_2放出量 q_1 はQとは混合せずに、放出されたその年に完全に地表面環境に吸収されます（吸収率＝1.0）。③人為的なCO_2放出量q_2は、放出されたその年に半分が地表面環境に吸収され（吸収率＝0.5）、残りの半分が大気中に新たに蓄積されます。

しかし現実には、どの放出源から放出されたかにかかわらず、CO_2は大気に放出された瞬間に元々大気中に存在していたCO_2と混合して区別することができなくなります。これは化学の知識のない子供にも分かることです。

大気に放出されたCO_2分子が放出源ごとにそれぞれが異なる振る舞いをすると主張する人為的CO_2蓄積説は、化学現象の基本から逸脱した暴論です。

自然起源のCO_2は大気中CO_2濃度に影響しないか
～氷期－間氷期サイクルの大気中CO_2濃度の変動と矛盾する人為的CO_2蓄積説

すでに前節で示した通り、過去数十万年間の大気中CO_2濃度は、気温の変動に少し遅れて変動していました。これはCO_2の水への溶解反応が発熱反応であるという事実からの当然の帰結であり、気温が変動すると海洋からのCO_2放出量が変動して大気中CO_2濃度が変動するという自然現象そのものです。

しかし人為的CO_2蓄積説では、自然起源の年間CO_2放出量 q_1 は常に吸収率1.0で単年度で地表面環境に完全に吸収され、大気中CO_2濃度に影響しません。例えば、IPCC2007年報告の炭素循環図（159頁）では、産業革命以降、自然起源の年間CO_2放出量は20Gt程度も増加していますが、人為的CO_2蓄積説では、大気中CO_2濃度には一切影響しないと主張します。

つまり人為的CO_2蓄積説では、人為的なCO_2放出がなければ大気中CO_2濃度は変化しないと主張しているのです。これは歴史的に記録されている氷期－間氷期サイクルにともなって現れた大気中CO_2濃度の変動と矛盾する主張です。

キーリングの図の説明で河宮が認めた「混合」
～人為的CO_2蓄積説の自己矛盾

人為的CO_2蓄積説では、産業革命以降の大気中CO_2濃度の上昇はすべて人為的な影響だと主張しています。ところが、例えばキーリングの大気中CO_2濃度の精密連続観測データでは、植物の光合成活性度の変化に伴う1年周期の季節変動や、エルニーニョ/ラニーニャにともなう気温変動に追随する数年周期の自然変動が観測されています。

前掲の気象学会誌『天気』2005年6月号に掲載された気象庁気象研究所の河宮の「回答」の中では、キーリングの示した図に現れる数年周期の大気中CO_2濃度の変動について「この図で表されているのは自然起源の変動であり」と説明しています（172頁）。しかし、これは自然起源のCO_2放出が大気中に存在しているCO_2と混合して大気中CO_2濃度に影響を与えていることを認めることにほかなりません。

この河宮の説明は、《大気中に放出された自然起源のCO_2はもともと大気中に存在していたCO_2と混合しない》という人為的CO_2蓄積説が成立するための最も基本的な条件と矛盾する内容であり、論理的な一貫性を欠いた支離滅裂な説明です。

自然起源のCO_2は大気中に蓄積せず、人為起源のCO_2だけが蓄積する　～人為的CO_2蓄積説の主張の核心部分

人為的CO_2蓄積説を支持する気象研究者たちは、殊更に産業革命以降の化石燃料の消費に伴う人為的なCO_2放出量の大きさを誇張して、冷静な科学的判断を怠っています。例えば、前掲の『地球温暖化懐疑論批判』の議論16の表現を借りると、「この累計で約350Gtというのは、産業革命以前の大気中二酸化炭素存在量の約7割であり、自然界の炭素循環過程での変動では吸収不能な量である。」という具合に、です。

IPCC2007年報告の炭素循環図では産業革命以前の大気中のCO_2の炭素重量を597Gtとしています。350Gtはこれの58.6%に相当しますので、「約7割」というのは多少誇張されているとしても、全く誤りとは言えません。しかし、同時に毎年200Gt程度が入れ替わっていることを無視してはなりません。現在の人為的な年間CO_2放出量6.4Gt/年は、地表面環境の年間吸収量215Gt/年に対してわずか3%にすぎません。

人為的CO_2蓄積説では、産業革命以降の200年程度の期間に人為的に放出さ

れたCO_2の炭素重量の合計を350Gtとしています。では、同じ期間に自然起源のCO_2はどの程度放出されたのかを概算してみます。

この期間の平均的な1年間当りの自然起源のCO_2放出は炭素重量で、

$$\{190.2+(218.2-6.4)\}\div 2=201\,\mathrm{Gt}$$

200年間の合計では40,200Gtで、これは産業革命以前の大気中のCO_2の炭素重量597Gtの67倍です。

産業革命以降の200年間に放出された全CO_2に対する人為的に放出されたCO_2の比率は、

$$350\div(40{,}200+350)=0.00863=0.863\%$$

したがって、地表面環境から放出されたCO_2の一部分が大気中に蓄積されることによって大気中CO_2濃度が上昇するとしても、CO_2放出源によって大気中の振る舞いを区別することはできないので、産業革命以降の大気中CO_2濃度上昇量に対する人為的な効果は 0.863%、1ppmにも満たないことになります。自然起源のCO_2と人為起源のCO_2を区別しなければ、大気中CO_2濃度に与える人為的な影響は極めて小さいという結果にならざるをえないのです。

言い換えると、人為的CO_2蓄積説の最も重要な主張は、CO_2が大気中に蓄積することではなく、自然起源のCO_2と人為起源のCO_2を区別して、人為起源のCO_2だけが大気中に蓄積するとしたところなのです。しかし、すでに述べた通り、これは自然現象としては起こり得ないことであり、辻褄を合わせるための机上の空論にすぎません。

キーリングが図から取り除いたものは何だったか
～気象学会誌『天気』の河宮の「回答」の検討から

先に紹介したキーリングのグラフについて気象学会会員から提起された疑問に対して、河宮未知生が気象学会誌『天気』2005年6月号に寄せた「回答」（172頁）についても検討しておきます。河宮は「注意しなければいけないのは，質問中でも指摘されている通り，二酸化炭素の長期的な上昇傾向が除いてあるという点です.」と述べています。

彼のこの文章の意味を（本人の意図に沿って）正確に表現すれば、次のようになるでしょう。すなわち、《現在の地球温暖化は産業革命以降に人為的に放出したCO_2によって生じた大気中CO_2濃度の長期的な上昇傾向によって引き起こされたものであり、キーリングの示した曲線（本書の156頁の図4.14）では、その大気中CO_2濃度の長期的な上昇傾向の原因である人為的な影響が取り除かれている》と。したがって、キーリングのグラフが示しているのは《気温と短期的（エルニーニョ/ラニーニャ現象のタイムスケール）な自然のCO_2濃度の関係》というわけです。

このように整理してみれば、河宮の「回答」で示された認識には二つの誤りがあることが分かります。

①キーリングのグラフの気温変動は、長期変動傾向を取り除いたものではなく、世界平均気温偏差そのものです。河宮が言うように、キーリングのグラフに示された二つの曲線は、正に気温と自然起源の大気中CO_2濃度がリンクして変動していること、つまり気温変動が自然現象であることを示唆していたのです。

②ここまで検討してきたように、産業革命以降の大気中CO_2濃度上昇量の87%程度は海洋からのCO_2放出量の増加などによって引き起こされた自然現象であり、キーリングが取り除いたCO_2の長期的上昇傾向の大部分はこの自然変動だったのです。

非科学的な人為的CO_2蓄積説に基づく河宮の「回答」は、完全な誤りでした。

人為的CO_2蓄積説の数値モデル

～大気中のCO_2量を表す式に自然起源のCO_2に関する項がない

ここで、『地球温暖化懐疑論批判』議論18を基に、人為的CO_2蓄積説を表す数値モデルを導くことにします。ここでは人為起源のCO_2の年間放出量をΔq_{in}（定数とする）とし、Δq_{in}に対する地表面環境の年間吸収率を$r = 0.5$とします。これらの記号を使って議論18に示された式（173頁）を書き換えると、人為起源のCO_2の大気中の蓄積量は経過年数をn年として、次の通り。

$$\Delta q_{in} \times (1-0.5) + \Delta q_{in} \times (1-0.5) + \Delta q_{in} \times (1-0.5) + \cdots = 0.5 \Delta q_{in} n$$

人為起源のCO_2放出が始まる以前の大気中に含まれていたCO_2量をQ_0とす

ると、大気中のCO_2量 Qは次式で表すことができます。

$$Q(n) = Q_0 + 0.5\Delta q_{in} n$$

経過年数 n の代わりに連続量 t 年で書き換えると、

$$Q(t) = Q_0 + 0.5\Delta q_{in} t \qquad (6)$$

式(6)に示す人為的CO_2蓄積説を表す数値モデルを見ると、人為的CO_2蓄積説の問題点が端的に理解できます。大気中のCO_2量 Qを表す式(6)において、地表面環境からのCO_2放出量の97%を占めている自然起源のCO_2に関する項がどこにも現れていないのです。

循環モデルと人為的CO_2蓄積モデルによる簡単なシミュレーション ～大気中CO_2の炭素重量の経年変化を調べる

ここで、循環モデルと人為的CO_2蓄積モデルによる簡単なシミュレーションを示すことにします。シミュレーションの条件は、人為的なCO_2放出がない初期状態の大気中CO_2の炭素重量を $Q_0 = 597.0$ Gt、自然起源のCO_2放出量を $q_{in} = 190.2$ Gt/年($r = q_{in}/Q_0 = 0.3186$)として、そこにステップ関数的に人為的なCO_2放出量 $\Delta q_{in} = 6.4$ Gt/年が加わった場合(図4.22の上のグラフ)の大気中のCO_2の炭素重量 Qの経年変化を調べます。

循環モデルでは、$q_{in} = 190.2 + 6.4 = 196.6$ GtC/年とします。164頁の式(4)から、

$$Q(t) = \frac{196.6}{0.3186} + \left(597 - \frac{196.6}{0.3186}\right)e^{-rt} = 617.1 - 20.1e^{-rt}$$

$Q(t)$の $t \to \infty$ の極限値=定常値は次の通りです。

$$\lim_{t\to\infty} Q(t) = \lim_{t\to\infty}\left(617.1 - 20.1e^{-rt}\right) = 617.1\,(\mathrm{GtC})$$

人為的CO_2蓄積モデルでは、式(6)から

$$Q(t) = 597.0 + 0.5 \times 6.4t = 597.0 + 3.2t$$

$Q(t)$ の $t\to\infty$ の極限値は次の通りです。

$$\lim_{t\to\infty} Q(t)=\lim_{t\to\infty}\left(597.0-3.2t\right)=\infty$$

つまり、人為的CO_2蓄積説では、どんなに小さな値でも人為起源のCO_2放出があれば、大気中のCO_2量は限りなく増加し続けることになります。この点について『地球温暖化懐疑論批判』議論18では「人間活動によるCO_2放出が続く限り大気中のCO_2量は増えていくことになる。」と主張しています。

以上の結果を、図4.22の下のグラフに示します。

循環モデルではステップ関数的なCO_2放出量 q_{in} の上昇があっても、大気中のCO_2量 Q は一定値 617.1GtC に急速に収束することが分かります。これは、ステップ関数的な変化を緩和する方向に地球の表面環境の平衡状態が遷移する様子を表しています。

シミュレーションでは収束するまでに15年間程度を要していますが、実際

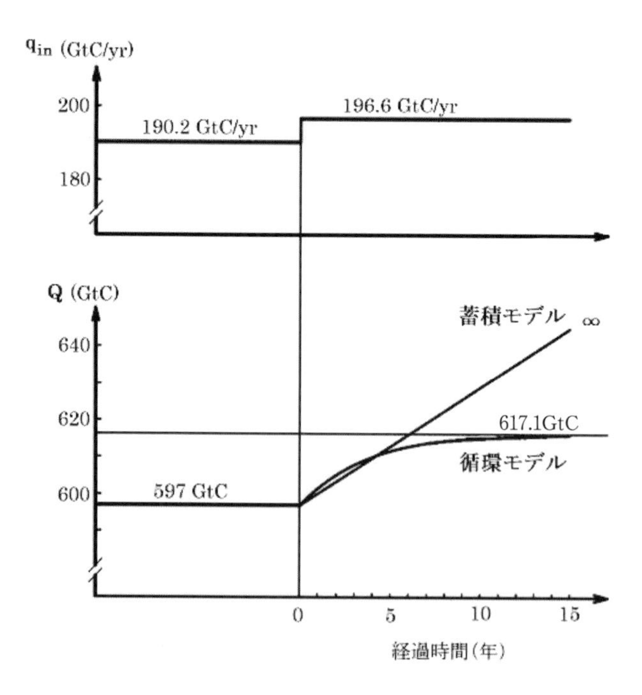

図4.22　人為的CO_2放出をステップ関数的に与えた場合のシミュレーション

には人為起源のCO_2放出量は200年程度かかって0から6.4Gt/年にまで連続的に上昇しているので、Qの変化は準定常的に進んだと考えられます。

一方、人為的CO_2蓄積モデルではQが限りなく上昇するという、荒唐無稽な結果を与えます。q_{in}のわずか3.4%の変化でQが無限大（∞）に発散するような劇的な変化が生じるという主張は、常識的に、あるいは直感的にもとても納得できません。これを説明するためには地球環境のカタストロフィックな質的な変化が必要であろうと考えますが、残念ながらそのような説明を聞いたことがありません。

「カーボン・ニュートラル」という妄想
～バイオマス礼讃は人為的CO_2蓄積説の誤ったドグマの産物

大気中のCO_2濃度を減らすという目的で、バイオマスを積極的に利用しようという主張があります。その最大の根拠が「カーボン・ニュートラル」という考え方です。

まず、代表的な説明を見ておきます。

知恵蔵2014の解説　カーボン・ニュートラル

木材や農業廃棄物などはバイオマスと呼ばれるエネルギー資源であり、炭酸同化作用により太陽の光を吸収して空気中の二酸化炭素を固定する。バイオマスをエネルギーとして利用する時、燃焼などにより二酸化炭素が排出されるが、植林や農作業により再びバイオマスが大気中の二酸化炭素を吸収する。このため、バイオマスの利用により大気中の二酸化炭素が増加することはない。これをカーボン・ニュートラルと呼ぶ。バイオマスを化石燃料の代わりに利用すれば、二酸化炭素の排出を抑制できる。

（槌屋治紀 システム技術研究所所長／2007年）

すでに述べた通り、一旦大気中に放出されたCO_2は、放出源にかかわらず、化学的に区別することはできません。光合成で消費されるCO_2が生物起源のCO_2である必然性はどこにもありません。実際にビニールハウスでは灯油を燃やしてCO_2濃度を高くすることで農作物の生育を促進しています。逆に、バ

イオマスの燃焼などによって放出されたCO_2が光合成によってすべて吸収される保証はどこにもありません。

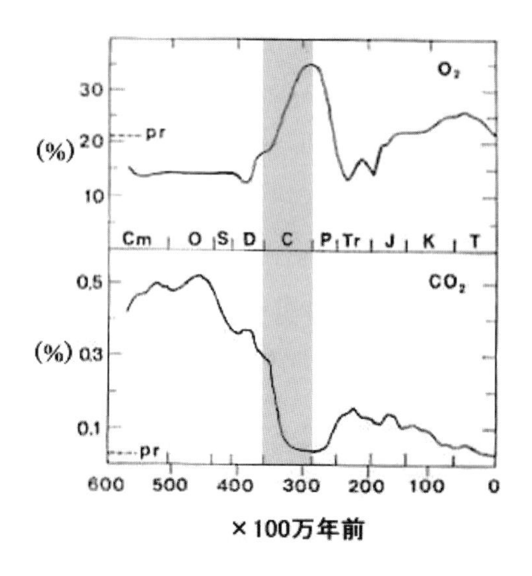

図4.23　過去6億年の大気中のO_2濃度とCO_2濃度の変化

3億年ほど前の石炭紀（図4.23の灰色部分）は地球史上で植物の光合成が最も盛んな時代でした。当初、大気中のCO_2濃度は 3,000ppm を超えていましたが、光合成によって大量に消費されたため、現在と同じ数 100ppm レベルにまで激減しました。この時代は、光合成反応によって大気からCO_2が取り除かれる速度が植物の死骸が分解・酸化されてCO_2に戻る速度を大幅に上回っていたために、大気中から一方的にCO_2が取り除かれたのです。

光合成によってCO_2が植物の体組織として固定されたものを「バイオマス」と呼びます。石炭紀などの太古の地球で大量に蓄積されたバイオマスが化石となったものが石炭です。石炭は広義のバイオマスです。

逆に、燃料資源としてバイオマスを使用するから大気中のCO_2濃度を上昇させないと考えるのは誤りです。植物が光合成によってCO_2を固定する速度を超えてバイオマスを消費すれば、大気中のCO_2濃度が増加するのは当然です。

石炭を燃やしてもバイオマスを燃やしても、同量の炭素を酸化させれば大気中のCO_2濃度は同じだけ上昇します。CO_2を放出するという意味で化石燃料を燃焼することとバイオマスを燃焼することを区別する自然科学的な必然性はありません。また、一旦大気中に放出されたCO_2を排出源にさかのぼって区別することはできません。

自称エコ派の経済学者やマスメディアが好んで使う「カーボン・ニュートラル」という耳障りの良い言葉は、「人為的に放出されたCO_2だけが大気中に蓄積され、大気中のCO_2濃度を変化させる」という、本節で検討した非科学的な人為的CO_2蓄積説の誤ったドグマの産物なのです。

4-5

キーリングのグラフの検討
～「大気中CO_2濃度の長期的な上昇傾向」の物理的意味

キーリングが大気中CO_2濃度の短期変動と世界平均気温偏差の変動を比較したグラフ(図4.14)は、人為的CO_2地球温暖化説の主張とは異なり、現在でも気温変動が原因で大気中CO_2濃度の変動は結果であることを示唆していました。しかしキーリングの報告では、彼が取り除いた大気中CO_2濃度の“長期的な上昇傾向”の科学的な意味が不明確であり、曖昧さを残したままでした。

熱物理学者の槌田敦と私は、大気中CO_2濃度と気温の観測値について詳細な検証を行いました。そして現在でも気温変動が原因となって大気中CO_2濃度が変動していることを明らかにしました。槌田はその検証結果を物理学会誌で発表しています（2010年)。

ここでは、キーリングのグラフについての槌田と近藤による検討過程の概要を紹介します。

キーリングが残した混乱 ～「大気中CO_2濃度の長期的な上昇傾向を取り除く」というデータ操作の意味について語らなかった

図4.24に、気象庁による世界月平均気温偏差とキーリングによるハワイ・マウナロア山でのCO_2濃度の観測値の1969年に対する偏差を示します。

詳しく見ると、世界月平均気温偏差をプロットした曲線とCO_2濃度をプロットした曲線の変動傾向は確かに対応しており、それぞれの曲線の特徴点の発現を比較すると、世界月平均気温偏差の変動に1年ほど遅れて大気中CO_2濃度が追随していることが分かります。

キーリングの示したグラフ（図4.14）では、図4.24に見られる世界月平均気温偏差とCO_2濃度の曲線の変動傾向の関係を見やすくするために、CO_2濃度について長期的な上昇傾向を取り除くというデータ操作が行われました。しか

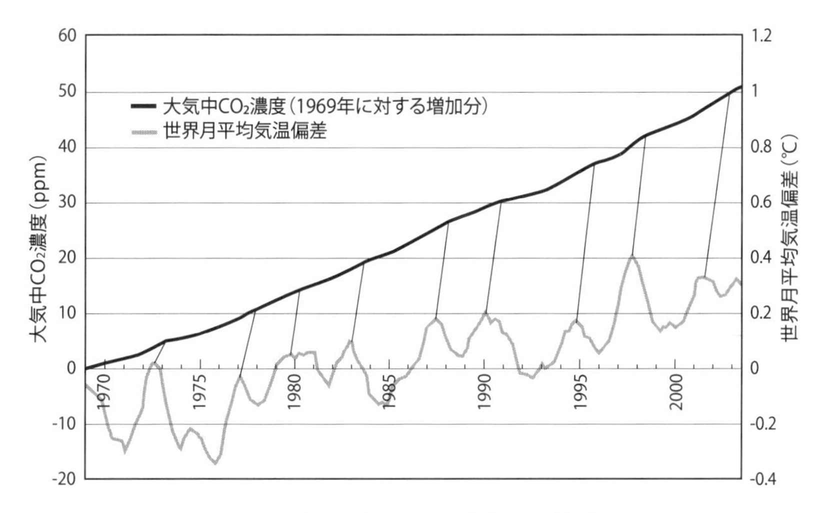

図4.24　気温と大気中CO_2濃度の変動傾向

しキーリングは、取り除いたCO_2濃度の長期的な上昇傾向が現象的に何を意味するかについて詳細な分析を行いませんでした。その結果、例えば前出の気象研究所の河宮のような非論理的な解釈の入り込む余地を残してしまい、その後の温暖化議論に混乱をもたらすことになりました。

世界月平均気温偏差と大気中CO_2濃度の時間に対する変化率に着目　～誰にでも追試＝検証できる方法で

槌田と私は、大気中CO_2濃度について現象的に明確に説明されていない「長期的な上昇傾向を取り除く」という操作をせずに、誰にでも追試できる方法はないものかと考えました。そして、世界月平均気温偏差と大気中CO_2濃度の双方について時間に対する変化率を求めて比較することにしました。

結果は図4.25に示すように、キーリングのグラフ（図4.14）同様、まず世界月平均気温偏差の変化率が変動し、その後１年ほど遅れてCO_2濃度の変化率が追随していることが確認できました。

世界月平均気温偏差は過去30年間（1971～2000年）の平均気温T_0に対する偏差であり、その変化率（右目盛）は０℃/年の周辺で変動しています。CO_2濃度の変化率（左目盛）が1.5ppm/年の前後で変動しているのは、大気中

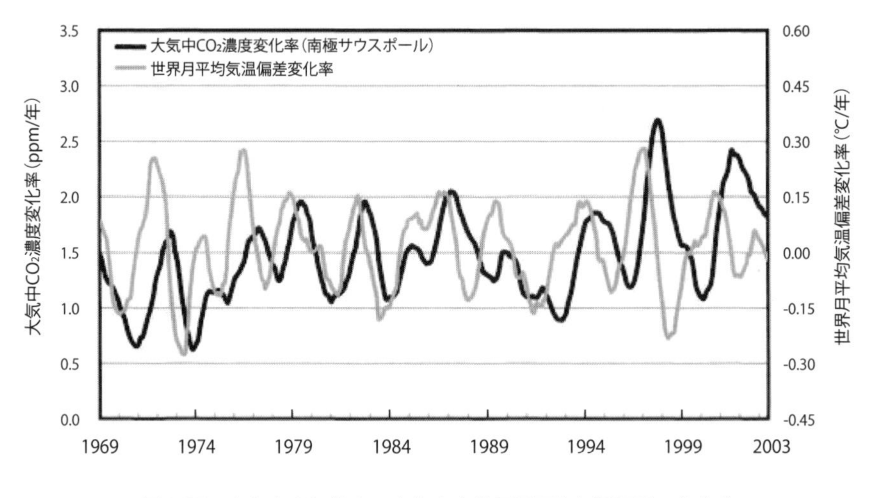

図4.25　大気中CO_2濃度の変化率と世界月平均気温偏差の変化率

CO_2濃度が長期的な傾向として年率1.5ppm程度上昇している（図4.24参照）からです。

気温変化が大気中CO_2濃度変化の原因
～キーリングの観測データで直接、二者の関係を確認

図4.25から、観測期間の平均的な温度状態では大気中のCO_2濃度は年率1.5ppm程度上昇していることが分かります。さらに、気温が高くなると1年ほど後にCO_2濃度の上昇量が大きくなり、気温が低くなるとCO_2濃度の上昇量が小さくなることも分かります。

キーリングは、大気中CO_2濃度の観測値から「長期的な傾向を取り除く」という物理的な意味の曖昧な恣意的な操作を行いましたが、槌田と私は観測データそのものを用いて分析を行い、世界月平均気温偏差の変動に遅れて大気中CO_2濃度が変動していることを確認しました。

このことから、気温変動あるいはこれに同期する海面水温の変動が原因となって、その結果として大気中CO_2濃度が変動していることが確定しました。

CO_2地球温暖化説は、観測データから棄却されたのです。

海洋表層水温の変動と同期するCO_2濃度変化率

～エルニーニョ/ラニーニャの発現で海洋のCO_2放出速度が変動する

次に、槌田と私は大気中CO_2濃度が気温変動あるいは海面水温の変動に対して１年程度遅れるという現象の原因を検討することにしました。

大気中CO_2濃度が変化するという現象は、地表面環境（海洋部も含む）のCO_2放出速度q_{in}と吸収速度q_{out}の変化によって引き起こされます。温度変化に対する応答の速い自然現象としては無機的な化学反応であるCO_2の海洋への溶解反応が挙げられます。このことから、気温変動によって引き起こされる大気中CO_2濃度の変化に対して主要な役割を果たしているのはCO_2の海洋への溶解反応だと考えられます。

CO_2の放出速度q_{in}と吸収速度q_{out}は、気温Tの変動幅が小さい場合には、第一次近似として気温Tの一次関数とみなすことができます。したがって、「大気中CO_2濃度の循環モデル」の項（163頁）で示した大気中のCO_2の炭素重量Qの時間に対する変化率は、C_1、C_2を定数として形式的に次式に示す気温Tに関する一次関数で表すことができます。

$$\frac{dQ}{dt} = (q_{in} - q_{out}) \cong C_1 \cdot T + C_2 \quad (\text{Gt/年}) \qquad (7)$$

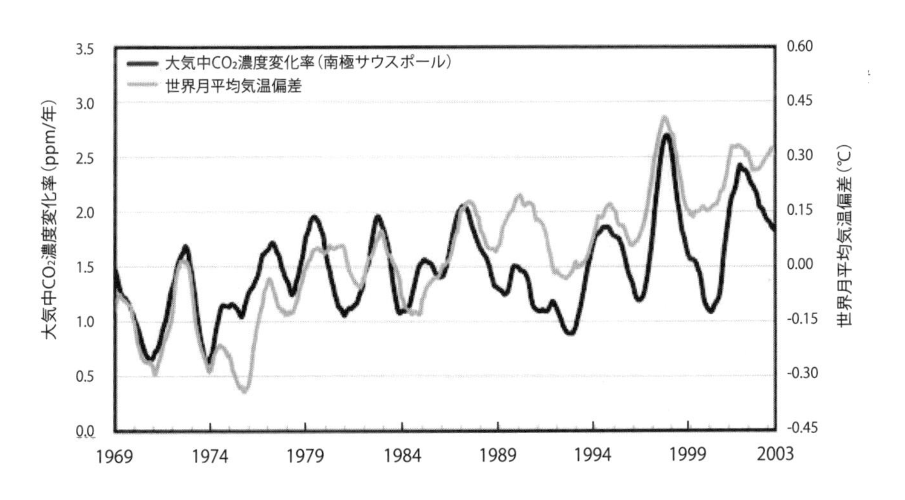

図4.26　世界月平均気温偏差と大気中CO_2濃度変化率の経年変化

Qは近似的に大気中CO_2濃度に比例するので、世界月平均気温偏差とdQ/dtに比例する大気中CO_2濃度の時間に対する変化率（以下、CO_2濃度変化率と呼ぶ）の変動傾向を比較することにしました。

図4.26は、世界月平均気温偏差とサウスポールの大気中CO_2濃度変化率の経年変化を示しています。両曲線は同期して変動していることが分かります。両曲線が乖離している部分は、気温以外の要因、例えば1990年前後であればフィリピンのピナツボ山の大噴火（1991年）などが影響していると考えられます。

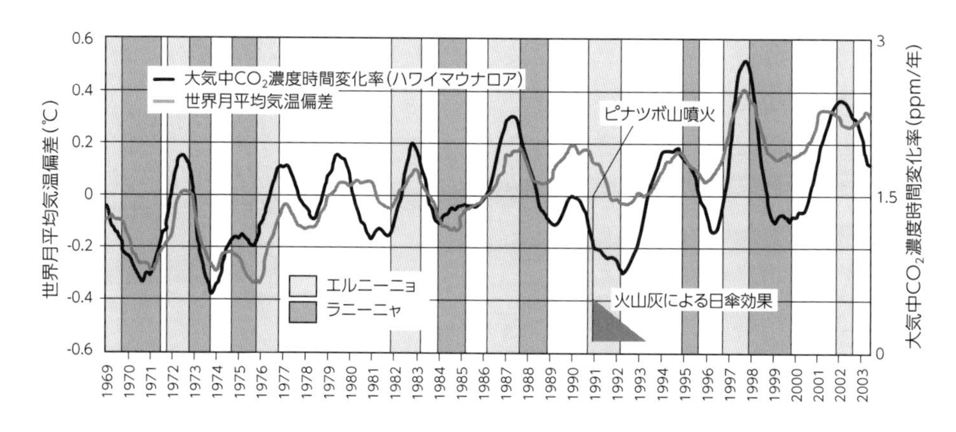

図4.27　エルニーニョ/ラニーニャの発現と大気中CO_2濃度変化率の経年変化

図4.27は、マウナロアの大気中CO_2濃度変化率と世界月平均気温偏差の経年変化にエルニーニョとラニーニャの発現期間を書き加えたものです。エルニーニョが発生すると広範囲にわたって海洋表層水温の上昇が起こり、海洋からのCO_2放出速度が大きくなるためにCO_2濃度変化率が大きくなります。結果として、大気中CO_2濃度が上昇する方向に化学平衡が遷移します。

CO_2濃度の変動が気温の変動に遅れる理由
～ CO_2 濃度変化率に対する積分的効果

以上から、気温（海面表層水温）とCO_2濃度変化率（速度）が同期して変化していることが確認されました。この事実から、大気中のCO_2濃度の変動が気温変動から１年間ほど遅れる理由が明らかになりました。

気温（海面表層水温）やCO_2濃度はエルニーニョ/ラニーニャの発現の時間スケールである４年程度の周期で変動しています。CO_2濃度は気温と同期して変化するCO_2濃度変化率を積分することによって求められます。

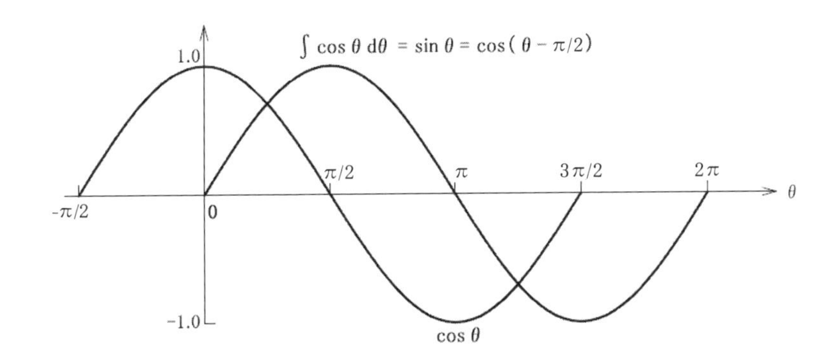

図4.28　周期関数の積分

周期変動関数を積分すると位相が1/4周期だけ遅れることが知られています。例えば、図4.28に示す周期２πの周期関数であるコサイン関数を積分すると

$$\int \cos\theta \, d\theta = \sin\theta = \cos\left(\theta - \frac{\pi}{2}\right) \qquad (8)$$

となり、位相が$\pi/2$だけ遅れます。エルニーニョ/ラニーニャの発現周期は４年程度なので、CO_2濃度変化率を積分することで求められるCO_2濃度は1/4周期である１年程度の位相の遅れを生じるのです。

CO_2濃度変化率は気温の一次関数で近似できる
～世界月平均気温偏差とCO_2濃度変化率の散布図から

これまでの検討で気温とCO_2濃度変化率が同期することが確認できました。

ここで、同じデータに対して散布図を作成し、世界月平均気温偏差とCO_2濃度変化率の定量的な関係を求めることにします。図4.29の散布図の回帰直線から、分析期間においてCO_2濃度変化率 y は第一次近似として世界月平均気温偏差 x に比例し、次の関係にあることが分かりました。

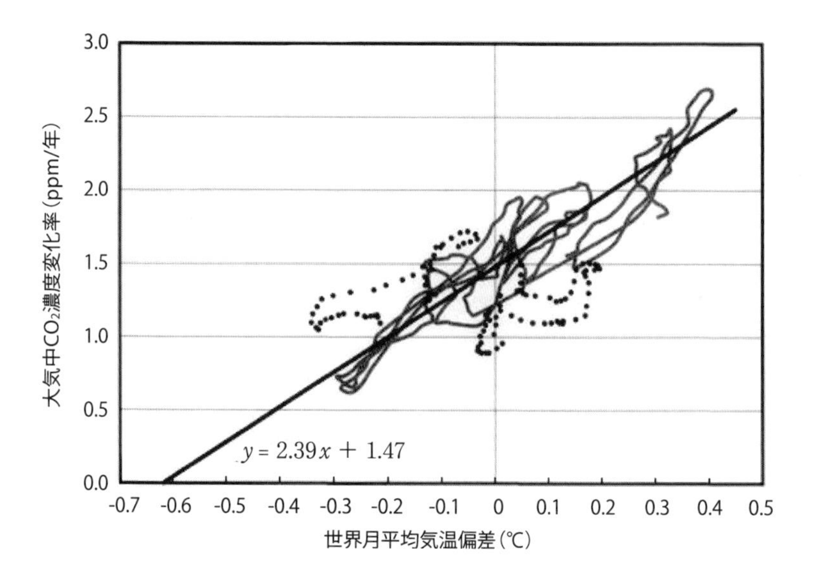

図4.29　世界月平均気温偏差と大気中CO_2濃度変化率の散布図

$$y = 2.39x + 1.47 \quad (\text{ppm/年}) \qquad (9)$$

回帰直線とx軸との切片は－0.615℃です。式（9）は式（7）と相似形[註)]であることが分かります。

註）相似形について

大気中炭素重量Qと大気中CO_2濃度は比例する（146頁）。したがってQの時間変化率dQ/dtとCO_2濃度変化率yは比例する。式（7）はdQ/dtが温度Tの一次関数であり、式（9）ではCO_2濃度変化率yが気温偏差xの一次関数であり、相似形になっている。

気温の上昇で自然のCO_2循環が活発化していた
～キーリングが図から取り除いた「大気中CO_2濃度の長期的な上昇傾向」の正体

図4.29の散布図から、キーリングが世界月平均気温偏差と大気中CO_2濃度の変動傾向を見やすくするために取り除いた「大気中CO_2濃度の長期的な上昇傾向」の物理的な意味も明らかになりました。

槌田・近藤の分析では、1971年から2000年までの30年間の平均気温を基準温度として気温偏差を算定しました。その基準温度が、現在の地球の表面環境と大気との間のCO_2循環において、大気中のCO_2濃度が定常状態となる気温よりも0.615℃高温であることから、大気中CO_2濃度が平均的に年率1.47ppmだけ上昇していたのです。

これが「大気中CO_2濃度の長期的な上昇傾向」の正体だったのです。

原因は気温高、CO_2濃度増は結果
～槌田・近藤の共同研究の結論

以上から、槌田と私の共同研究の結論は以下のとおりです。

（1）気温ないし海面温度の変動が原因となって、大気中CO_2濃度の時間に対する変化率が変わる。

（2）大気中CO_2濃度は、気温と同期して変動する大気中CO_2濃度の時間に対する変化率を積分することによって得られる。したがって、気温の変動に対して1/4周期だけ位相が遅れる。

（3）分析期間において、大気中CO_2濃度は平均して年率1.47ppm上昇した。

（4）気温が1℃上昇することで、大気中CO_2濃度の上昇量は年率2.39ppm多くなる。

（5）世界月平均気温偏差が－0.615℃になると、大気中CO_2濃度が定常状態になる。

この研究の成果は、気象学会員であった槌田によって2008年に気象学会誌『天気』に投稿されました。しかし、人為的CO_2地球温暖化説を否定する内容であることを理由に、気象学会は論文掲載を拒否しました。その後、槌田によって物理学会誌に「原因は気温高、CO_2濃度増は結果」（2010年 Vol.65, No.4）として報告されました。

図4.29の散布図について、形式的にはCO_2濃度変化率が気温を変化させると解釈することもできます。しかし、現象的に、CO_2温暖化説が主張するようにCO_2濃度が気温を変化させるという可能性はあるとしても、CO_2濃度変化

率が気温を変化させることは考えられません（仮にCO_2濃度変化率が気温を変化させるという現象が現実にあるとしても、それは人為的CO_2地球温暖化説とは全く異なる現象です）。

それに対して、気温がCO_2濃度変化率を変化させるという現象は、化学反応速度論に合致する合理的な解釈です。

槌田と私の研究によって、現在においても大気中CO_2濃度と気温の関係は、気温変動が原因であって、大気中CO_2濃度は気温変動の結果として変動していることが、観測データの分析として明らかになりました。CO_2地球温暖化説は机上の空論であり、それはコンピューター・シミュレーションの中の虚像だったのです。

標準的な人為的CO_2蓄積説では、大気中のCO_2濃度と人為的なCO_2放出の関係について次のように説明します。すなわち「大気中のCO_2濃度は産業革命まではほとんど人為的なCO_2放出の影響がなかったために定常状態であったが、産業革命以降は石炭や炭化水素燃料の大量燃焼によって人為的なCO_2放出が加わったために上昇した」と。

しかし、槌田と私の一連の研究から、①実際には大気中のCO_2濃度への人為的なCO_2放出の影響は小さいこと、②産業革命以降の気温の上昇によって自然のCO_2循環が活発化した結果として大気中のCO_2濃度が上昇したこと、が示されました。このことは、産業革命以降、気温が 0.6℃ 程度上昇していることに対応しています。

付け加えれば、仮にCO_2地球温暖化説が正しかったとしても、大気中CO_2濃度に対する人間活動による影響は小さく、人為的なCO_2放出をゼロにしたとしても、減らせるのは高々 15ppm という微々たるものにすぎません。

温暖化対策としてCO_2排出量を制限することは無意味なのです。その無意味さに大多数の科学者たちが気づかぬふりをし続けているのは、彼らには別の目的があるからでしょう。

［解説２］散布図の意味

大気中のCO_2濃度 $F(\propto Q)$ は形式的に次のように表すことができる。

$$F = F(T, X_1, X_2, X_3, \cdots)$$

ここに、

T：平均気温偏差（℃）

$X_1, X_2, X_3, \cdots$　：大気中CO_2濃度に影響を与える環境条件を表す変数

大気中CO_2濃度を表す関数 F（ppm）の時間変化率 dF/dt（ppm/年）は、単位時間に大気に供給されるCO_2量 q_{in}（Gt/年）と大気から地表環境へ吸収されるCO_2量 q_{out}（Gt/年）の差に比例する。比例定数をCとすれば、次のように表すことができる。

$$\frac{dF}{dt} = \mathrm{C}(q_{in} - q_{out})$$

また、大気中CO_2濃度 F（ppm）の時間変化率は、関数 F の時間微分なので形式的に次のように表すことができる。

$$\frac{dF}{dt} = \frac{\partial F}{\partial T}\frac{\partial T}{\partial t} + \frac{\partial F}{\partial X_1}\frac{\partial X_1}{\partial t} + \frac{\partial F}{\partial X_2}\frac{\partial X_2}{\partial t} + \frac{\partial F}{\partial X_3}\frac{\partial X_3}{\partial t} + \cdots$$

大気中CO_2濃度 F（ppm）は、月平均気温偏差 T だけではなく、地表環境の様々な条件（$X_1, X_2, X_3, \cdots$）によって変化すると考えられる。ここでは単純化するために、月平均気温偏差 T と、それ以外の地表環境条件を単一の変数 X によって表せるものとして話を進める。

$$\frac{dF}{dt} = \frac{\partial F}{\partial T}\frac{\partial T}{\partial t} + \frac{\partial F}{\partial X}\frac{\partial X}{\partial t}$$

図4.30は、平均気温偏差 T と地表環境条件 X によって定まる大気中CO_2濃度の時間変化率 dF/dt を表す曲面を示している。この解曲面が地球の真の姿であり、この解曲面上のいくつかの点をサンプルとして採取したものが観測データである。

説明をわかりやすくするために、X 軸に直交する平面（例えば平面ABba）と解曲面の交線は直線（例えば直線ab）になるとする。

散布図とは、解曲面上の点p（$T, X; t$）を X 軸に直交する平面 ABba 上に投影

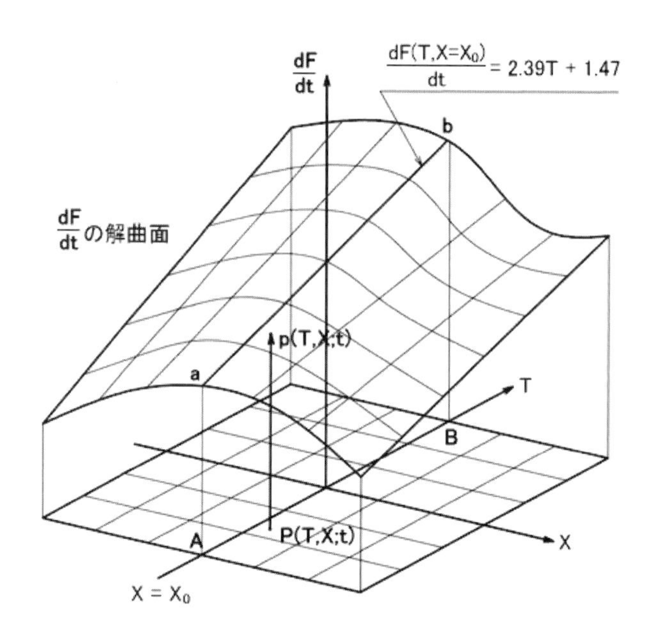

図4.30　散布図の意味

した点の集まりである。ここで $X-T$ 平面上の点 P $(T,X;t)$、は平均気温偏差 Tと地表環境条件 Xを指定していることを表している。t は観測時刻を示し、$X-T$ 平面上の点 P あるいは解曲面上の点 p の値が時刻 t における観測値だということを示している。

点Pは $X-T$ 平面上の任意の位置を取ることができるが、現実には地表面環境の条件は短期間にはそれほど大きく変動することはないと考えられる。平均的な環境条件を $X=X_0$ の直線で表せば、点Pは直線 $X=X_0$ の周辺で主に T 軸の方向に移動することになる。

点Pの軌跡が直線 $X=X_0$ 上だけを移動すると仮定すると、平均気温偏差 Tと大気中CO_2濃度変化率の経年変化を示す曲線は完全な相似形になり、散布図は直線 ab 上の点の集まりになる。実際には地表環境の条件は $X=X_0$ の周辺で多少変動するため、平均気温偏差 Tと大気中CO_2濃度変化率の経年変化を示す曲線は完全には相似形にならず、散布図の点は直線ab（散布図の回帰直線）近傍に分布することになる。

環境条件 X_0 からの偏差が小さい場合には、$\partial T/\partial t \gg \partial X/\partial t$ として、近似的に $\partial X/\partial t \fallingdotseq 0$ とすることができるとする。散布図の回帰直線が表す意味は、

$$y = \frac{dF}{dt} \cong \frac{\partial F}{\partial T}\frac{\partial T}{\partial t} = \frac{dF\,(T, X = X_0)}{dt} = 2.39T + 1.47$$

であり、この直線は平均的な環境条件 $X = X_0$ に対する大気中 CO_2 濃度の時間変化率 dF/dt の平均気温偏差 T に対する特性を表す直線 ab の第一次近似を示したものである。

第５章
温室効果と気温

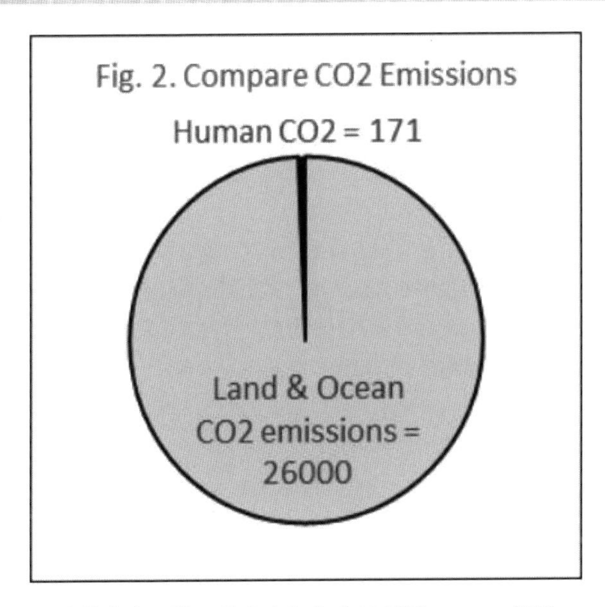

産業革命以降に放出された自然起源のＣＯ$_2$量は
人為的な放出量の１５２倍

第４章で行った人為的CO_2蓄積説の科学的な検討から、産業革命以降に観測された大気中のCO_2濃度上昇の大部分は自然現象であることが分かりました。また、槌田と近藤によるキーリングの曲線に対する分析結果から、現在の地球の気温と大気中CO_2濃度の二者関係においても、気温変動が原因となって、結果として大気中CO_2濃度が変動することが分かりました。

「産業革命以降、石炭や炭化水素燃料の燃焼によって大気中に大量に放出されるようになったCO_2の付加的な温室効果で、気温が異常に高温化している」と説明される“人為的CO_2地球温暖化という現象”は、起きていないことが科学的に確定しました。人為的CO_2地球温暖化は「虚像」だったのです。

このことは、人為的CO_2地球温暖化が実際に起きていることを前提に、「温暖化対策」として提案・実施されているCO_2放出量の規制は全く見当違いの政策であることを意味しています。

例えば、巨額の税金と割高な電力料金で運営される原子力発電所、同じように強制的に徴収される再生可能エネルギー発電促進賦課金を投入して行われる巨大なメガソーラー発電所、洋上風力発電所、大容量の送電線網の建設、さらに電気自動車や、より高額の燃料電池車の開発、水素ステーションの建設など…。これらは従来の工業生産規模を不必要に肥大化させ、資源やエネルギーの浪費を招き、本質的に環境問題を悪化させるものであり、一刻も早く止めるべきものです。

しかし現実には、国連を中心として新たな温暖化対策の世界的な枠組み（パリ協定）が合意され、“達成目標”まで示され、さらなる温暖化対策が推し進められようとしています。日本をはじめとして世界中の人々が、先進工業国の気象研究者や役人たちが結託してでっち上げた“人為的CO_2地球温暖化の脅威”という虚像の前に思考停止している間に、巨大資本や悪徳業者は「温暖化防止対策」という大義名分のもとに、全く必要のない高額な工業製品を売って（買わせて）ボロ儲けをしようとしているのです。

気象研究者や役人たちが世界中の人々を騙すために使っている魔法のキーワードが〈温室効果〉と〈コンピューター・シミュレー ション〉です。

本章では、大気中CO_2濃度の上昇による気温上昇の可能性とコンピューター・シミュレーションの予測可能性について検証します。

5-1

気体分子の運動と赤外活性

大気の温度は、大気を構成している気体分子の平均的な速度に関係しています。ここでは、気体の温度を理解するために必要な気体分子運動論の基礎的な内容を紹介します。また、大気の温室効果について理解するために必要な赤外活性の仕組みについても説明します。

分子運動と温度

気体の温度とは日常生活では暖かさの目安ですが、物理学的な定義では気体を構成する気体分子の平均的な（並進）運動エネルギーの大きさを表す指標です。

気体とは物質が示す集合状態の一つで、気体を構成する分子が自由に空間中を移動している状態のことです。しかし地球の低層大気の中では気体の分子密度が大きいことから、気体を構成する分子同士は頻繁に衝突を繰り返しており、全く自由に飛び回っているわけではありません。

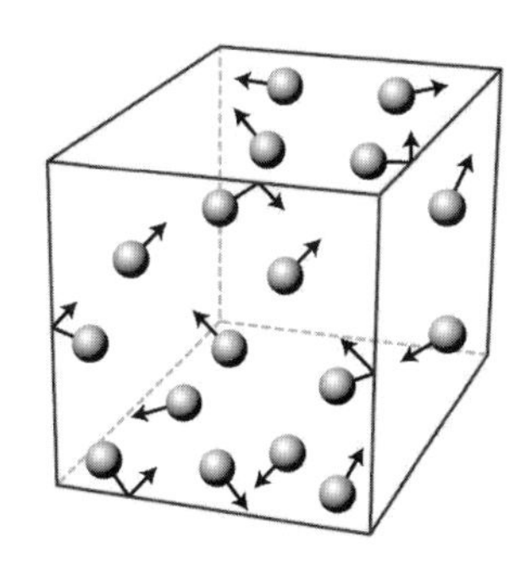

温度の低い気体

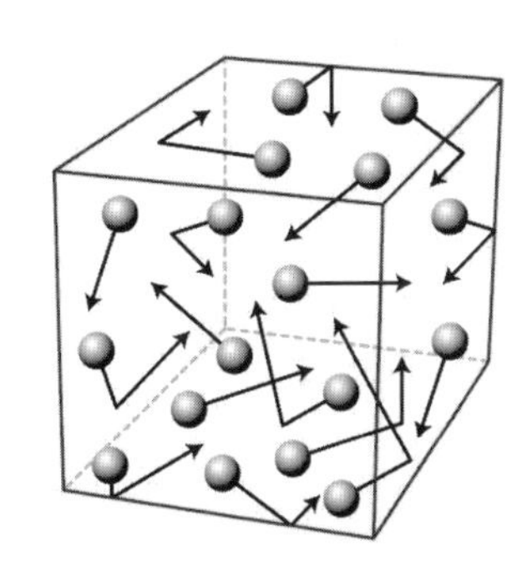

温度の高い気体

図5.1　気温と気体分子の運動量

気体分子の速度を速度ベクトル $\vec{v}(v_x, v_y, v_z)$ で表します。各座標軸方向の速度成分をそれぞれ確率変数と考えると、その確率密度関数は、ボルツマン定数を k、絶対温度を T、分子の質量を m として、正規分布 $N(0, kT/m)$ で表すことができます（233頁の解説3を参照）。

気体分子の速度ベクトルの大きさである速さ v は、次式で表されます。

$$v = |\vec{v}| = \sqrt{v_x^2 + v_y^2 + v_z^2}$$

速さ v は、図5.2に示す「マクスウェル（Maxwell）分布」という確率密度関数 $F(v)$ に従います。

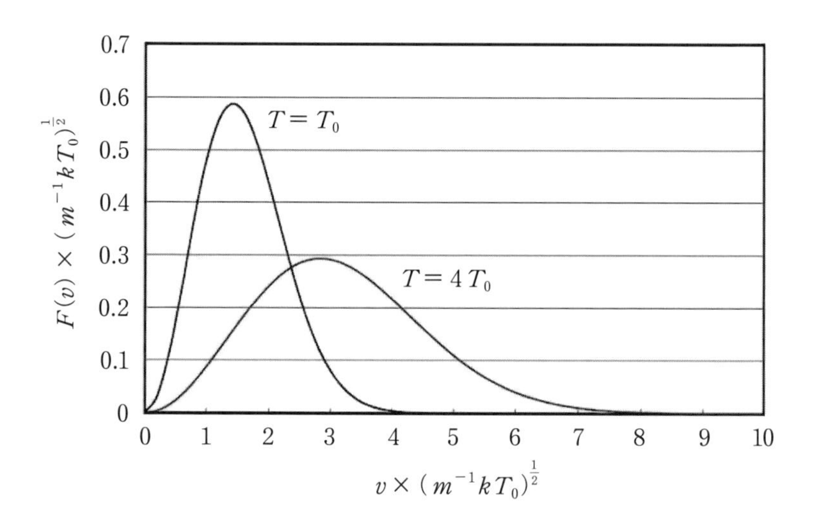

図5.2　気体分子の速さに対するマクスウェル分布

気体の密度がある程度高く、気体分子の速さがマクスウェル分布に従っている場合には、気体を多数の気体分子の集団として統計的に取り扱うことができます。このような状態を「局所熱力学平衡」と呼び、気体の温度、圧力、密度などの状態量を有限の値として定義することができます。

体積 V の気体に含まれる気体分子の数を N、気体分子の質量を m、気体分子の平均速度ベクトルを $\vec{v}(v_x, v_y, v_z)$、平均速さを v、気体の圧力を p とすると、次の関係が成り立ちます。

$$pV=\frac{1}{3}Nmv^2=\frac{1}{3}Nm(v_x^{\ 2}+v_y^{\ 2}+v_z^{\ 2})$$

気体を巨視的に見た場合、気体定数をR（≒8.314 K^{-1} mol^{-1}）、気体のモル数をn、気体の温度を$T(K)$として、次に示す状態方程式が成り立ちます。

$$pV=nRT$$

アボガドロ数をN_A（≒6.022 × 10^{23} mol^{-1}）とすると、$N=nN_A$、気体分子量 $M=N_Am$、ボルツマン定数 $k=R/N_A$（≒1.38×10^{-23} JK^{-1}）として、次の関係が成り立ちます。

$$\frac{1}{3}Nmv^2=\frac{1}{3}nN_Amv^2=nRT\quad\therefore T=\frac{N_Amv^2}{3R}=\frac{Mv^2}{3R}=\frac{mv^2}{3k}=\frac{2}{3k}\frac{mv^2}{2}$$

つまり、気体の温度Tは気体分子の平均的な並進運動エネルギー$mv^2/2$に比例するのです。

上式の関係から、$T=15$℃（＝288.2K）の大気では、分子量＝29とすると、二乗平均速度は

$$v=\sqrt{\frac{3RT}{M}}=\sqrt{\frac{3\times8.314\times288.2}{0.029}}=498(\mathrm{m/sec})$$

になります。気体分子が猛烈な速さで動いていることが分かります。

1気圧の大気中で分子が他の分子に衝突せずに進める距離は、平均68nm（ナノメートル＝×10^{-9}m）程度です。大気を構成する気体分子は平均的に、

$$t=68\times10^{-9}\mathrm{m}/498(\mathrm{m}/秒)≒1.37\times10^{-10}秒=137ピコ秒$$

に1回、他の気体分子と衝突しています。あるいは、1秒間に73億回ほど衝突を繰り返していることになります。

気体分子の自由度とエネルギー等分配則

地球の大気を構成する主な気体分子には、単原子分子であるアルゴンAr、

二原子分子である窒素 N_2、酸素 O_2、三原子分子である水蒸気 H_2O、二酸化炭素 CO_2 があります。このうち大気中の H_2O 濃度は大きく変動するため、通常は H_2O を除いた気体（乾燥大気）で大気組成を表します。

表5.1から、N_2 と O_2 だけで大気の99%以上を占めていることが分かります。

気体分子	体積比（%）
窒素 N_2	78.084
酸素 O_2	20.948
アルゴン Ar	0.934
二酸化炭素 CO_2	0.039
水蒸気 H_2O	～3.000

表5.1　対流圏の大気組成

1）単原子分子の気体

希ガスであるArは単原子分子です。Arの運動は質点の運動として表すことができるので、x、y、z の3軸方向の移動（＝並進運動）ですべての運動を表すことができます。この場合、自由度は3です。単原子分子の並進運動のエネルギーは次の式で表せます。

$$\frac{1}{2}mv^2 = \frac{1}{2}m(v_x^2 + v_y^2 + v_z^2) = \frac{3}{2}kT \qquad \because T = \frac{mv^2}{3k}$$

また、気体分子の運動は等方的なので、

$$v_x^2 = v_y^2 = v_z^2$$

です。したがって、

$$\therefore \frac{1}{2}mv_x^2 = \frac{1}{2}mv_y^2 = \frac{1}{2}mv_z^2 = \frac{1}{3}\frac{mv^2}{2} \equiv \frac{k}{2}T$$

つまり、単原子分子気体の持つ運動エネルギーは、並進運動の3軸方向の自由度に対して等しく $kT/2$ ずつ分配されているのです（1モル当たりでは $RT/2$）。

単原子分子気体の持つ運動エネルギーの合計は $3kT/2$（1モル当たりでは

$3RT/2$）です。体積が変化しない場合、単原子分子気体の運動エネルギーは温度 T に比例し、その比例定数は $3k/2$ であり、これを「定容比熱」と呼びます（1モルあたりの定容モル比熱は $3R/2$）。

2）二原子分子の気体

大気の主要な構成気体である N_2 と O_2 は二原子分子です。二つ以上の原子で構成されている気体分子は空間的な内部構造を持っているため、運動は複雑になります。

二原子分子では、重心の x 、y 、z の3軸方向の並進運動に y 軸と z 軸の周り（図5.3参照）の回転運動を加えて自由度は5です（x 軸周りの回転運動は回転慣性がほとんどゼロなので考慮しません）。この並進運動と回転運動は気体分子を構成する原子相互の相対的な位置関係が変化しない（＝変形しない）運動モードなので、「剛体運動モード」と呼びます。

二原子分子は原子同士を、例えばバネのように伸び縮みするもので繋いだ構造を持っています。このバネの伸び縮みによって原子相互の相対的な位置関係が変わる（＝変形を伴う）運動が「振動運動」です。二原子分子では振動の自由度は1です。

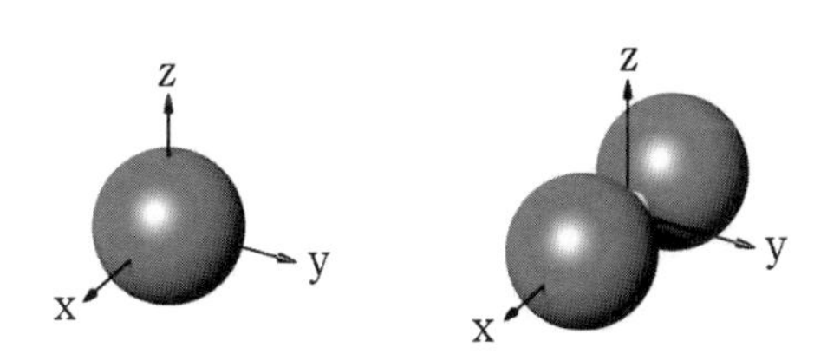

図5.3　単原子分子と二原子分子

気体分子を構成する原子相互の相対的な位置関係が変化する運動、具体的には原子間の距離の変化を伴う運動が振動モードの運動です。

3）三原子分子の気体

対流圏大気を構成する主要な三原子分子には H_2O と CO_2 があります。

H_2OとCO_2はいずれも三原子分子ですが、空間的な構造が異なります。CO_2では三つの原子が直線状に結合しているのに対して、H_2Oでは酸素原子を中心に両側に水素原子が屈曲して結合しています（図5.4）。その結果、CO_2は電気的に中性ですが、H_2Oは電気的に偏りがある極性分子になります。

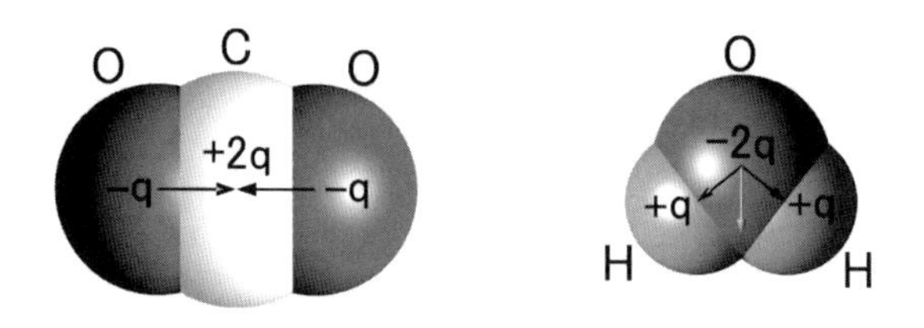

図5.4　CO_2分子とH_2O分子

以上、1）～3）に紹介した大気を構成する主要な気体分子の運動の自由度を表5.2にまとめておきます。

気体	並進	回転	振動	合計
Ar	3			3
N_2	3	2	1	6
O_2	3	2	1	6
CO_2	3	2	4(3)	9(3)
H_2O	3	3(2)	3(3)	9(5)

※括弧内は赤外活性を示す運動モード。

表5.2　大気を構成する主要な気体分子の自由度

気体の持っているエネルギーとは、各気体分子の持つ運動の自由度に分配されたエネルギーの合計です。地球の表面環境程度の温度状態では、窒素N_2と酸素O_2の振動モードに対してはエネルギーは分配されないため、実質的には5自由度と考えて差し支えありません。

気体が局所熱力学平衡の状態にあるとき、気体分子同士は頻繁に衝突を繰り返しています。分子衝突によって並進、回転、振動モードに分配されている運動エネルギーは、等価なものとして相互に転化しながら分子間で絶えず受け渡されています。

その結果、３自由度以上の自由度を持つ気体分子についても、平均的に１自由度当たり $kT/2$ のエネルギーが分配されます。これを「エネルギー等分配則」と呼びます（ただし、振動運動では運動エネルギーと同時に位置エネルギーが変化するため、１自由度に対して剛体運動の２倍のエネルギーが分配されます）。

気体の温度状態を決めるのは並進運動モードの３自由度に分配されるエネルギー量です。前述のとおり、３自由度の単原子分子の定容モル比熱は（3/2）R です。同様に、５自由度の二原子分子の持つ運動エネルギーは（5/2）RT なので、定容モル比熱は（5/2）R です。

表5.3に、対流圏大気を構成している主要な単原子分子気体と二原子分子気体について、定容モル比熱の測定値と理想気体の理論値の比較を示します。

気体		定容モル比熱 Cv($\mathrm{J\,K^{-1}mol^{-1}}$)	
		測定値	理論値
単原子分子	ヘリウム He	12.62（－180℃）	(3/2) R＝12.47
	アルゴン Ar	12.51（15℃）	
二原子分子	水素 H_2	20.29（0℃）	(5/2) R＝20.79
	窒素 N_2	20.62（16℃）	
	酸素 O_2	21.13（16℃）	

表5.3　単原子分子、二原子分子の定容モル比熱

図5.5に、温度の上昇に伴う二原子分子気体の定容比熱の変化の模式図を示します。気体温度が上昇すると定容比熱が段階的に大きくなります。

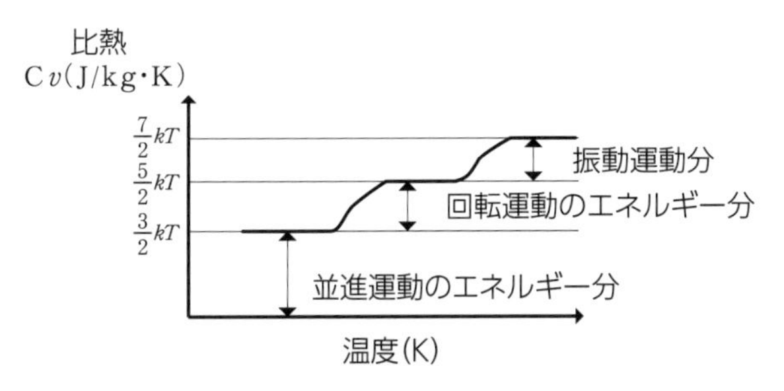

図5.5　温度状態による二原子分子の定容比熱の変化

赤外活性

赤外線は、波長およそ 0.7 ～ 1,000μm（マイクロメートル＝×10^{-6}m）の電磁波です。

気体分子のうち、三原子分子以上の多原子分子の回転モードや振動モードの運動の一部では、気体分子の持つ電気的な性質が加速度的に変動します。それに伴って、回転や振動周期に応じた赤外線領域の電磁波を放出し、また吸収します。このように気体が赤外線領域の電磁波を放射・吸収する性質を「赤外活性」と呼びます。

地球の対流圏大気に含まれる赤外活性を持つ主要な気体はH_2OとCO_2です。

1）H_2O の赤外活性

H_2Oは極性分子であり、構造的に電気的な偏りがあります。そのため剛体運動モードのうち、二つの回転モード（図5.6のx軸周りとz軸周り）で電磁波を放射・吸収します。回転運動は比較的低いエネルギー状態で容易に15μmより長波長側の広い帯域の赤外線を放射・吸収します。

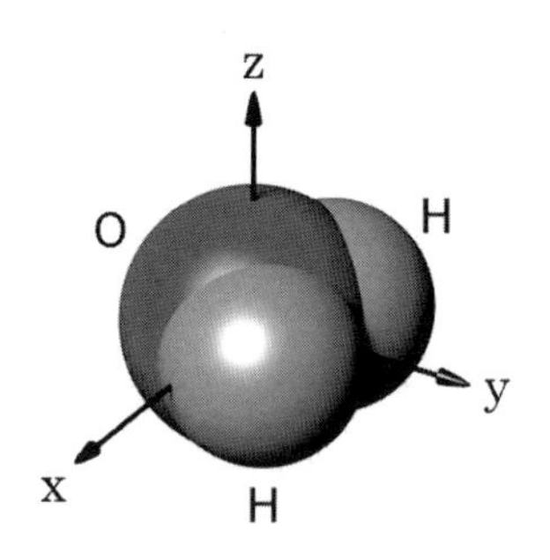

図5.6　H_2O分子の立体構造

さらに、H_2O 分子は変角、対称伸縮、反対称伸縮の三つの基準振動モードで、それぞれ波長6.27μm、2.73μm、2.66μm の赤外線を放射・吸収します（図5.7）。

気体分子の赤外線の吸収スペクトルは輝線スペクトルになるように思われますが、実際には気体分子は大気の中を高速で移動しているため、ドップラー効

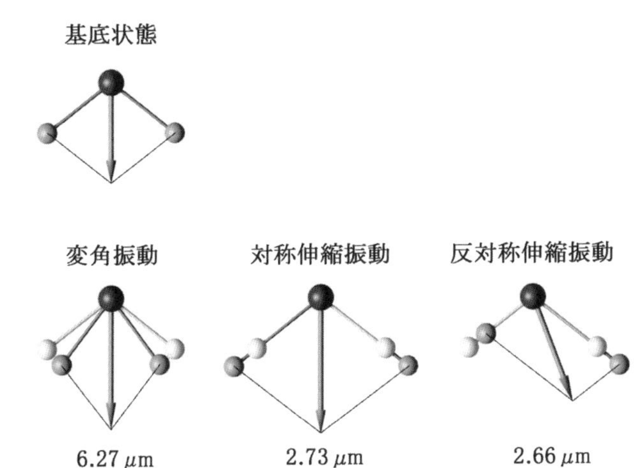

矢印で示すベクトルは電気双極子モーメント。運動によって電気双極子モーメントが加速度的に変動するときに電磁波を放射する。H_2O分子は基底状態で電気双極子モーメントがゼロではない極性分子なので、回転運動でも電磁波を放出する。

図5.7　H_2O分子の振動モード

果で固有振動数に対する波長の周辺である程度の幅を持っています（図5.8）。

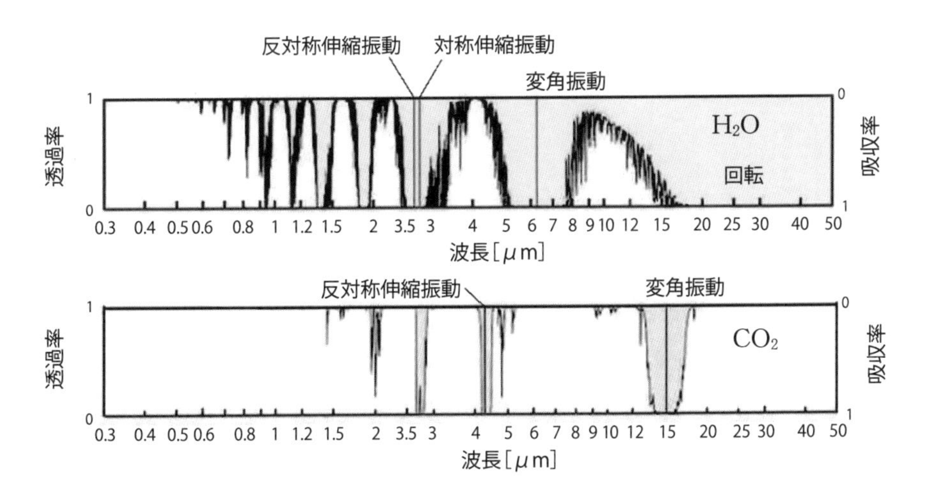

図5.8　H_2OとCO_2の赤外線放射・吸収特性

H_2Oは対流圏大気下層では赤外活性気体として圧倒的に量が多いために（数1,000～30,000ppm 程度）、大気の地表面からの赤外線吸収において90%以上を担っています。

2）CO_2の赤外活性

CO_2は直線構造を持つ無極性分子で、剛体運動モードでは赤外活性はありません。変角（2自由度）、反対称伸縮の二つの基準振動モード（図5.9）で、それぞれ波長15.01μm、4.26μmの赤外線を放射・吸収します（図5.8）。対称伸縮振動では電気双極子モーメントがゼロなので赤外活性はありません。

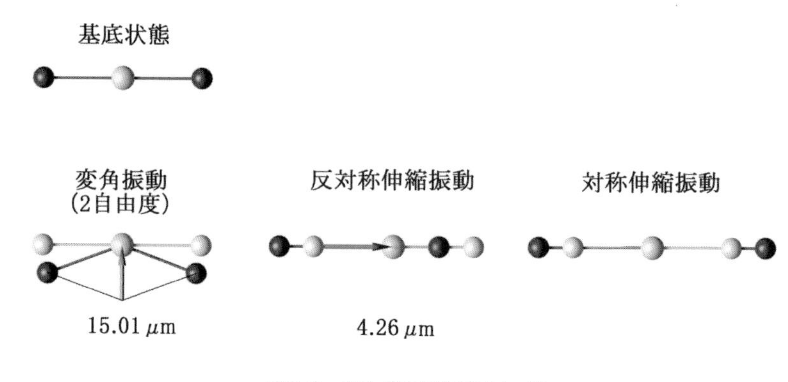

図5.9　CO_2分子の振動モード

5 - 2

地球の対流圏大気の温室効果について

～赤外活性気体による温室効果の仕組み

赤外活性を持つ気体分子を含む大気が、地表面環境を保温する性質のことを「温室効果」と呼びます。

大気に含まれているH_2OやCO_2などの赤外活性気体は、それぞれ固有の波長の赤外線を吸収して、そのエネルギーを分子衝突を介して大気を構成するすべての気体分子に分配することで大気を暖めます。

同時に、赤外活性気体は温度状態に応じて赤外線を放射しています（熱放射)。地表面に近いところで放射された赤外線は地表面を暖め、大気上層で放射された赤外線は宇宙空間にまで達して放熱します。

このような、大気に含まれている赤外活性気体による熱現象の総体が「温室効果」です。

ここでは、①地球大気の温室効果がどの程度なのかを確認し、②大気中のCO_2濃度の変化によって大気の温室効果が大きく変化する可能性があるのかどうかを検討します。

大気の温室効果による気温の上昇はどの程度か

～温室効果がなければ地球の平均気温はマイナス18℃

地球大気に温室効果がなければ、地表面の平均気温は－18℃（＝255K）になると言われています。これは地球の受け取る平均的な有効太陽放射に対する放射平衡温度Tを計算したものです。地球の受け取る有効な太陽放射S_eを

$$S_e = \frac{1{,}366\,\mathrm{W/m^2}}{4} \times 70\% = 239.05\,\mathrm{W/m^2}$$

として、放射平衡温度をステファン・ボルツマンの式から求めます。

$$S_e = T^4 \times 5.67 \times 10^{-8} \qquad \therefore T = 254.8K = -18.4℃$$

実際の地球の平均気温は15℃程度だと言われているので、地球の気温はこの温室効果で約33.4℃高くなっていることになります。

１節で述べたように、大気の温度とは大気を構成する気体分子の平均的な並進運動エネルギーの大きさの指標です。気温が33.4℃上昇するということは、地表面付近の大気を構成する気体分子の並進運動エネルギーがそれだけ大きくなっていることを示しています。

地球大気は可視光線に対してはほとんど透明なので、可視光線を中心とする太陽放射は主に地表面を暖めます。大気に温室効果がない場合には、有効太陽放射に対して地表面放射が平衡するように放熱します。したがって、地表面の温度≒気温は放射平衡温度である－18.4℃になります。

大気に温室効果がある場合には、主に対流圏上層大気に含まれる赤外活性気体からの低温赤外線放射で放熱します（図3.2参照）。大気の温度が放射平衡温度を示す標高から地表面までの間の温度分布は、平均的な温度減率に従って高くなります。したがって、温室効果がない場合に比べると、地表面付近の大気温度である気温は高くなります。また、大気が厚いほど気温は高くなります。

図3.2から、対流圏大気上層からの熱放射の放射平衡温度は－31℃です。気温を15℃、対流圏の温度減率を6.5℃/kmとすると、大気温度が－31℃になる標高は7,000 m程度です。仮に地球大気が厚くなり放射平衡温度を示す標高が高くなれば、それだけ気温は上昇します（３節参照）。

対流圏大気の赤外線放射は熱放射
～分子運動論から見た大気の中の熱現象について

ここで分子運動論から見た対流圏大気の中で起こっている熱現象について概観しておくことにします。最も重要な条件は、対流圏大気は局所熱力学平衡状態にあるということです。気体分子の速さはマクスウェル分布に従い、圧力、温度、密度などの状態量が有限の値として測定可能です。

対流圏の大気には水蒸気H_2Oを主体とする赤外活性気体が含まれています。平均的には地球の表面からの赤外線放射の90％程度が赤外活性を持つ気体分子（や雲）に捕捉され、大気を暖めます（図3.2参照）。

地表面放射（赤外線）を吸収した赤外活性気体は、大気の平均的なエネルギー状態に比べて高いエネルギー状態（励起状態）になります。励起状態は不安定であり、吸収したエネルギーを何らかの形で放出して安定な基底状態に戻ります。

励起状態からエネルギーを放出して基底状態に戻るプロセスのことを「緩和過程」と呼びます。この緩和過程は大きく分けると、吸収した赤外線から得たエネルギーを再び赤外線として射出して失活する「放射緩和過程」と、放射を伴わない「無放射緩和過程」の二つに分類されます。

赤外活性気体が赤外線を吸収して励起状態（振動励起）となり、放射緩和過程で再び赤外線を射出して基底状態に戻るまでにかかる時間（緩和時間）は、ミリ秒（$\times 10^{-3}$秒）のオーダーです。放射緩和過程による失活は熱現象を伴わないことから、「冷光」あるいはルミネッセンス（luminescence）と呼ばれています。

例えば、両極で見られるオーロラがルミネッセンスです。大気を構成する窒素や酸素が太陽風の荷電粒子と衝突して励起され、基底状態に戻るときに発光します。オーロラが現れるのは高度100km以上の高空で大気圧は地上の百万分の一以下であり、分子密度は極めて希薄です。

対流圏大気の中で起こる主要な緩和過程は、放射を伴わない分子衝突による失活です。地表面付近（1気圧、15℃）で大気を構成する気体分子同士が衝突する時間間隔は平均的に100ピコ秒（$\times 10^{-10}$秒）のオーダーです。

対流圏大気の中では、地表面放射を吸収して励起された赤外活性気体が放射緩和過程で失活するより前に数千万回の分子衝突が起こります。したがって、地表面放射を吸収して励起状態にある赤外活性気体は分子衝突による無放射緩和過程で失活するのであって、放射緩和過程で失活することはありません。

こうして、大気に含まれる赤外活性気体が捕捉した地表面放射のエネルギーは、分子衝突を介して速やかに大気を構成するすべての気体分子の運動エネルギーとして分配され、大気を構成する気体分子の持つ運動エネルギーが増加し、大気が暖められます。

＊

対流圏大気の中で起こる赤外線の放射・吸収現象とは、大気の温度状態に応じてエネルギー等分配則に従って赤外活性気体分子に分配されたエネルギーの一部が、赤外活性を示す運動モードに応じて定常的に赤外線を放射・吸収する熱放射です。

大気は、太陽放射、地表面放射、地表面との熱伝導、蒸発潜熱によって暖められ、同時に、大気上端からの宇宙空間への熱放射、下端からの地表面への熱放射によって放熱しています。気象現象で注目されている大気から地表面に向かう赤外線放射は大気の温度状態によって決まる定常的な熱放射であり、地表面放射とは直接的な関係はありません。

赤外活性気体の濃度と大気からの熱放射
～CO_2濃度がさらに上昇しても温室効果が増大することはない

大気からの熱放射I_Aは、大気の射出率＝ε（＜1.0）として、ステファン・ボルツマンの式から次のように表すことができます。

$$I_A = \varepsilon \cdot \sigma \cdot T^4$$

大気の赤外線の射出率εは赤外活性気体の濃度に依存します。

人為的CO_2地球温暖化説では、CO_2濃度が上昇すると大気の温室効果が無制限に増大するかのような説明をしています。しかし、CO_2は変角振動と反対称伸縮振動という固有の振動モードに対応する波長15.01μmと波長4.26μm付近の限られた波長帯域の赤外線だけを放射・吸収します。また、熱放射の強さは大気の温度状態と射出率に依存します。いくら大気中のCO_2濃度が上昇しても、赤外活性気体の射出率は$\varepsilon < 1.0$であり、黒体放射（ステファン・ボルツマンの法則から見積もられる黒体の熱放射）を越えることはありません。

CO_2による地表面放射の吸収で最も重要なのは波長15μm付近（変角振動）の帯域です。この帯域の中心では現在のCO_2濃度ですでに吸収率は100%です（図3.4参照）。したがって、これ以上大気中のCO_2濃度が上昇しても捕捉される地表面放射が顕著に増えることはありません。

電磁波の放射・吸収現象では、吸収率と射出率は等しくなります（キルヒホッフの法則）。したがって、地表面放射の吸収量が飽和すれば、大気中のCO_2濃度がそれ以上上昇としたとしても、地表面に到達する大気からの熱放射が増大することはありません。

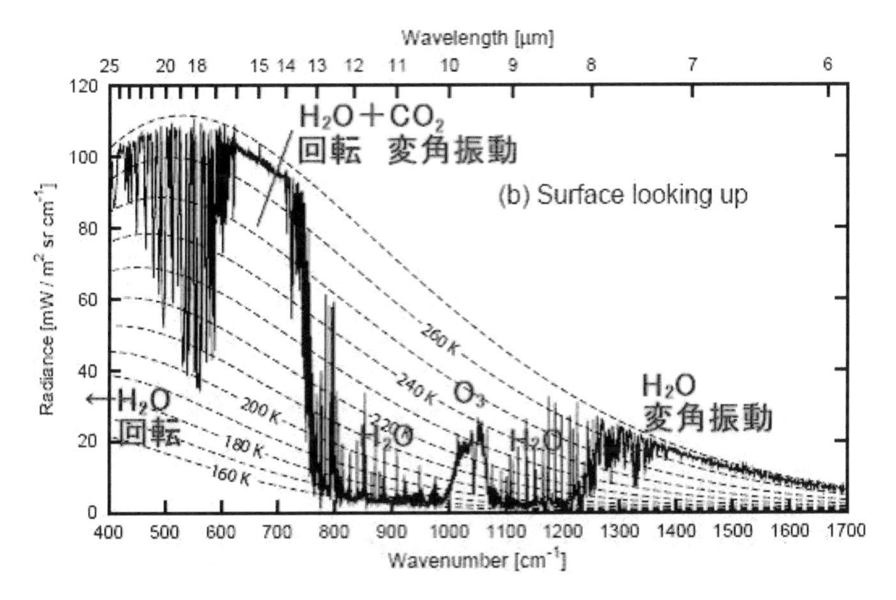

図5.10　地球表面で観測した大気からの下向き赤外線放射（原図：David Tobin, Space Science and Engineering Center, University of Wisconsin. Madison）

図5.10は、地表面で観測した大気からの下向き赤外線放射の遠赤外線領域のスペクトルです。破線で示した曲線は、各温度に対する黒体の放射スペクトルを示しています。観測されたスペクトルの包絡線は270K（－3.2℃）の黒体の放射スペクトルよりも少し低い程度の温度を示しています。

大気の窓領域（8μm～12μm）の放射は小さく、16μm～25μmの帯域では放射は不安定です。これは大気中のH_2O濃度が低いことを示しています。

これに対してCO_2の変角振動に対応する15μm付近の帯域では放射照度は安定しています。これはCO_2濃度が十分高いことを示しています。

以上から、大気中のCO_2濃度はすでに15μm付近の赤外線を放射・吸収するのに十分な濃度であり、したがって、CO_2濃度が今以上に上昇しても温室効果が顕著に大きくなることはありません。

5-3

地球大気の温室効果についての「虚妄」
～国立環境研究所、江守正多の主張を検討する

ここまで、地球大気に含まれる赤外活性気体による温室効果の仕組みについて見てきましたが、大気中の CO_2 濃度が多少高くなったとしても、温室効果が著しく大きくなり気温が上昇するという現象は起こり得ないことが分かりました（もちろん、地球大気が厚くなり地表面の大気圧が顕著に高くなるほどの増加であれば別ですが…。後述）。

しかし、政治的な目的から人為的 CO_2 地球温暖化の脅威を煽り立てている気象学者や各国政府にとっては、このような科学的認識が国民各層に共有されることはとても都合の悪いことです。そのような思惑から、人為的 CO_2 地球温暖化説の正当性を主張する研究者や官僚たちは自説に対する自然科学的な視点からの真摯な議論が広まることを恐れ、さまざまな手段を講じて打ち消しにかかっています。第4章で紹介した東京大学IR3S/TIGS叢書No.1として税金で刊行された『地球温暖化懐疑論批判』もその一つです。

ここでは上記の本の共著者の一人である江守正多氏が国立環境研究所のホームページに掲載している「ココが知りたい地球温暖化　Q８：二酸化炭素の増加が温暖化をまねく証拠」を参考例として、彼らの温室効果についての主張を検討することにします。まず、江守氏の解説を全文引用しておきます。

ココが知りたい地球温暖化

温暖化の科学　温暖化の影響　温暖化の対策

Q8 二酸化炭素の増加が温暖化をまねく証拠

本稿に記載の内容は2010年12月時点での情報です

二酸化炭素が増えると地球が温暖化するというはっきりした証拠はあるのですか。

私が答えます！　江守正多

地球環境研究センター 温暖化リスク評価研究室長
（現 地球環境研究センター 気候変動リスク評価研究室長）

将来の温暖化とまったく同じ状況は過去になかったわけですから、裁判における証拠のような、完全に実証的な意味での証拠はありません。しかし、はっきりした「物理学的な根拠」ならあります。そして、その根拠をわかりやすく示すいくつかの証拠もあげることができます。

http://www.cger.nies.go.jp/ja/library/qa/4/4-1/qa_4-1-j.html

●温室効果が地表をあたためることの「証拠」

まず、地球の地表付近の温度はどのように決まっているのでしょうか。一般に、物体は、その温度が高いほどたくさんのエネルギーを赤外線として放出します。そして、地表の温度は、地表がうけとるエネルギーとちょうど同じだけのエネルギーを放出するような温度に決まっています[注1]。なぜなら、もしも地表の温度がそれより高ければ、放出するエネルギーがうけとるエネルギーを上回るので、地表が冷えて、結局、エネルギーの出入りがつりあう温度におちつくはずだからです。地表の温度がそれより低かった場合も同様です。

さて、宇宙からみると、地球は太陽からエネルギーをうけとり、それとほぼ同じだけのエネルギーの赤外線を宇宙に放出しています（図1)。もしも地球の大気に「温室効果」がなかったら、地表は太陽からのエネルギーのみをうけとり、それとつりあうエネルギーを放出します（図 1a)。このとき、地表付近の平均気温はおよそ－19℃になることが、基本的な物理法則から計算できます[注2]。しかし、現実の地球の大気には温室効果があることがわかっています。すなわち、地表から放出された赤外線の一部が大気によって吸収されるとともに、大気から地表にむけて赤外線が放出されます。つまり、地表は太陽からのエネルギーと大気からのエネルギーの両方をうけとります（図1b）。この効果によって、現実の地表付近の平均気温はおよそ14℃になっています。したがって、実際に地球の気温が－19℃ではなく14℃であることが、大気の温室効果が地球をあたためることの「証拠」であるといえるでしょう。

●二酸化炭素（CO_2）が増えると温室効果が増えることの「証拠」

ところで、大気中における赤外線の吸収、放出の主役は、大気の主成分である窒素や酸素ではなく、水蒸気[注3]や CO_2 などの微量な気体の分子です。赤外線は「電磁波」の一種ですが、一般に、分子は、その種類に応じて特定の波長の電磁波を吸収、放出することが、物理学的によくわかっています。身近な例としては、電子レンジの中の食品があたたまるのは、赤外線と同様に電磁波の一種であるマイクロ波が電子レンジの中につくりだされ、これが食品中の水分子によって吸収されるためです。

ここで、つぎのような疑問がわくかもしれません。「仮に、地表から放出された

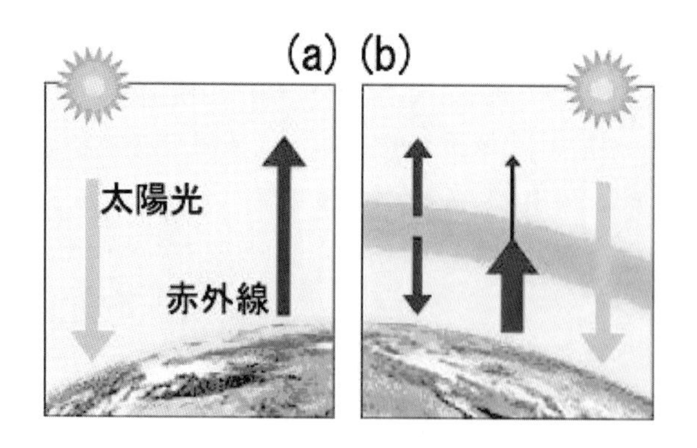

図1　(a) もしも温室効果がなかったら地表は太陽エネルギーのみをうけとる（矢印の線の太さがエネルギーの量を表す）(b) 実際は温室効果があるので地表は大気からのエネルギーもうけとる

赤外線のうち、CO_2によって吸収される波長のものがすべて大気に一度吸収されてしまったら、それ以上CO_2が増えても温室効果は増えないのではないだろうか？」これはもっともな疑問であり、きちんと答えておく必要があります。実は、現在の地球の状態からCO_2が増えると、まだまだ赤外線の吸収が増えることがわかっています。しかし、そのくわしい説明は難しい物理の話になりますのでここでは省略し、もうひとつの重要な点を説明しておきましょう。仮に、地表から放出された赤外線のうち、CO_2によって吸収される波長のものがすべて一度吸収されてしまおうが、CO_2が増えれば、温室効果はいくらでも増えるのです。なぜなら、ひとたび赤外線が分子に吸収されても、分子からふたたび赤外線が放出されるからです[注4]。そして、CO_2分子が多いほど、この吸収、放出がくりかえされる回数が増えると考えることができます。図2は、このことを模式的に表したものです。CO_2分子による吸収・放出の回数が増えるたびに、上向きだけでなく下向きに赤外線が放出され、地表に到達する赤外線の量が増えるのがわかります。

その極端な例が金星です。もしも金星の大気に温室効果がなかったら、金星の表面温度はおよそ－50℃になるはずですが[注5]、CO_2を主成分とする分厚い大気の猛烈な温室効果によって、実際の金星の表面温度はおよそ460℃になっています。これは、地球もこれからCO_2がどんどん増えれば、温室効果がいくらでも増えることができる「証拠」といえます。

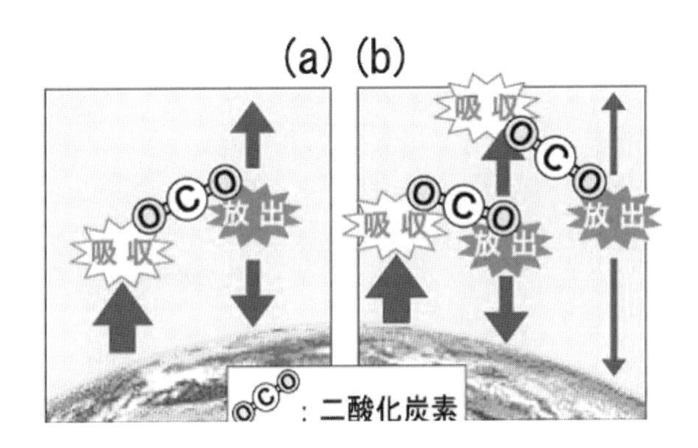

図2　(a) CO_2分子は、赤外線を吸収するだけでなく放出する (b) 赤外線を吸収・放出するCO_2分子の量が増えれば、地表に届く赤外線は増える

●「実際にどれだけ温暖化するか？」には不確かさがある

このように「CO_2が増えると温暖化する」ことの根拠ははっきりしています。ただし、以上の説明は、CO_2以外の要因が温暖化を、少なくとも部分的に、打ち消す可能性を否定するものではありません。たとえば、大きな火山が噴火すれば、火山ガスから生成するエアロゾル（大気中の微粒子）が日射を反射するため温暖化は一時的に抑制されますが、火山の噴火は予測不可能です。また、温暖化にともない雲が変化するなどの「フィードバック」[注6]が、現在の科学ではまだ完全には理解されていません。したがって、何らかのフィードバックにより温暖化が小さめにおさえられる可能性は否定できません。これらの要因があるため、「実際にどれだけ温暖化するか」の予測には不確かさがあることに注意しておきましょう。かといって、何らかのフィードバックにより温暖化が大きく加速される可能性も同様に否定できませんので、予測に不確かさがあることは、決して温暖化問題を過小評価してよいことを意味しません。

注1 地表からは赤外線以外にも熱や水蒸気の形でエネルギーが放出されます（顕熱、潜熱とよばれます）が、ここではそのくわしい説明は省略します。これらを考えに入れたとしても、地表温度が高いほどたくさんのエネルギーが放出されます。

注2 簡単化のため、地表から放出するエネルギーをすべて赤外線とした場合の計算値です。

注3 水蒸気の役割についての説明は、ココが知りたい地球温暖化「水蒸気の温室効果」をご覧ください。水蒸気の存在を考えに入れても、今回の説明の内容に本質的な影響はありません。

注4 正確には、分子が吸収した赤外線のエネルギーは分子間の衝突により、玉突きのように別の分子に受けわたされていき、別の分子から赤外線が放出される可能性が高いです。これを考えに入れても、今回の説明には本質的な影響はありません。

注5 金星は地球より太陽に近いですが、太陽のエネルギーのおよそ8割が雲などによって反射されてしまうので（地球の場合はおよそ3割）、温室効果がなかった場合の温度はこのように地球よりも低くなります。

注6 一般には、結果が原因にはねかえることをいいます。ここでは、気温の上昇によって引き起こされた現象が、さらに気温を上げたり下げたりする働きのことです。

さらにくわしく知りたい人のために

・小倉義光（1999）一般気象学（第5章「大気における放射」）.
・東京大学出版会. 柴田清孝（1999）光の気象学. 朝倉書店.（こちらはかなり専門的です）
・2007.03.01 地球環境研究センターニュース2007年2月号に掲載
・2010.12.16 内容を一部更新

註）文中下線は近藤による。

以上に引用した江守氏の主張（解説）の中で、下線を引いた部分について検討することにします。

低層大気の中でCO_2による赤外線の「再放射」はあるのか　～地表面放射のほとんどを保持するのは赤外活性のないN_2やO_2分子

まず、「実は、現在の地球の状態からCO_2が増えると、まだまだ赤外線の吸収が増えることがわかっています。しかし、そのくわしい説明は難しい物理の話になりますのでここでは省略」について。

江守氏が省略してしまった「難しい物理の話」が何を指しているのか、全く想像がつきません。大変重要なことなので、難しくても国家公務員の責任として可能な限り国民に説明すべきだと考えます。

次に、江守氏の「ひとたび赤外線が分子に吸収されても、分子からふたたび赤外線が放出されるからです。」という主張について。

この江守氏の説明文や図２は、地表面放射を吸収してエネルギー的に励起された大気中のCO_2分子が赤外線を放射することでエネルギーを失って基底状態に戻る「放射緩和過程」で失活するような誤解を与えるものです。

気体分子密度が高く《局所熱力学平衡状態》にある低層大気の中では、地表面放射のエネルギーを吸収して振動励起したCO_2分子は、赤外線を放射して失活する前に、頻繁に起こる分子衝突によってエネルギーを放出する「無放射緩和過程」によって失活します。

江守氏はこっそり欄外の“注4”で「分子が吸収した赤外線のエネルギーは分子間の衝突により、玉突きのように別の分子に受けわたされていき、別の分子から赤外線が放出される可能性が高いです。」として分子衝突によって失活することを認めています。この説明は赤外活性を持つ気体分子、ここではCO_2分子が吸収した地表面放射のエネルギーが分子衝突によって下層大気を構成する気体分子に引き渡され、その結果として定まる温度状態の気体分子同士の衝突で赤外活性を持つ気体分子が励起されて赤外線を放射するという大気の熱放射そのものであり、江守氏の意に反して、地表面放射を吸収したCO_2分子の再放射を否定する内容です。もう少し江守氏の説明を見ていくことにします。

江守氏は「CO_2分子が多いほど、この吸収、放出がくりかえされる回数が増えると考えることができます。図2は、このことを模式的に表したものです。CO_2分子による吸収・放出の回数が増えるたびに、上向きだけでなく下向きに赤外線が放出され、地表に到達する赤外線の量が増える」と主張しています。

局所熱力学平衡状態にある低層大気の中では、分子衝突や赤外線の放射・吸収によってエネルギーの授受が無限に繰り返されています。その結果として、大気を構成する気体分子の平均的なエネルギー状態はエネルギー等分配則に従い、それに応じた温度が定まります。低層大気からの赤外線放射は、大気の温度に応じた定常的な熱放射です。これは図5.10（213頁）で示した地表面で観測した大気からの下向きの赤外線放射スペクトルが黒体の放射スペクトルの分布によって近似できることからも明らかです。

したがって、大気からの赤外線放射が温度と無関係に「CO_2分子による吸収・放出の回数が増えるたびに、上向きだけでなく下向きに赤外線が放出され、地表に到達する赤外線の量が増える」ことはありません。

熱放射では、物体の吸収したエネルギーよりも放射するエネルギーが大きくなることはありません。江守氏の説明の前提は「地表から放出された赤外線のうち、CO_2によって吸収される波長のものがすべて大気に一度吸収され」ていることです。したがって、低層大気中のCO_2濃度がさらに上昇しても、これ以上吸収される赤外線がないので大気の温度が上昇することはなく、熱放射が大きくなることもありません。

大気が地表面からの赤外線放射を吸収して暖まるという現象は、赤外線を吸収して励起された赤外活性気体分子の受け取ったエネルギーが分子衝突によってN_2やO_2を中心とする大気を構成する気体分子の並進運動のエネルギーとして再分配されていることを示しています。このときの赤外活性気体の役割は、地表面放射を一旦捕捉して、これを大気の大部分を占めている赤外活性を持たない気体分子に引き渡すことです。地表面放射のエネルギーの大部分を保持しているのは赤外活性を持たないN_2分子やO_2分子なのです。

江守氏が言うように、CO_2分子の間で赤外線の放射・吸収が繰り返されて、N_2やO_2などの気体分子の並進運動に対してエネルギーが分配されなければ、大気の温度は上昇しません。また、局所熱力学平衡状態の低層大気の中で、地表面放射を吸収したCO_2分子の赤外活性を示す振動モードの運動だけが高いエネルギー状態を持続することはエネルギー等分配則に反する状態であり、起こり得ないのです。

金星はなぜ暑い？
～大気組成と大気圧を意図的に混同

また、江守氏は「金星の大気に温室効果がなかったら、金星の表面温度はおよそ－50℃になるはずですが、CO_2を主成分とする分厚い大気の猛烈な温室効果によって、実際の金星の表面温度はおよそ460℃になっています。これは、地球もこれからCO_2がどんどん増えれば、温室効果がいくらでも増えることができる「証拠」といえます。」と述べています。

どのような惑星でも、大気の外縁は極低温の宇宙空間に接しています。地球大気と金星大気の相違点は二つです。第一は、地球の表面気圧が1気圧であるのに対して、金星の表面気圧が92気圧であることです。第二は、地球の大気組成ではCO_2濃度が 400ppm＝0.04％ であるのに対して、金星大気ではCO_2濃度が 96.5％＝965,000ppm であることです。

ところで江守氏の説明では、金星の表面温度が高い原因が地球に比べて大気組成に占めるCO_2濃度が高いからなのか、あるいは気圧が高いからなのかを判断することができません。江守氏は曖昧な表現で大気組成と大気圧という二つの異なる内容を敢えて混同させています。ここでは二つをそれぞれ個別に検討することにします。

まず、大気組成について考えます。例えば火星の大気組成をみると、CO_2濃度は金星とほとんど同じ95％です。ところが火星表面の平均気温は－63℃です。これは、火星の表面気圧が0.01気圧程度と大気が非常に薄いためです。惑星の表面温度を決めているのはCO_2濃度ではないことが分かります。

次に、大気圧の効果を考えます。金星大気を100％二酸化炭素だと仮定した場合の乾燥断熱減率は次の通りです。

$$\frac{g}{C_P} \cong \frac{8.87\,(\mathrm{m \cdot sec^{-2}})}{980\,(\mathrm{m^2 \cdot sec^{-2} \cdot K^{-1}})} = 9.1\,(\mathrm{K/km})$$

金星大気の乾燥断熱減率は地球大気と同程度です。金星探査衛星によって観測された金星大気の実際の鉛直温度分布と、比較のために地球大気の鉛直温度分布を図5.11に示します。金星大気下層の実際の温度減率は、上式で計算した乾燥断熱減率よりも少し小さい程度です。

地球大気の厚さが金星と同程度であった場合の気温を推定してみます。地球の対流圏大気の乾燥断熱減率 9.8K/km を適用します。図5.11に示すように地球大気の厚さが金星程度にもう 50km ほど厚ければ、気温は

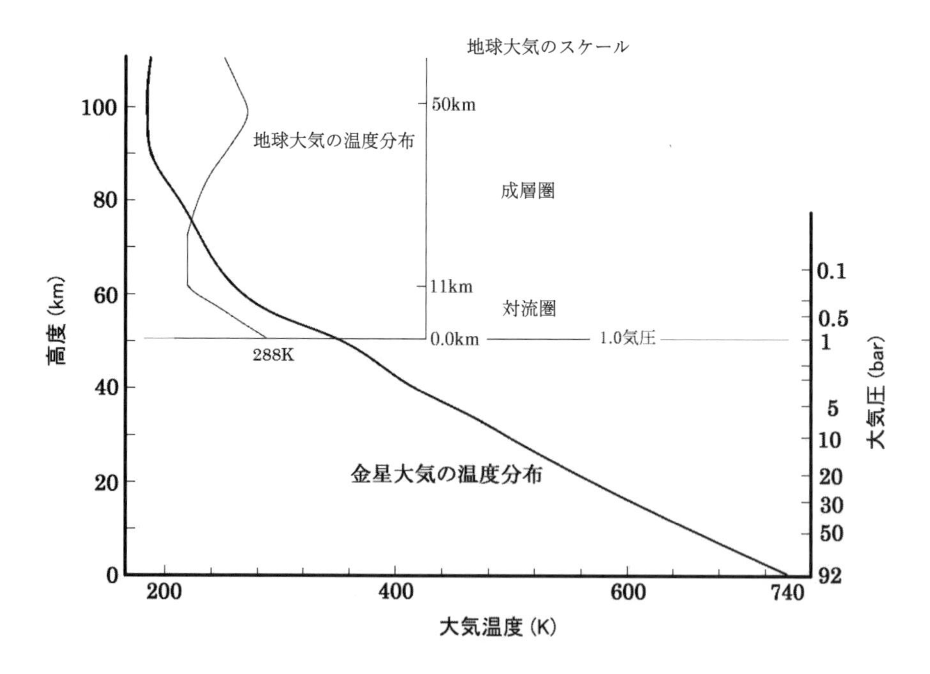

図5.11　地球と金星の下層大気の鉛直温度分布

$$288\mathrm{K}+9.8\mathrm{K/km}\times 50\mathrm{km}=778\,\mathrm{K}>740\,\mathrm{K}$$

になります。

以上から、地球と金星の表面温度が大きく違う最大の要因は温室効果ではなく、大気圧の違いだということが分かります。

検証のために簡単な計算をしてみます。理想気体の断熱圧縮に対して、ポアソンの法則が成り立ちます。

$$T=a\cdot p^{\frac{\gamma-1}{\gamma}}\qquad a\text{は比例定数}$$

γ は比熱比であり、CO_2では1.30です。金星表面付近の大気のCO_2濃度を100％と仮定して、$T=740\mathrm{K}$、$p=92$気圧とすると比例定数は、

$$a=\frac{740}{92^{\frac{0.3}{1.3}}}=260.6$$

金星表面付近の大気を断熱的に１気圧にまで減圧した場合の温度は次のように計算できます。

$$T=260.6\times 1.0^{\frac{0.3}{1.3}}=260.6\mathrm{K}=-12.6℃$$

金星の表面付近の $T=740\mathrm{K}$、$p=92$気圧の大気を、地球の表面付近の１気圧にまで断熱的に減圧すると、地球大気の地表面付近の気温よりもかなり低温になります。つまり、金星の表面温度が地球よりも高温である理由は、高いCO_2濃度による温室効果ではなく、金星表面の気圧が高いからなのです。

＊

人為的CO_2地球温暖化説の正当性を主張する江守氏の論証は、残念ながらどれも自然科学的な評価に堪えない内容であり、見当はずれだと言うしかありません。

人為的CO_2地球温暖化説の正当性を主張する人たちに残された唯一の拠り所は、幼稚な数値モデルを使った余人には検証の機会さえない超高速コンピューターの中での気候シミュレーションの恣意的な結果だけ、ということです。

5-4

気候を模倣できない気候予測シミュレーション

近年のコンピューターの演算能力の向上には確かに目を見張るものがあります。しかし、自然科学者が超高速コンピューターのために設計したプログラムによるシミュレーションの結果が、必ずしも正しいとは限りません。「シミュレーション」とは「模擬実験」あるいは「模型実験」のことです。実物を使って実験することの困難な事象に対して、実物を模倣した模型を使って実験を行うことで、実物で起こる現象に対する理解を深めることを目的に行います。

模型には、実物を縮小した実体のある模型と、対象となる事象に成り立つ理論体系を数式で表す「数値模型＝数値モデル」があります。数値モデルはコンピューター・コードにして、コンピューターの仮想空間の中にモデルを構築して実験を行います。これを「数値実験」あるいは「コンピューター・シミュレーション」と呼びます。

縮小した実体模型を使った実験では、必ず何らかの有用な結果を得ることができます。しかし、数値モデルを使ったコンピューターの仮想空間の中で行われる実験では、数値モデルが現実の現象を正しく反映していない場合や数値計算誤差が蓄積しやすい場合などには、現実には起こり得ない結果になる危険性があるため、結果を慎重に吟味する必要があります。

コンピューター・シミュレーションとは詰まる所、既知の理論やデータに基づいて定めた計算方法にそって、単純な計算を繰り返しているにすぎません。それは万能の予言装置ではないのです。適切に数式に表すことのできない現象や未知の現象、あるいは不確定な条件を含む遠い将来の気候を予測する能力など、はなから持ち合わせていないのは当然のことです。１週間先の天気さえ正確に予測できない幼稚なコンピューター・シミュレーション技術を用いて、100年先の気候を再現することは不可能なことなのです。

ここでは、気象現象に対してコンピューター・シミュレーションを適用することの問題点を示すことにします。

誤った数値モデルでも望み通りの結果が得られる「パラメータ化」という魔法 ～自然現象の再現・模倣ではなく

第1章から第3章で行った過去の気候変動の痕跡の分析や気象観測データの検証から、20世紀の気温上昇は産業革命以前の気温変動と比較して特異なものではなく、自然現象の枠内の変動であったことが分かりました。第4章の検討から、20世紀の大気中CO_2濃度の上昇の主因は気温の上昇によるものであることも分かりました。さらに前節までの検討で、大気中CO_2濃度の上昇による付加的な温室効果によって顕著な気温上昇が起こる可能性がないことも明らかになりました。

こうして人為的CO_2地球温暖化説に残された唯一の拠り所は、超高速コンピューターによる数値モデルを用いた気候シミュレーションの結果だけ、ということになりました。

ところで、現在の気候シミュレーションは人為的CO_2地球温暖化説が正しいとする前提で組み立てられた数値モデルで計算されています。しかしこれまでの検討から、人為的CO_2地球温暖化説は自然科学的に完全に誤りであることが明らかになりました。それでは《誤った理論に基づいた数値モデルを使って、過去の気温変動が正しく再現できる》とは、どういうことなのでしょうか？

数値モデルを使った気候予測シミュレーションでは、数値モデルに内部化することのできない（＝自明ではない）状態量などの変数に対して、数値モデル設計者による恣意的な操作が組み込まれています。このような操作を一般的に「パラメータ化」と呼びます。現在行われている気候変動のコンピューター・シミュレーションとは、自然現象の再現・模倣ではなく、状態量などの変数＝パラメータを調整することによってモデル設計者にとって望ましい結果を描くために仕組まれた出来レースなのです。

パラメータの調整を行うことによって過去の気候変動を摸倣できたように見えたとしても、将来の気候変動を適切に予測することは論理的に不可能です。

気候予測シミュレーションは不可能
～「数値モデルで気候を予測する」という発想そのものが誤り

気象現象はミクロスケールの現象が全体の結果にまで波及する極めてデリケートな問題です。それを地球規模という巨大なスケールでモデル化して、莫大な繰り返し計算を行った上で安定した解を得ようとすること、あるいは実用的に意味のある結果を得ようとすることは極めて困難である、と考えるのが常識的な判断です。

対流圏の大気の中で起きる気象現象は、無機的な物理現象ばかりでなく生命現象を含むさまざまな自然現象の影響が輻輳する高度な非線形現象です。対流圏で起きる地球規模の気象現象を表現する数値モデルには、対流圏の巨大な空間のあらゆる場所の莫大な数に上る状態量（温度、気圧、密度、エントロピーなど）が含まれています。

ところで、私たちが日常的に観察しているのは対流圏の大気の底である地表面付近で起きる気象現象に限られています。しかも、地球表面の気象データに限ったとしても、今この瞬間の全地球表面の状態を完全に把握することすらできません。まして上空10,000mにも及ぶ対流圏の巨大な空間のあらゆる場所において、時々刻々と変化する気象データをある瞬間において共時的に完全に把握することなど将来的にも全く実現不可能です。

仮に恣意的なパラメータの設定を必要としない正しい気候予測用の数値モデルが構成できたとしても、時間発展型の高度な非線形性を持つ数値モデルを正しく起動させるためには、数値モデルに含まれる莫大な数に上る状態量に対して適切な初期値を設定することが必要です。ところが現状では、私たちは設定すべきデータさえ持ち合わせていないのです。したがって、数値モデルを正しく起動することは論理的に不可能なのです。

さらに、長期間に及ぶ気候予測シミュレーションでは莫大な繰り返し計算が必要になります。激しく変動する気象現象に対する数値計算では誤差の蓄積が避けられないため、予測期間が長くなるほど、急速に予測精度が低下します。

ここで、基本的に同じ構造を持った気象数値モデルに基づく日本周辺の部分モデルによる気象予測シミュレーションを考えてみます。毎日の天気予報です。

天気予報がある程度信頼できるようになったのは、気象観測網の充実と衛星観測による周辺の視覚的なデータなどが得られるようになったからです。数値計算結果に衛星観測データと気象予報官の経験を加味することで、短期の気象予測の精度は上がりました。しかし、それでも天気予報が信頼できるのは良くて３日間程度で、１週間先の天気予報の信頼度となると「下駄占い」と大した違いがないというのが現実です。実質的に、天気予報において気象予測の数値シュミレーションはほとんど意味を持っていないのです。

このことから類推すれば、巨大な全地球規模の数値モデルを用いた長期間に及ぶ気候予測シミュレーションの信頼度は極めて低いということは素人にも容易に想像できることです。つまり、コンピューター・シミュレーションという手段を用いて精度の高い地球規模の気象現象の長期的な追跡＝気候予測を行うという発想そのものが誤りなのです。

この点について、中本正一朗氏（JAMSTEC海洋研究開発機構・地球シミュレーターの次世代海洋大循環モデル開発研究初代責任者、元国立沖縄高専システム工学科教授）は私信で次のように述べています。

――海の中でも大気でも鉛直方向の速度を測定する電磁流速計が商業用に売られています。気象庁も海上保安庁もJAMSTECも大学も電磁流速計をいくつかもっています。しかし、地球の海洋全体と大気全体に電磁流速計を設置できません。

――天気予報はせいぜい高気圧と低気圧の分布がわかれば、高気圧や低気圧による水蒸気の擾乱をおおよそ見当をつけて、雨が降るかどうかの確率を発表すれば納税者を納得させれることで、気象学者は文句をいわれません。しかし、「天気予報と全く同じ数学原理で温暖化を予言することは科学のようなもの（PSEUDO-SCIENCE；疑似科学）と呼ぶべきだ」という物理学者 Ivar Giaeve の主張に私は賛成です。

――厄介なのは、博士号をとった無学の専門家の人たちです。昨年の日経新聞の全面をぶち抜いたインタビュー記事で、国立環境研究所の江守室長が「物理学の法則を用いて世界一のスーパーコンピューターで計算させた地球温暖化予測は正しい」と主張して、日本納税者を洗脳していたことです。

モデル化の限界について
～気候予測は学問にはならない

数値モデルとは、その対象とする現象が理論的に十分理解されていることを前提に、それを数式で表現したものです。気象予測の数値モデルの致命的な欠陥は、未だに地球大気の中で起きる気象現象の全体像が理論的に把握できていないことです。また、仮に気象現象に影響すると考えられる部分的な現象が理論的にすべて把握できたとしても、それらの輻輳する影響を整合性を持つ一つの数値モデルとして再構成することはほとんど不可能です。

この点について、中本氏（前出）は次のように述べています。

――ニュートン力学も、電磁気学も、量子力学も、熱力学も、それ自体で完結しているという意味で、自己完結型の理論体系ですが、気象学部や海洋学部で教えている気象学や海洋学や気候変化は、あまりにも広すぎて、学問体系としては自己完結型ではなく、したがって原因と結果を曖昧にしない論理体系（因果律）にはなりません。
――大気や海洋現象は3次元の古典流体力学方程式に熱力学や、さらに水の相変化（雲、海氷）やこれら地球流体物質と放射エネルギーの電磁相互作用など、さらには海洋のプランクトンとの電磁相互作用なども含めると、「気候予測は学問にはならない」と私は主張しなければならないと思うのです。

気象現象とは、互いに関連する圧縮性流体としての大気の運動、大気の中で起きる熱現象、そして大気に含まれる水の相変化などの物理現象の総体です。気候予測シミュレーションに用いる数値モデルでは、最低でも流体の運動を表すナビエ・ストークス（Navier-Stokes）の運動方程式、質量保存の法則、エネルギー保存の法則、状態方程式を満足するような非線形の多元連立方程式系を解く必要があります。

ナビエ・ストークスの運動方程式は、流体に対するニュートンの運動方程式の応用です。したがって、ナビエ・ストークスの運動方程式が成立するのは慣性系の中だけです。

地球は太陽の周りを変動する楕円軌道で公転しながら自転しています。さらに、太陽系は銀河系の周辺部を公転しながら自転しています。したがって、地球に固定された座標系は複雑に運動する加速度座標系なので、厳密にはナビエ・ストークスの運動方程式は成立しません。

地球上で起こる現象であったとしても、空間的、時間的スケールが小さな問題であれば、近似的にナビエ・ストークスの運動方程式を使っても実用的に差し支えありません。しかし、地球規模の物理現象ではコリオリの力や遠心力という慣性力[註)]の影響が無視できません。大気の流れや海流には明らかに慣性力の影響がみられます。つまり、地球規模の物理現象である気象現象を、しかも長い時間スケールで扱う場合には、地球に固定された座標を慣性系と見なすことはできません。つまり、ナビエ・ストークスの運動方程式は成り立ちません（235頁の解説4を参照）。

註）慣性力とは、非慣性系で運動を観察したときに「見かけ上作用しているように見える仮想の力＝実際には存在しない力」のこと。対象とする物理現象が単純な質点の運動であれば、非慣性系であっても慣性力という仮想の力を作用させることで正しい解が得られる。しかし、三次元的な広がりを持つ圧縮性流体の中で起こる変形や運動、熱現象を対象とする場合には、慣性力を作用させても実際の現象を再現することは不可能。

気候予測シミュレーションは自然現象の模倣ではない　～それは数値モデル設計者によって創造された虚構

さらに、運動方程式、質量保存則、エネルギー保存則に関連する状態量の相互の関係は自明ではなく、一意的に決めることができません。何らかの仮定のもとに数値モデルの設計者が恣意的に状態量を決定（パラメータ化）してやらなければ方程式を作ることすらできません。パラメータ化によって、一応解くべき方程式が決まったとしても、すでにその時点で数値モデルは設計者による恣意的な条件設定を含んでおり、自然現象を模倣しているのではないのです。

中本氏は「厳密解は得られない場合が多いので、微分方程式の各項を我々が勝手に取捨選択して、厳密解が得られる微分方程式に作り替えて、それだけを（「物理すなわち、モノのコトワリの学」としてではなく）数学の方程式として勉強するのが伝統的な流体力学だと私は思います。」と痛烈に批判しています。《人為的なCO_2の放出によって温度が高くなる》というアルゴリズムを組み込めば、モデルはそのように振る舞うだけです。しかし、それが自然現象を正しく再現あるいは模倣しているかというと、その保証はどこにもないのです。現在の気候予測の数値シミュレーションとは、《人為的なCO_2放出量の増加で急激な気温上昇が起こり、人間社会にとって破滅的な脅威が起こる》という結果が出るように調整した数値モデルを使った出来レースに過ぎません。

*

地球規模の気象現象を予測するためには、気象現象に大きな影響を与える外的な要因、例えば太陽活動の消長についての将来予測が信頼できるものでなければなりません。しかし、太陽活動の予測は地球の気象現象以上に未知の分野です。太陽活動に限らず、気象現象に影響を与えるあらゆる自然現象についての理解、そして将来予測ができない限り、気象現象、気候現象の将来予測は論理的に不可能です。

気象現象に対する数値モデルの適用の限界は、対象領域の中で起きる現象が慣性系の運動と見なせる規模であり、そのモデルに対して設定した条件（例えば太陽放射や雲量）を変化させた場合にどのような差が生じるのかという定性的な比較実験程度、あるいは数日間の天気予報程度なのです。

事実によって否定された気候予測シミュレーション ～気温の予測値と実測値との乖離が年々拡大

人為的CO_2地球温暖化説を正しいとして組み立てられた数値モデルによる数値計算が20世紀後半の気温上昇を正しくシミュレートできたということは、クライメートゲート事件で明らかになったデータ改竄によって作られた自然科学的に不自然な気温上昇を再現していたということです。言い換えれば、地球の気温の実態を何ら表現してはいなかったということです。

西暦2000年以降、地球の気温は横這いから低下する傾向を示していることをすでに紹介しました。これは現象的には太陽活動が不活発になったことによります。

過去の観測データにおいて太陽活動の変動傾向と気温の変動傾向が強い相関

を持っていたにもかかわらず、大多数の気候予測の数値モデルは、太陽活動を放射照度のみで解釈した結果、太陽活動の変動が気温変動に与える影響は小さいという前提で組み立てられています。そのような数値モデルでは太陽活動の低下による気温の変化を表せないのは当然です（86 ～ 87頁）。

口絵10は、John Christyによってまとめられた44種類の気候モデルによる地球の気温予測値と、RSS（Remote Sensing Systems；衛星観測による世界気温データセット）、UAH（University of Alabama at Huntsville；アラバマ大学による衛星観測による世界気温データセット）による実測値とを比較したグラフです。図からは気候モデルを用いたシミュレーションの結果と実際の観測値との乖離が年々大きくなっていることが分かります。

このことは、数値モデルの設計者たちがどのような弁明をしようと、太陽活動を過小評価し、CO_2濃度の変化による影響を過大に評価している気候予測数値モデルでは、将来の気候変動を予測することができないことを事実が示しているということです。同時に、太陽活動の消長が予測できない限り気候予測は不可能であることも示しています。

過去の気候変動の痕跡の分析結果や気象観測データと合致しない人為的CO_2地球温暖化説にとって、残された唯一の拠り所であったのが気候予測シミュレーションでしたが、これも現実の観測結果によって否定されたのです。

*

2017年９月９日、NHKスペシャル「異常気象・スーパー台風」という番組が放映されました。その中で2017年７月５日から６日にかけて九州北部地方を襲った集中豪雨災害について、《数値計算に基づく予測を大幅に上回る異常な豪雨による災害であった》と報告していました。

番組の中で名古屋大学の坪木和久氏（地球水循環研究センター気象学研究室）は「日本の天気予報は世界で最も優秀な気象予測モデルに基づいている。その日本の天気予報でも九州北部豪雨は予測できなかった。温暖化によって、世界で最も優秀な日本の気象予報でさえも予測できないほど、現実の気象現象が異常になっている。」と述べていましたが、これは噴飯物のコメントでした。

現実に起こった気象現象は、自然現象として常に100％正しい、物理的に必然的な結果です。それが人間社会にとってかつて経験したことのない“異常気象”であったとしても、100％正常な自然現象なのです。気象予測数値モデルが予測できなかったということは、数値モデルが気象現象を正しく表現できないことを示しているだけなのです。

坪木氏のコメントは「世界で最も優秀な（と坪木氏が思っている）気象予測モデル」でも、１日先の集中豪雨さえ正しく予測できなかったのだということを告白しているにすぎません。これは気象現象に対する数値シミュレーションの敗北宣言にほかなりません。

［解説３］気体分子の速さのMaxwell分布

局所熱力学平衡が成り立つような大気中では、大気分子速度の各座標軸方向の速度成分は、平均値 $\mu=0$、分散 $\sigma^2=kT/m$ の正規分布に従うことを紹介した。例えば、三次元の x - y - z 空間の x 軸方向の速度成分 v_x の速度分布の確率密度関数は次の式で表される。

$$f(v_x)=\frac{1}{\sqrt{2\pi\sigma^2}}\exp\left(-\frac{(v_x-\mu)^2}{2\sigma^2}\right)=\sqrt{\frac{m}{2\pi kT}}\exp\left(-\frac{mv_x{}^2}{2kT}\right)$$

これは $v_x=0$ を対称軸とする左右対称の釣鐘状の分布になる。気体分子はあらゆる方向に等方的な速度分布を持つと考えられるので、気体分子集団の重心位置が移動しないことを示している。

気体分子の各座標軸方向の速度が、それぞれ v_x、v_y、v_z になる確率密度関数は、独立事象の確率密度関数の積で表されるので次式で表される。

$$\begin{aligned}f(v_x,v_y,v_z)&=f(v_x)f(v_y)f(v_z)=\left(\sqrt{\frac{m}{2\pi kT}}\right)^3\exp\left(-\frac{m}{2kT}(v_x{}^2+v_y{}^2+v_z{}^2)\right)\\&=\left(\frac{m}{2\pi kT}\right)^{\frac{3}{2}}\exp\left(-\frac{mv^2}{2kT}\right)\end{aligned}$$

次に、気体分子の速さ v の発現確率を考える。気体分子の速さ v は、各座標方向の速度成分の二乗和の平方根で表されるスカラー量なので、

$$v=\sqrt{v_x{}^2+v_y{}^2+v_z{}^2}\geqq 0$$

気体分子の各座標軸方向の速度成分を座標とする速度空間を考える。気体分子の速さが v になるのは、速度空間の原点を中心とする半径 v の球面 S 上全体になる。

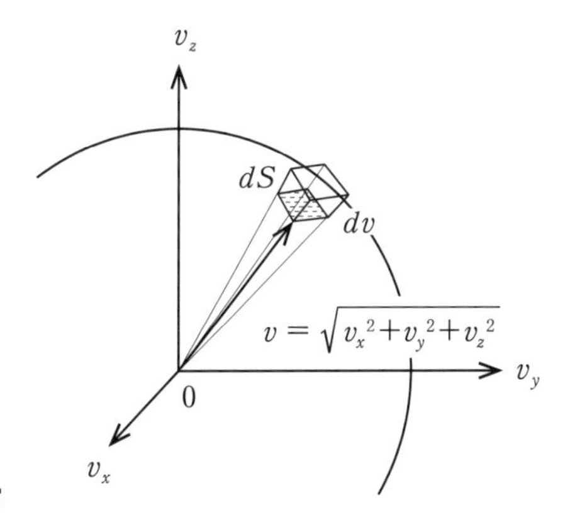

図5.12　速度空間

つまり、気体分子の速さが v から（$v+dv$）の間にある確率 $P(v)$ は、

$$P(v)=\int f(v_x,\ v_y,\ v_z)dvdS=\int dS\cdot f(v_x,\ v_y,\ v_z)dv$$

$$=4\pi v^2\cdot\left(\frac{m}{2\pi kT}\right)^{\frac{3}{2}}\exp\left(-\frac{mv^2}{2kT}\right)dv\equiv f(v)dv$$

したがって、気体分子の速さ v に対する確率密度関数は、

$$f(v)=4\pi v^2\left(\frac{m}{2\pi kT}\right)^{\frac{3}{2}}\exp\left(-\frac{mv^2}{2kT}\right),(v\geqq 0)$$

これが、図5.2に示す気体分子の速さに対する Maxwell 分布である。

［解説4］ナビエ・ストークス方程式と気象予測シミュレーション

ナビエ・ストークス方程式は、粘性流体という連続体の中に「流体粒子」という一つの密度、粘性が定義できる均質とみなせる微小な直方体の存在を仮定して、ニュートンの質点に対する運動方程式を当てはめることによって導かれている。

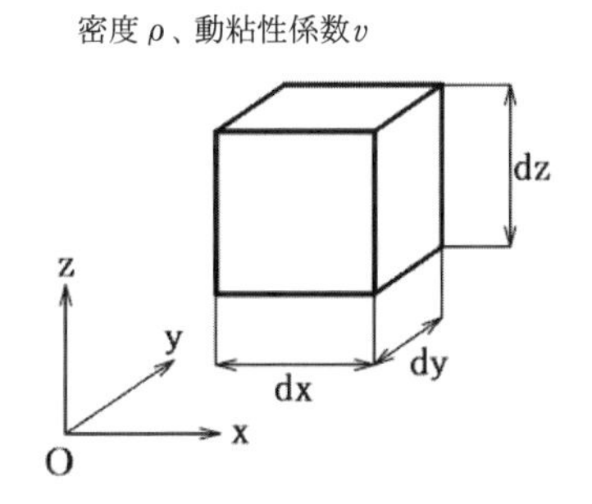

図5.13　流体粒子は単一の密度と粘性を持つ

実際には、流体粒子とは局所熱力学平衡状態とみなせる分子量の異なる多種類の分子の集合体である。流体粒子はただ移動するだけの質点とは異なり、その中では熱力学現象、化学現象、電磁現象など様々な物理化学変化が起きており、総体としての挙動は不可逆的である。さらに流体粒子は強固な外殻で閉鎖された領域ではなく、運動する過程で変形し、系外と相互に混合・拡散して時々刻々とその性質が変化する。質点と流体粒子はまったく次元の異なる存在である。

ナビエ・ストークス方程式に陽な形で表れない、これらの流体粒子に内包された物理化学現象による温度をはじめとする状態量の変化は、流体粒子の運動にかかわる粘性や密度を非定常に変化させ流体の運動に影響を与える。しかし、流体粒子の運動に直接かかわりのない現象や物理量を捨象することによって導出されているナビエ・ストークス方程式では、流体粒子の内部で起こる物理化学変化を反映することができない。

その裏返しとして、ナビエ・ストークス方程式から得られた流体の運動状態から、流体粒子の中で起こっている様々な物理化学現象に対して合理的かつ矛盾のない状態を一意的に決定することができない。

質点という、質量と空間的な位置だけが定義された体積を持たない仮想の物体に対する運動と力についての関係を記述した可逆的なニュートンの運動方程式を、有限の体積を持ち、内包する物質に起こる様々な物理化学現象による変化を伴い、変形・混合しながら移動する流体粒子の不可逆的な運動に対して、様々な制約を課した上で強引に拡張したことに、ナビエ・ストークス方程式の本質的な混乱の原因がある。ナビエ・ストークス方程式は、実在する流体の運動をあるがままに表現しているわけではないことを常に念頭に置くべきである。

地球規模の気象現象の基礎となる大気の運動は、慣性力の影響を受け、温度、湿度、水の相変化、電磁現象などの影響を強く受けるため、ナビエ・ストークス方程式の適用範囲を超えている。

ナビエ・ストークス方程式が対象とする流体粒子とは、密度が定義できるほど充分大きく、しかしニュートン力学が拠って立つ質点の仮定が満たされるほどに小さいものでなければならない。海水の場合は一辺の長さが0.1ミクロン（10^{-7}m）のスケールまでは流体粒子を連続体として取り扱ってよい（バチェラー、1973年）とされている。大気では100ミクロン（10^{-4}m）程度のスケールであろうか。

この10年間で気象シミュレーションに使用される格子幅が数100kmから数100mにまで「高解像度化」したとされている。しかし、数100mの格子の中に含まれる巨大な空間はナビエ・ストークス方程式が対象とする流体粒子のスケールとは全くかけ離れており、質的にも全く異なる存在である。格子内の大気の性状を単一の密度と粘性で特徴づけることは不可能であり、格子内の大気を流体粒子のアナロジーとしてモデル化することは、ナビエ・ストークス方程式の最も基本的な前提条件を完全に逸脱している。この段階で既に気象シミュレーションは科学と呼ぶには値しない代物である。

仮に数値シミュレーションでナビエ・ストークス方程式に対する格子点における適切な近似解が得られたとしても、格子点のパラメータだけを用いて格子に含まれる巨大な空間内の大気の運動の性状の分布を適切に表すことはできない。運動に関する格子点の近似解から、格子領域内で起こっている様々な物理化学現象を一意的に決定することもできない。

したがって、数値シミュレーションによって得られた大気の流れの性状と気象現象で重要な情報である温度、湿度、降雨量などの値を関連付けるためには、プログラム設計者が、自然科学的に自明ではない何らかの「仕掛け」を恣意的に組み込む必要がある。つまり、気象シミュレーションとは現実の気象現象の物理（モノのコトワリ）を模倣しているのではなく、プログラム設計者によって作られた虚構の世界＝コンピューターゲームにすぎないのである。

終章
「20世紀の温暖化」が映す
自然科学の危機

「温暖化対策」で破壊されてゆく里山の自然環境

ここまで、「20世紀の温暖化」について事実に基づいて自然科学的な検証を行ってきました。そこで確認できたことは、①産業革命以降の気温変動は、人間社会の影響を強く受けた特異なものではなく、それまでの完新世に入って一万数千年間繰り返されてきた気温変動と同じように、主に太陽活動の消長によって引き起こされていたということです。

また、②産業革命以降の大気中CO_2濃度の上昇の主因は、気温の上昇による主に海洋からのCO_2放出の増加であること、つまり自然現象であるということです。「人為的CO_2地球温暖化」は虚像だったのです。

このことはそれほど驚くようなことではありません。初等・中等教育の理数科の教育課程の内容を身に付けている平均的な日本人であれば十分理解できることであり、ましてや自然科学の研究者にとっては当たり前の事実でしかありません。本来であれば、土木屋の私が一書を以てわざわざ解説するようなことではありません。

終章では、ここまで本書で確認した「20世紀の温暖化」の実像を概観し、①子供だましでしかない「人為的CO_2地球温暖化説」がどうしてここまで広く信じられるようになったのか、この自然科学の危機的な状況がどうして生まれたのか、その社会的な背景について考えてみます。併せて、②このまま「人為的CO_2地球温暖化」を前提としたCO_2削減対策を続けていくことが、私たちの社会にどのような影響をもたらすかを示すことにします。

F - 1

大衆に定着した「温暖化の脅威」という虚構

すでに3000年前から寒冷化が始まっていた

グリーンランドのボアホールに残された気温変動の痕跡は、8000～4000年ほど前には今よりも3℃程度高温な時期があったことを示しています（図1.15）。

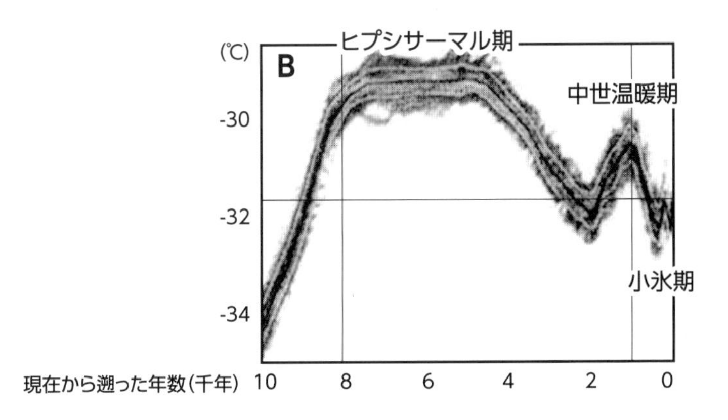

図1.15　グリーンランドの氷床ボアホールの温度計測による気温復元図（部分再掲）

この時期を地質学的には「完新世高温期（ヒプシサーマル期）」、あるいは「気候最適期」と呼んでいます。この時期は現在よりも遥かに温暖で湿潤な気候であり、農業生産に適していたと考えられます。この時期に古代の四大文明が興ったのは、豊かな農業生産によって余剰食料が生まれ、食料生産から開放された職能集団による活動が盛んになったからです。

GISP 2の最新の研究によって、さらに詳細な完新世の気温変動が明らかになりました。完新世の気温は3～4℃の振幅で極大期と極小期の出現を繰り返しています（図2.9）。3000年ほど前にはミノア温暖期、2000年ほど前にはローマ温暖期、1000年ほど前には中世温暖期という気温極大期があったことが分かっています。現在は、ミノア温暖期以降、概ね1000年の周期で現れる気温極大期に当たっています。

現在の気温極大期の最高気温は、ミノア温暖期よりも3℃ほど低温であり、ローマ温暖期よりも2℃ほど低温であり、中世温暖期に比べても1℃ほど低温であることが分かります。このことから、すでに3000年ほど前のミノア温暖期以降、完新世の気温は変動を繰り返しながらも、次の氷期の底に向かって寒冷化していることが分かります。

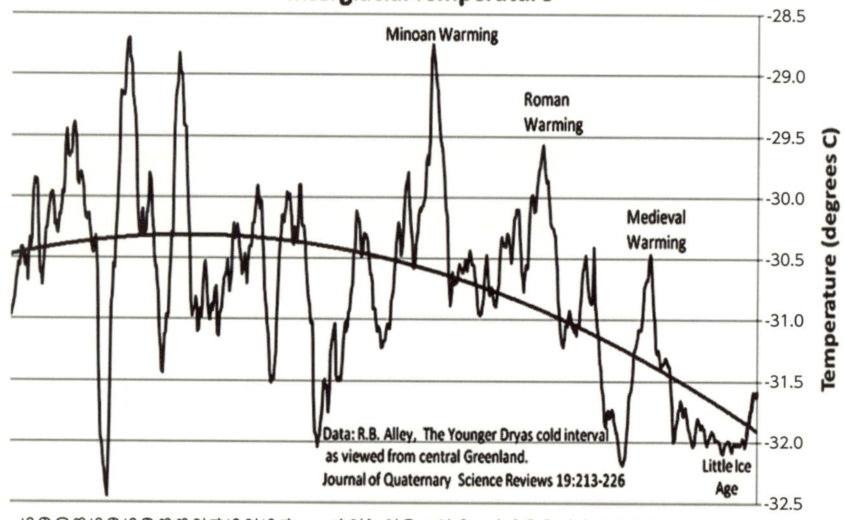

図2.9　次の氷期へ向かう寒冷化は始まっている（再掲）

ここ150年の気温上昇は小氷期からの回復過程

中世温暖期から現在の気温極大期までの間には、14世紀半ばから19世紀半ばにかけて、完新世で最も寒冷な時期の一つである「小氷期」と呼ばれる気温極小期を経験しています。その寒冷で過酷な小氷期が19世紀半ばに終わり、その後150年間程度継続した気温回復期を経て、20世紀の終盤は小氷期終盤から0.6～1.0℃程度気温が上昇した気温極大期に位置していたと考えられます。2000年代に入って気温の上昇傾向は頭打ちとなり、気温の低下傾向が顕在化しているのが現在の気温状況です。

完新世の歴史を振り返ると、気温の高い時期は例外なく農業生産が活発で人間社会は豊かでした。逆に寒冷な時期は農業生産が不安定で人間の生活にとっては過酷であり、その結果として社会が不安定になりました。小氷期には繰り返し飢饉が発生し、ヨーロッパではペストの蔓延が重なり人口の激減を経験しました。

「温暖化の脅威」を吹聴する人々は、19世紀後半から150年間ほど続いた小氷期からの気温回復期の気温上昇、特に1980年代以降の気温上昇を「かつて経験したことのない異常に急激な気温上昇であり、自然現象としては起こるはずがない！」という情緒的で感覚的な表現で「温暖化の危機」を煽ります。しかし、GISP 2による気温復元図（図2.9）に見られるように、この程度の気温変動は完新世の歴史の中で何度も経験しているありふれた「自然現象」であり、取り立てて特異なものではありません。しかも現在の気温極大期は完新世の過去のどの気温極大期よりも低温であり、現時点で「温暖化の脅威」などというものはどこにもありません（都市環境の局所的異常高温は、全地球的規模で起こる温暖化とはまったく別の現象です。３章３節参照）。

完新世の過去の歴史から見て、現状程度の気温の上昇は人間社会にとっては好ましい変化であり、脅威ではありません。

小中学生にも理解できることが …

「地球温暖化の脅威」を煽る先進国のマスコミや学者たちは、20世紀終盤の気温上昇で「南極氷床や北極海の海氷が解けて海水面が上昇し、ツバルなどのサンゴ礁の島々が水没の危機に瀕している」と声高に吹聴しました。

しかし、南極大陸の平均気温は氷点下であり、多少温暖化したところで南極氷床が顕著に減少するなどということは到底考えられません。これは、０℃で水が凍ることを知っている小学生にも分かることです。気温が上昇すると南極上空に流れ込む大気に含まれる水蒸気量が増加し、降雪量が増加するため、南極の氷点下の環境では氷床が増大すると考えるのが自然科学的に合理的な判断です。

これを証明するように、NASAは2015年11月の広報で、「南極氷床の増減を分析した結果、温暖化が顕著であった1980年代以降の時期に南極氷床は顕著に増大していたことが判明した」と報告しました。つまり、20世紀の終盤に温暖化によって南極氷床が減少し、これを原因として海水位が上昇してサンゴ礁の島々が水没したという現象は起きていなかったのです。仮にサンゴ礁の島々の水没が事実だとすれば、その原因は他に求められるべきであって、温暖化原因説はとんだ濡れ衣だったのです。

また、北極海に浮かぶ海氷が溶けたとしても、海水位が上昇しないことは、アルキメデスの原理を習った中学生であれば容易に理解できることです。

温暖化することで砂漠化が進むという主張も、また暴論です。気温上昇によって、地表面環境（海面も含む）と大気の間の水循環は活発になります。南極の氷床の増減のところでも考察した通り、温暖化で地表面環境からの蒸発量が増加すると、大気はそれだけ多くの水蒸気を含んで湿潤化するため、降水量は多くなります。このことは、南極氷床のアイスコアに含まれたダスト量の分析（図4.6参照）からも確認されています。砂漠化の進行を気温という要因でとらえるならば、寒冷化こそ砂漠を増加させるのです。蛇足ですが、近年の砂漠化の主因は、人間による林地の乱開発や農地の酷使等の気温以外の要因によるものと考えられます。

利権集団に牛耳られる情報環境

自然災害が起きるたびに、マスコミの論調やマスコミに登場する「研究者」「専門家」たちは、具体的な事実関係の分析や自然科学的な根拠を示すことなく、それらの自然災害の原因を「人為的なCO_2放出による地球温暖化」と結びつけようとします。これは「偏見なく事実に向き合い、現象の背後にある法則性を探る」という自然科学の常道から外れた態度であり、災害の本当の原因究明を阻害することになる反社会的な行為です。

実際、マスコミの専門記者やマスコミ御用達の「評論家」、さらには多くの環境保護運動家たちまでが、気象学の「研究者」「専門家」と称する利権集団によって作られた「人為的CO_2地球温暖化の脅威」という虚像を、疑うこともなく信じ込んでいます。

自ら考えることを放棄した大衆に刷り込まれた虚像

これまで述べてきたことから分かるように「人為的CO_2地球温暖化説」は、大衆にとって知る由もないような高度な専門知識がなければ検証できない特殊な内容ではありません。日本の平均的な初等・中等理科教育を受けた者であれば、少し立ち止まって冷静に考えることで容易に検証できる内容です。しかし、気象研究者たちが作り上げた「温暖化の脅威」という虚像が役所や学校やマスコミによって拡大再生産され、その大量の情報に押し流された大衆は自ら考えることを放棄し、洗脳され、「人為的CO_2地球温暖化の脅威」を疑おうとする人は現在、ほとんどいなくなりました。

国家やマスメディアから流される膨大な情報によって押し流され、内容を吟味する余裕を失い、思考停止に陥った大衆の間に定着した虚像――これが現在の「CO_2地球温暖化の脅威」の実体のようです。

F-2

学校理数科教育の失敗

20世紀の気温上昇は異常な現象ではない

20世紀に気温の上昇傾向が観測されたことは事実です。この気温の上昇を一般的な用語として「温暖化」と呼ぶことは誤りではありません。ところが今日の日本社会では「20世紀の温暖化」と言えば「産業革命以降に化石燃料の消費によって放出されたCO_2をはじめとする温室効果ガスの影響によるもの」ということになっています。

しかし、この「人為的CO_2地球温暖化説」が自然科学的に見て多くの誤りや矛盾を含んでいることはこれまで述べてきた通りです。したがって、現実に観測されている「20世紀の温暖化」を、人為的CO_2地球温暖化説に基づく「温暖化」というフィクションと同一視してはならないのです。

第２章で紹介したように、古気候学の研究成果、歴史記録、気象観測記録から見て、20世紀の気温上昇は、過去の自然現象としての気温変動と比較して取り立てて異常な現象ではありませんでした。20世紀末の気温状態は、完新世の過去のどの気温極大期よりも低温でした（図2.9）。そもそも20世紀の温暖化を「高温化の脅威」として問題視する必然性はどこにもありません。

気温上昇は人為的な影響ではなく自然現象

さらに、温暖化の原因として無理やり人為的な影響を持ち出す必然性もありません。20世紀の気温上昇の主因が人為的に放出されたCO_2による付加的な温室効果であるという理由付けは、荒唐無稽としか言いようのない非科学的な主張です。

第４章で検討したように、産業革命以降に観測されている大気中のCO_2濃度上昇の主因が人為的に放出されたCO_2が「蓄積」した結果だという主張が論理的に誤っていることは、高校の化学の教育課程の内容を習得している人にとっては容易に理解できることです。20世紀の大気中CO_2濃度上昇の主因は、人為的に放出したCO_2とは関わりのない自然現象です。したがって、仮に「CO_2地球温暖化説」が自然科学的に正しかったとしても、20世紀の温暖化の原因は「人為的な影響」ではなく自然現象なのです。

生かされない知識

かつてマスコミは「温暖化で南極の棚氷や北極海の海氷の融解によって海水位が上昇する」と大真面目で主張していましたが、これは自然科学的に明らかな間違いでした。この類いの話は、小中学校の理科教育を身に付けているはずの普通の日本人にとっては、本来ならば「出来の悪い冗談」として笑い飛ばすようなものでしかなかったはずです。

日本は「科学立国」を国是としているそうです。しかし、残念ながら日本の初等・中等教育の中で行われている理数科教育の内容の多くは、現実の日常的な社会生活とは切り離されて、単なる形而上学的な知識として教えられているだけです。大人になって社会生活をおくるなかで科学的で論理的な判断が必要な場面がありますが、理数科教育で習得した知識がその判断の手段として全く生かされていないというのが現実です。日本の初等・中等教育における理数科教育は完全な失敗です。

学校理数科教育で教えられた知識を咀嚼して、実社会で生活する上での生きる術として血肉にすることができなかった大衆が、「温暖化の脅威」を煽る役所と学者とマスコミに騙されて、訳知り顔をして怯えている――これが温暖化騒ぎの実像のようです。

F-3

エコ・ファシズムと巨大市場の誕生

大衆の思考停止によって広がるファシズム

1970年代までに中等教育を終えた世代には子供だましにしか思えない「人為的CO_2地球温暖化の脅威」という虚像がここまで拡大・定着した最大の理由は、マスメディアやインターネットを通して流布される質の低い情報の氾濫と、その中で生活する大衆が自ら論理的に思考することを停止してしまったことにあります。社会の成員である大衆が自ら考えることを放棄した現在の日本は、容易にファシズムに繋がるとても危険な状況です。

現在の日本社会は、すでに「エコ・ファシズム」あるいは「温暖化ファシズム」とでも呼ぶべき政治・経済・文化状況に陥っています。「人為的CO_2地球温暖化の脅威」に対する批判的な主張は、政・官・財の権力と結託した学界やメディアによって排除され、大衆の目には見えないように覆い隠されているのが現状です。

本質的な説明がなかったキーリングの主張

それでは、いったい誰がこの「人為的CO_2地球温暖化の脅威」という虚像の定着を仕組んだのでしょうか？

おそらく、キーリングらに代表される基礎的な自然科学分野の研究者たちが、研究費の獲得のために自らの研究成果の社会的な価値を誇張したことが発端の一つであったのではないかと想像します。どこの国でも企業の経済的な利益と直結することの少ない基礎的な自然科学分野への研究費の配分は潤沢ではなく、事実キーリングらによる大気中CO_2濃度の連続精密観測研究は費用の面で継続困難な時期があったようです。

キーリングは、①大気中CO_2濃度が上昇傾向を示していること、②その上昇量は化石燃料の消費に伴って人為的に放出されているCO_2の半量程度（58

%、1987年現在）が大気中に蓄積したと考えるとうまく説明できる、と報告しました（Nature 375，1995，pp.666-670.）。

しかし、のちに槌田敦が批判したように、キーリングの主張には、どうして人為的に放出されたCO_2だけが、しかもその半量だけが大気中に蓄積するのかという本質的な説明が一切ありませんでした（「CO_2を削減すれば温暖化を防げるのか」日本物理学会誌Vol.62, No.2, 2007年）。

虚像の定着と魅力的な環境技術市場の拡大

また、NASAのハンセンは1988年の米国議会上院の公聴会で「異常な気温上昇の原因が人為的な影響によるものであることが、コンピューター・シミュレーションによって確認された」と証言しました。

キーリングの報告とハンセンの証言を結びつけることで巨大な経済的な効果を創出できると考えた企業と、これをパトロンとして潤沢な研究費を引き出せると考えた気象研究者たちによって「人為的CO_2地球温暖化の脅威」という虚像の原型が作られたのだと考えられます。

この経済的に極めて魅力的な「人為的CO_2地球温暖化の脅威」の描くシナリオは、先進工業国とその企業による強力な後押しによって、瞬く間に1992年の国連気候変動枠組み条約として結実することになりました。なぜなら、産業活動分野においてCO_2の放出量の削減を義務付けることは、先進工業国の技術的なアドバンテージとなり、後発工業国に奪われつつあった世界市場におけるシェアの奪還に直結すると同時に、「環境技術」という名目で新たな高額商品の市場が拡大すると予測されたからです。

1997年のCOP３の京都議定書では後発工業国に対するCO_2の放出量の削減を義務付けることはできませんでしたが、2015年のCOP21のパリ協定では全ての批准国に対して何らかの国内措置を義務付けることに成功しました。こうして「人為的CO_2地球温暖化の脅威」という虚像を政治的に世界標準として定着させることによって、企業は先端技術による温暖化対策を謳った高付加価値・高額商品の市場を後発工業国にまで拡大させることに成功したのです。

F-4

自然科学者と人為的CO_2地球温暖化説

科学者のモラルと研究開発費

前節で述べた京都議定書～パリ協定という枠組みが形成されたことで、気象研究や環境技術に携わる研究者たちは「人為的CO_2地球温暖化説」を支持することで国家予算から潤沢な研究費を引き出せるようになりました。

そればかりではありません。気象や環境分野に直接関係のない自然科学・工業分野の研究者たちも、人為的な温暖化の脅威が現実であることを前提に、それぞれの専門分野における悲惨な未来像を描き出し、それによって研究費を国家から引き出し、あるいは企業収益に結び付く温暖化対策技術開発の名目で企業からも巨額の研究開発費が引き出せることに目を付けるようになりました。

こうして彼らは「人為的CO_2地球温暖化説」の科学的な真偽を検証することよりも、無条件に援護する方が得策だと考えるようになりました。このことは自然科学に携わる研究者が、その使命であるはずの科学的な真理の探求をカネで売り渡したことを示しています。

このような自然科学の研究者のモラルの低下が引き起こした典型的な事件が、気象研究者たちが観測データを改竄・捏造していたことが明らかになった「クライメートゲート事件」でした（３章４節参照）。

科学者の９割はウソだと知っている

それでは、気象研究や環境技術に関わりの薄い自然科学者はどのように考えているのでしょうか？「人為的CO_2地球温暖化説」はごく初歩的で基礎的な化学や物理学からみても欠陥だらけの仮説です。東京工業大学（当時）の丸山茂徳氏（地球惑星科学）が著書『科学者の９割は「地球温暖化」CO_2犯人説はウソだと知っている』（宝島社新書、2008年）で述べられている通り、気象研究者以外の多くの自然科学者にとって、人為的CO_2地球温暖化説が間違いであることは常識と言ってよいでしょう。

私の経験を述べれば、物理学者の槌田敦と私の共同研究によって明らかになった「人為的CO_2地球温暖化説は誤りである」という内容をまとめた論文を、当時気象学会員であった槌田が2008年に気象学会誌「天気」に投稿したときは、掲載自体を拒否されました。槌田はその後、気象学会の年次講演会において研究成果を発表する機会まで奪われることになりました。気象研究者たちは学会ぐるみで人為的CO_2地球温暖化説の間違いを指摘する異論を封殺してきたのが実態です。

その後、槌田が物理学会誌に投稿した同趣旨の論文は掲載されました（「原因は気温高，CO_2濃度増は結果」日本物理学会誌 Vol.65, No.4, 2010年）。

傍観し、沈黙する大多数の自然科学者たち

丸山氏と同じ地球物理学の研究者である赤祖父俊一氏（元アラスカ大学国際北極圏研究センター所長）、工業化学・光合成の研究者である渡辺正氏（東大生研、東京理科大）らも気象研究者とは一線を画す立場から、人為的CO_2地球温暖化説の誤りを指摘し続けました。

しかし、このようなごく一部の研究者の勇気ある行動に対して大多数の自然科学者は賛同の声を上げるでもなく、批判の論陣を張るでもなく、沈黙して無視し続けました。科学の危機より我が身、ということでしょう。日本学術会議のような学界ボスの団体に至っては、政府からの研究予算配分の削減を心配してか、気象学会主流の主張を援護さえしたほどです（例えば、日本学術会議公開シンポジウム「IPCC問題の検証と今後の科学の課題」2010年4月30日）。

F-5

体制化された科学者の集団

利害関係者として振る舞う専門研究者たち

温暖化問題における気象研究者に限らず、経済的に大きな波及効果が見込まれる社会問題に関わっている自然科学の研究者たち、中でも国家や企業お抱えの専門研究者の振る舞いは、強力な経済的利害関係者の振る舞いそのものです。専門研究者たちは国家戦略や企業の経営戦略の内部に組み込まれており、官僚や企業経営者の意図に反するような発言をすることは金輪際ありません。

彼らは毎年の政府予算から支出される研究費や補助金でがんじがらめとなっており、自然科学的な公正さなどかなぐり捨てて国民大衆の利益に反するウソでも平然とつくようになっています。その結果、温暖化問題における気象学会のように排除の論理がまかり通ることになります。仮に反旗を翻す者が出たとしても、槌田がそうであったように発表の場さえ奪われるのです。

科学者の発言に対しても科学リテラシーが要求される

10年ほど前、早稲田大学名誉教授の小島順氏（数学）は、槌田の提示した離散的な表現の「炭素循環モデル」に数学の立場から支持を表明し、「蓄積モデル」の非科学性を指摘されました。小島氏は槌田の離散的表現の炭素循環モデルを、連続量に対して拡張する定式化を行いました（「CO_2循環を理解するための数学的枠組み」数学教室2007年8月）。私が本書に示した微分形式の循環モデル（164頁）は、小島氏の定式化にヒントを得たものです。

小島氏は前掲「数学教室」に掲載された別稿「数学は役に立つかという“問い”の意味」の中で次のように述べています。

> ここでは環境問題、特に「地球温暖化問題」を取り上げよう。政治家や官僚は信頼できないが科学者は信頼できる，などということはあり得ない。体

制化された科学者の集団は，大規模な研究資金の流れに拘束されており，そこには様々な利害が反映する。科学者の言うことにも批判的な判断（すなわち科学リテラシー）が要求される。（以下省略）

科学の危機が国民を害する社会

ことは温暖化問題に限ったことではありません。2011年３月11日に発生した巨大地震で原子炉４基が爆発・崩壊した福島第一原発事故で「想定外」を連発した研究者や技術者たちの無様で無責任な行動は国民の記憶に新しいところです。国の関係機関や大学の専門医療者たちに至っては、原発推進の立場に立って、現在でも放射線被曝による健康被害の存在を否定し続けているありさまです。

残念ながら私たちの社会生活に直接関わるような国家政策や企業活動に関係の深い自然科学者や技術者集団の倫理観は、目先の地位や栄達、はては金銭的な欲望の前に崩壊を遂げてしまっています。この状況は「自然科学の危機」が、主権者である国民の生命、安全を直接害していることを示す深刻な実例です。

F-6

数値シミュレーションを悪用する研究者たち

科学の危機とコンピューター

ここで、私たちが経験している「自然科学の危機」とコンピューターの関わりについて触れておきます。20世紀後半にコンピューターの性能は飛躍的に高くなりました。その結果、莫大な演算量を必要とする科学技術計算に対するコンピューターの利用が拡大しました。中でも各種の数値シミュレーションに対する応用はその典型的なものです。

演繹と帰納、二つのアプローチ

科学的なアプローチには大きく二つの方向があります。

一つは、過去の研究成果をまとめた原理や法則に則って現象を解釈する過程です。これを「演繹的な方法」と呼びます。

一方、未知の現象に対するアプローチは、現象をあらゆる角度から観測してデータを集積することから始まります。集めたデータの中から現象の本質を抽象していく過程を「帰納的な方法」と呼びます。

演繹的な方法を使うことができるのは、対象とする現象が全て既知の原理や法則によって完全に組み立てられ、かつ説明できる場合です。演繹的な方法は、主に応用科学、特に工学における設計において有用です。演繹的な方法が有効な問題に対しては、問題解決のアルゴリズムをプログラム言語で書き表すことでコンピューターを用いることができます。

一方で、未知の現象に対するアプローチは根本的に異なります。まず現象に向き合い、現象を詳細に観察してデータを集めることが基本になります。集めたデータを分析して、既知の原理や法則で説明可能な現象と、そうではない未知の現象とに分類し、未知の現象の本質を探求します。基礎科学分野の未解決の問題では、この帰納的な方法が重要になります。

適用の拡大と聖域視

20世紀後半にコンピューターの性能（演算速度、記憶容量）が飛躍的な進歩を遂げた結果、科学技術計算のあらゆる分野で高性能コンピューターが手軽に使えるようになりました。このことは、コンピューターが正しく適用できる範囲ではよかったものの、本来コンピューターによる数値計算になじまない問題にまで安易に適用の範囲が拡大されるという、いわば「コンピューター万能主義」とでも呼ぶべき弊害を引き起こしてしまいました。

また、超高速コンピューターによる数値計算に対して、「高度な科学技術に精通した専門家や研究者にしか理解できないものであり、導かれた結果には素人は立ち入れない」という聖域視が大衆の中に広まってしまいました。この「コンピューター神話」を悪用して、例えば人為的CO_2地球温暖化説の気候予測シミュレーションのように、研究者が大衆を騙し、疑問や批判を封じるための手段として用いることも見受けられます。

失敗例にして誤用例

温暖化予測は、科学的アプローチにおける「演繹的な方法」の適用の拡大の失敗例であり、同時にコンピューターによる数値計算の適用範囲の逸脱を示す典型的な誤用例です。

現在の温暖化予測の基本となる「人為的なCO_2の放出量の増大による大気の温室効果の増大が温暖化の主因である」という認識がそもそも誤りです。また、気候予測シミュレーションで用いるニュートンの運動方程式は慣性系でしか成り立ちませんが、地球に固定された座標系で表した大気の運動は非慣性系の運動です。運動方程式に現れる大気の状態量は一意的に確定できません。さらに、地球の気温に重大な影響を与える太陽活動などの外的要因の将来的な変動は、地球上で起こる自然現象よりもはるかに予測することが困難です。

コンピューターは未来の予言機械ではない

コンピューターの演算アルゴリズム（処理の手順）は、プログラム設計者が事前に決めるものです。「AI」だとか「人工知能」と呼んだところで、所詮人間であるプログラマーの指示に従ってデータ処理・計算が行われることに変わりありません。

プログラム設計者にとって、未知なる現象を確定したアルゴリズムに表現することは不可能であり、また、将来の変動が予測不可能な外的要因に影響を受ける数値計算が正しい結果をもたらすことも、原理的にあり得ません。コンピューターは不確定要素を含む未来を予言する機械ではないのです。

マスメディアなどによって流布されている100年先の温暖化予測は、コンピューターゲームの架空世界の出来事です。児戯に等しい温暖化予測の結果だけが基本的な問題の検証なしに独り歩きし、「反知性主義」に頭脳を侵された大衆がそれに恐れ慄いている――これが現在、私たちが経験している「温暖化の脅威」の実像なのです。

F - 7

暴走する非科学的な温暖化対策

非科学的な仮説にもとづくCO_2温暖化対策の非科学性

20世紀の温暖化を説明する際に用いられた「人為的CO_2地球温暖化説」ですが、それが事実とはかけ離れた非科学的な仮説であることには最早、議論の余地はないでしょう。

その上で考えなければならないのが、人為的CO_2地球温暖化による脅威が実在しているという前提で打ち出されている「温暖化対策技術」なるものの非科学性です。

CO_2の放出削減とならない温暖化対策

仮に、人為的CO_2地球温暖化による脅威が実在しているとした場合、取るべき対策は人間の営みの全体から放出されるCO_2量を削減することです。人為的CO_2地球温暖化説は誤りですが、人間にとって有用で希少な資源である化石燃料（ここでは石炭と炭化水素燃料資源の総称して「化石燃料」と呼ぶことにします）の消費量を削減することは正しい判断です。

ところが現実に「温暖化対策」として行われているのは、主に発電方式を非火力発電方式にシフトすることと、動力機関を電動にすることです。しかし、残念ながらこのやり方ではCO_2放出量削減の実効性はまったく期待できません。

高度な技術ほど石油と鉱物資源を浪費する

例えば太陽光発電では、発電自体は特定波長の太陽光を半導体発電素子で電気に変換して取り出すので、燃料として化石燃料は使いません。しかし、太陽光発電装置は有限の寿命を持った高度な工業製品であり、化石燃料の消費によって成立している工業生産システムの中で造られています。太陽光発電による電力が極めて高価なことから分かるように、太陽光発電装置の製造・設置・運用の各段階で莫大な量の化石燃料と鉱物資源が消費されているのです。

化石燃料を火力発電装置の製造・設置・運用に投入して直接火力発電で電力を供給する場合と比較して、同量の化石燃料を太陽光発電装置の製造・設置・運用に投入した場合に供給できる電力は遥かに少なく、しかも太陽光発電の電力は制御不能の低品質な「クズ電力」です。安定した電力供給システムに太陽光発電を大規模に導入して運用するためには、発電装置以外に巨大な蓄電システムや広域で電力を融通し合うために高規格の送電線網の追加建設が必要です。それらの蓄電システムや送電線網を含めた太陽光発電システムへの投入化石燃料に対する発電効率はさらに低くなります。

つまり、電力供給システム全体で見ると、火力発電を太陽光発電で置き換えることによって化石燃料と鉱物資源の消費量は爆発的に増加するのです。このことは太陽光発電に限らず、風力発電など他の高価な再生可能エネルギー発電装置でも同じ問題を持っています。

低効率な電気自動車、格段に低効率な燃料電池車

また、自動車駆動系を内燃機関から電気モーターに変更することも同じ問題を持っています。バッテリー搭載型の電気自動車では、化石燃料の消費によって得られた火力発電による電力を車載バッテリーに貯めて、電動モーターで走ります。つまり、動力を生み出しているのは火力発電で燃料として消費された化石燃料です。しかも発電・蓄電・放電に伴うエネルギー変換ロスや、希少資源を使った大容量のバッテリーが必要であることを考慮すれば、総合的な化石燃料消費において内燃機関の自動車に比べて低効率になることは避けられません（再生可能発電装置で発電した電力を蓄電して走る場合には、さらに低効率になります。そのマイナス分は「再生可能エネルギー発電促進賦課金」として私たち一般家庭から本来の電気料金に上乗せして強制的に徴収されています)。

燃料電池車はバッテリー搭載の電気自動車よりも遥かに劣る方式です。火力発電で発電した電力を使って水素を製造し、これを超高圧で耐圧容器に充填して車に搭載し、水素と酸素を用いて電気分解の逆反応で電力を得ます。バッテリー搭載型の電気自動車と比べても遥かに多くのエネルギー変換プロセスを経ることから、投入した化石燃料に対する効率はバッテリー搭載型の電気自動車

よりも格段に低効率になります。

＊

以上の簡単な思考実験から分かることは、発電方式を火力発電から太陽光発電や風力発電などの自然エネルギーを用いた発電方式にしたり、自動車の動力装置を内燃機関から電動モーターに置き換え、発電過程と自動車運用の過程からCO_2放出量を削減したとしても、人間社会全体で消費する化石燃料と鉱物資源の量は爆発的に増大する（当然、CO_2放出量も爆発的に増大する）ということです。

研究者・技術者たちの沈黙は資質欠落の証し

温暖化対策「技術」の開発に携わる研究者・技術者たちは、社会全体を見渡した俯瞰的な立場でCO_2放出量の削減について自然科学的に考察することを怠り、近視眼的に個別技術に囚われているために、目的とは正反対のCO_2の放出量の増大をもたらしているのです。もちろん彼らもバカばかりではありませんから、自らの「温暖化対策」技術の無効性に気付いている者も少なくないはずですが、気象研究者がそうであったように、所属している企業の金儲けのために黙っているのでしょう。

いずれにしても、自然科学に携わる研究者・技術者として基本的な資質が欠落していると言うよりほかはありません。

必ず失敗に終わる温暖化対策

大気中のCO_2濃度を安定化させる、あるいは低下させるための「温暖化対策」として掲げられている、工業生産システムからの実質的なCO_2放出をゼロにするという目標は、自然科学的に絶対に達成不可能です。なぜなら、化石燃料を消費せずに、「再生可能エネルギーだけで再生可能エネルギー供給システムを工業的に拡大再生産する」という本質的な必要条件が実現できないからです。

熱学の一分野であるエネルギー技術は、エネルギー保存則とエントロピー増大則[註)]という基本的な法則から免れることはできません。エネルギー技術における基本的な法則さえ考慮されていない現在の「温暖化対策」が必ず失敗に終わることは演繹的に証明できることです。ここにも現代の科学技術をめぐる危機的状況が示されています。

註）エネルギー保存則とエントロピー増大則について

熱力学の基本法則。第一法則は「孤立系に含まれるエネルギー量は変化しない」ことを指し、「エネルギー保存則」と呼ばれる。第二法則は、「エントロピー増大則」と呼ばれる。

エントロピーは熱エネルギーや物質の拡散の度合いを示す指標。エントロピーの値は常に正値であり、値が大きいほど熱や物質が一様に拡散していることを示す。エントロピーはあらゆる物理変化で単調に増加し、減少することはない。

孤立系では、エントロピーは最大値に向かって単調に増加する。例えば、断熱した容器に入れた気体は時間の経過とともに容器全体に一様の密度になるように広がり、温度は容器内のどこでも同じになる。熱い物体と冷たい物体を接触させると、熱は熱い方から冷たい方に流れ、逆に流れることはない。

エネルギーは、その分布に勾配があって初めて有効な仕事をすることができる。気体は圧力差が大きいほど大きな仕事ができる。熱機関は高温熱源と排熱の温度差が大きいほど大きな仕事ができる。

ある孤立したシステムに有効なエネルギーを投入した場合、システム内の変換過程を経るごとにエネルギーは拡散（エントロピーの増大）し、エネルギー勾配が小さくなる。そのために有効に取り出せるエネルギーは減少する。したがって、エネルギー変換過程の多いシステム＝迂回度の大きいシステムほど最終的に取り出せる有効な仕事量が減少する。

基本エネルギー資源として石油を使用する場合を考える。例えば、定置型の動力装置では変換過程が最も少ない熱機関（蒸気タービンやディーゼルエンジン）が最も優れており、電動モーターを利用するためには熱エネルギーを電気エネルギーに変換する工程が含まれるため低効率になる。燃料電池式電動モーターでは、電気分解による水素製造、水素の圧縮工程などが必要となるため、さらに低効率になる。

F-8

温暖化対策で工業生産が爆発的に増大する

国策として推進される環境破壊

私は九州の地方都市に住んでいますが、少し市街地から離れた道を車で走るたびに新しい太陽光発電所を見ることになります。かつては田や畑、果樹園や里山であったであろう場所の植生が根こそぎ剥ぎ取られ、アスファルト舗装で覆われ、あるいは除草剤を大量散布して死んでしまった土壌がむき出しになった場所に、南側を向いた太陽光発電パネルが整然と並んでいる光景は異様です。役所や学校やマスコミが「環境に優しい」とか、「エコ」だとか言ってもてはやす太陽光発電によって、豊かだった自然の循環構造が破壊されて、草も生えない、虫も住めない殺伐とした景色が出現しています。

地表面の植生を剥ぎ取って太陽光発電装置を設置することは、地表面からの蒸発による潜熱放出を減少させて、代わりに赤外線放射の発熱体を敷き並べるようなものです。太陽光発電装置を設置した地域の気温は異常高温になります。温暖化対策として設置された太陽光発電パネルによって気温が異常に上昇し、付近の住民が熱中症の被害を受けるという事態が起こり、訴訟にもなっています。何という愚かな状況でしょうか。

今、私たちのまわりでは「温暖化対策」として、既存の技術を「エコ技術」と称するものに置き換える動きが国家政策として進められています。この「温暖化対策」とは、同じ結果を実現するために、既存のシステムを「エコ技術」すなわち、より複雑で迂回度の高い技術で構成されたシステムによって代替することです。このような「エコ技術」は、エントロピー増大則からみて、例外なく既存のシステムと比較してエネルギー利用効率、資源利用効率を低下させます。これはどのような結果を招くのでしょうか？

危機を煽ってエコが売られる

まず、経済的な影響を考えてみます。「エコ技術」という高度な新技術を付加された製品は、生産コストが上昇すると同時に、「エコ」という付加価値によって、既存の製品に比較して高価格の商品となります。同じ効果を得るために既存の商品よりも高額となるエコ製品のようなものは、通常の市場では消費者はまず買いません。しかし、パリ協定のような強制力を持つ制度によってエコ商品への転換が促され、国内法による税制の優遇措置や購入補助金などによってエコ製品が売れる状況が作られています。

したがって、企業はこぞってエコ商品、しかもなるべく高額の商品開発に向かうことになります。これは自動車メーカーの動向を見ればよく分かります。内燃機関の自動車からハイブリッド車、そして電気自動車、さらに「究極のエコカー」と喧伝される燃料電池車へ、という具合です。

こうして、既存の工業製品をエコ商品で置き換えることによって、短期的には企業の売上げが増大し、経済規模が拡大し、経済成長することになります。

先進工業国にとって有利な「温暖化対策」は、世界市場において後発工業国によって奪われたシェアを奪還し、再び経済成長を約束してくれます。先進工業国が国連を利用して「地球環境の危機」を煽りながら、「人為的CO_2地球温暖化」説を世界標準として認知させることに執着しているのはこのような理由からなのです。

エコが低所得層の暮らしを直撃する

しかし、この「温暖化対策」によって消費者は、同じ便益を受けるためにより多くの支出を余儀なくされることを銘記しておかなければなりません。

例えば、2015年度の電力料金に上乗せして強制的に徴収された「再生可能エネルギー発電促進賦課金」は約1.5兆円でした。2015年度の総電力供給量に対する再生可能エネルギーの比率はわずか2%、このまま再生可能エネルギーを全発電量の20%にまで増やしていくとすれば、賦課金を含めた電力料金はおそらく２倍程度に跳ね上がるでしょう。

エネルギー供給という工業化された社会の基礎的な費用の上昇は、すべての商品価格の上昇をもたらします。それは所得格差の拡大によって相対的に増加しつつある先進工業国の低所得層や、後発工業国の住民の生活をも直撃することになります。

エコで資源利用効率が低下する

次に、温暖化対策と資源消費の関係を考えてみます。

「エコ技術」で既存の技術を置き換えた場合、例外なしに資源利用効率は低下します。その結果、同じ効果を得るために必要な工業生産量は増大します。特に再生可能エネルギーのような不安定で密度の低い自然エネルギーを利用する場合にはこれが顕著です。

例えば、日本における太陽光発電パネルの実効発電量は 120kWh/（m^2年）程度です。これを単純に平均値としての発電能力に換算すると次の通りです。

$$120\text{kWh}/(\text{m}^2\text{年}) = 120{,}000\,\text{W}\cdot 3600\,\text{sec}/(\text{m}^2 365\times 24\times 3600\,\text{sec})$$
$$= 13.7\,\text{W/m}^2$$

また、陸上に建設された風力発電では、定格出力2MW程度の平均的な規模で、建設に必要な鋼材重量は 250t 程度になります。風力発電の設備利用率を15%とすると、平均的な実効出力は 300kW 程度です。

この風力発電と同程度の発電能力を持つ太陽光発電に必要な太陽光発電パネルの面積は次の通りです。

$$300\text{kW}/13.7\text{W}/\text{m}^2 = 300{,}000\text{W}/13.7\text{W}/\text{m}^2 = 21{,}898\text{m}^2$$
$$= 148\text{m}\times 148\text{m}$$

一方、定置型の300kW出力の内燃機関の発電機の重量は6t程度です。風力発電でこれを置き換えると、鋼材重量は 250÷6＝41.7 倍が必要になります。また、太陽光発電で置き換えると、太陽光発電パネルの面積は148m四方にもなります。

実際には制御不能な再生可能エネルギーを用いた電力を安定運用するためには付帯設備として巨大な蓄電システムが必要となるので、火力発電を再生可能エネルギーで置き換えることで、発電部門が必要とする工業製品の規模は爆発的に増加することが分かります。

つまり、既存のシステムを「温暖化対策」を施したシステムで代替する場合、同じ便益を受けるためには工業生産量＝鉱物資源消費量が爆発的に増加することになるのです。

本気でやればどうなるか

それだけではありません。既存の工業生産能力では「温暖化対策」を施した巨大システムの生産を賄うことができないため、工業生産力も大幅に増強することが必要になります。それを運用するためには工業生産分野での化石燃料消費量が爆発的に増大することになります。

こうして、現在進められようとしている「温暖化対策」を本気で実行すれば、工業生産量が爆発的に肥大化し、山野は太陽光発電や風力発電の建設で荒廃し、植生を失った国土はさらに高温化する上に、化石燃料消費まで増大することになるのです。

このようにエネルギーや資源利用効率の極端に低いエネルギー供給システムや生産システムが増大すれば、工業製品価格が暴騰するばかりでなく、長期的には社会が必要とする工業生産量が爆発的に増大して、それを賄うことさえ不可能になり、社会サービス全般が低下して工業化社会そのものが崩壊することになります。

F - 9

自然科学の危機と向き合って

温暖化の評価に見る自然科学の惨状

本章では、20世紀の温暖化を巡って、自然科学がそれとどう関わってきたかを見てきました。まず、20世紀の温暖化に対する自然科学の一般的な評価である「かつて経験したことがないほどの急激な気温上昇」、「生態系に致命的な脅威となる温度上昇」、そして「産業革命以降に化石燃料の消費に伴って放出したCO_2の付加的な温室効果が温暖化の主因」という内容がすべて誤りだということが分かりました。

しかもこの内容は初等・中等の理数科教育を習得した人にとって十分理解できる内容であり、まして自然科学を専門とする研究者には常識的な事柄であることも分かりました。

しかし現実の世界では、気象学の研究者の大部分が人為的CO_2地球温暖化説を正しいと主張し、工学の研究者たちがCO_2の放出量の削減につながると主張する温暖化対策によってむしろ工業生産規模が拡大し化石燃料消費が増大しています。

自然科学に真摯に向き合っているか

このような状況は突き詰めると、「政府・企業の温暖化対策」の利害関係者となった自然科学の研究者や技術者たちが自らの職業倫理をカネと引き替えに放棄している状態を映し出しています。

温暖化をめぐる問題に限らず、現在の社会に生きる私たちは日常生活を送るために必要なもののどれをとってみても科学技術とは切り離せない状況にあります。自然科学の研究者やその応用技術に携わる技術者は、人々の生活に対して大きな責任を負っていることを自覚すべきです。初心に帰って、自然科学に対して真摯に向き合うことが必要です。

しかしこれは業績を上げ、企業収益を増加させることを強いられ、組織の中で不断の競争にさらされている彼らにとって、現実的にはとても難しいことです。

科学リテラシーを身に付ける努力を

このような状況を打開する唯一の方法は、専門性や職業に拘束されていない一般の人々が、思考停止状態から抜け出すことだと私は思います。そのためにはマスコミが垂れ流す権威筋の決まり文句やネット空間にあふれる短絡的な「反知性主義」思考と訣別して、自ら主体的に考えて判断する習慣を身に付けるよりほかはありません。

分かることと分からないことを区別して、分からないことはそのままにせず、努力して科学リテラシーを養うことが必要です。その努力の積み重ねが、結局は、権力・企業の行動、政策を監視していくことにつながるからです。本書がその一助となることを期待します。

あとがき

1992年、リオデジャネイロで開催された地球サミット（環境と開発に関する国連会議）において「気候変動に関する国際連合枠組み条約」が採択されてから四半世紀が経過しました。この条約は、ヨーロッパ、アメリカを中心とする主要な先進工業国諸国の経済的・政治的思惑に端を発するものであり、自然科学的な裏付けが確定した上で起草されたものではありませんでした。いや、むしろその根拠とされた「人為的に放出された二酸化炭素が大気中に蓄積することによる温室効果の増大が原因となって起こる異常な気温上昇が人間社会を脅かす」というストーリー（＝人為的CO_2地球温暖化脅威説）は、自然科学的に極めて出来の悪い仮説に過ぎませんでした。

地球の低層大気の温室効果の90％以上は水蒸気が担っています。雲による効果を考慮すれば、多めに見積もったとしても二酸化炭素による温室効果は５％を超えることはありません。しかも人為的な二酸化炭素放出量は地球全体の放出量の３％程度です。したがって全温室効果に対する人為的な影響は0.15％程度であり、人為的な二酸化炭素の放出量が多少変動したとしても地球の温度状況が激変する可能性がないことは誰にでも理解できることです。

私は、ホームページ「環境問題を考える」（http://www.env01.net/index02.htm）を2000年6月に開設して以来、人為的CO_2地球温暖化脅威説の非科学性について継続的に検証を行ってきました。ホームページ開設当初、人為的CO_2地球温暖化脅威説は自然科学の仮説としてはあまりにも出来が悪いのでおそらく近い将来に淘汰されるものと確信していました。よもや世界の政治・経済を左右する行動規範になろうとは、思いもよらぬことでした。

しかし、その後の事態は私の予測とはまったく逆の方向に暴走し始めました。

熱物理学者の槌田敦氏と私の共同研究による「大気中CO_2濃度の上昇は気温上昇の結果である」という研究成果が、気象学会員であった槌田氏によって2008年に気象学会誌に論文として投稿されました。しかし、人為的CO_2地球温暖化脅威説を支持する気象学会中枢の圧力によって掲載を拒否され、その後、槌田氏は気象学会における講演機会さえも奪われることになりました。

私や槌田氏以外にも、地球物理学の丸山茂徳氏、赤祖父俊一氏、化学の渡辺正氏らが人為的CO_2地球温暖化脅威説の非科学性を指摘しました。これに対して、日本の権力構造と深く結びついた気象学会と東大が結託し、彼らが「温暖化懐疑論者」と呼ぶ人為的CO_2地球温暖化脅威説を科学的に批判する研究者・市民を社会的に抹殺する目的で、国家予算を投入して『地球温暖化懐疑論批判』（東大IR3S/TIGS叢書No.1、2009年10月）という書籍が刊行されました。

それと同期するように、2010年のはじめ頃から、私のホームページへのアクセス数が突然、数十分の一に激減するという不可解な事態が起きました。おそらくこの時期に権力組織による何らかのアクセス妨害が開始されたのであろうと推測しています。この状況は今も継続しています。

海外では、2009年11月に、IPCCの主要な研究組織の一つであるイースト・アングリア大学気候研究ユニットのフィル・ジョーンズの電子メールの内容が暴露され、気象データの改竄や、人為的CO_2地球温暖化脅威説に批判的な研究者に対するハラスメントの実態が明らかになりました(クライメートゲート事件)。

今、振り返ると、2009年から2010年にかけての時期が温暖化問題の画期であったように思えます。これ以降、人為的CO_2温暖化説に対する自然科学的な議論は封殺され、社会全体がCO_2温暖化対策へと暴走を開始しました。

20世紀終盤の地球規模の気温上昇現象の自然科学的な検証を行うことは、もちろん重要なテーマです。しかしそれに止まらず、自然科学に携わる研究者が権力や資本と結託し、学会組織、教育、出版、放送メディア、インターネットなどあらゆる情報媒体を総動員し、あるいは一般市民には検証不可能な数値シミュレーションという名の大仕掛けな「疑似科学」によって民衆を騙し、自然科学を捻じ曲げている状況も見過ごせない重大問題です。

このような「情報ファシズム」とでも呼ぶべき危うい政治・社会状況に風穴を開けるために、2020年から始まるパリ協定の実施を前に、改めて人為的CO_2地球温暖化脅威説の非科学性を整理するとともに、「いかなる権力にも迎合せず、自由闊達に真理の追究を行う」という自然科学の健全性の復権に資することを目的に本書を刊行することにしました。

好むと好まざるとにかかわらず、今や私たちの日常生活は自然科学やその応用技術と切り離すことができません。そして将来的には、ますます生活の隅々にまで自然科学やその応用技術が浸透していくことになるでしょう。こうした社会の中で生活していかなければならない私たちは、温暖化問題に限らず、誤った自然科学的判断に基づく政策、あるいは自然科学的な事実を偽った政策による悲劇的な未来を回避するために、主権者として政策判断に必要な科学リテラシーとともに情報リテラシーを自覚的に身に付ける覚悟を持つことが必要です。そのためのちょっとした努力を厭わないことを切に願います。

ホームページを開設してから19年間、多くの方と意見を交換し、またいろいろな教えをいただきました。本書をまとめるにあたっても、多くの方にご協力いただきました。特に、理論的な考察をまとめる上で多くの助言をいただいた熱物理学の槌田敦氏（理化学研究所、名城大学)、海洋科学の中本正一朗氏（海洋科学技術センター、地球科学技術推進機構、国立沖縄高専）に心から感謝いたします。

2019年４月

近藤邦明

近藤邦明（こんどう くにあき）
1957年、大分県別府市生まれ。
1982年、大阪大学大学院工学研究科前期課程修了。工学修士（非線形鋼構造解析）。
鉄鋼メーカーエンジニアリング部門勤務を経て、現在別府市で自営業。
ホームページ“「環境問題」を考える”を主宰。
http://www.env01.net

著書『温暖化は憂うべきことだろうか』(2006)
『誰も応えない！　太陽光発電の大疑問』(2010)
『東電・福島第１原発事故備忘録』(2011)
『電力化亡国論』(2012)
『公立高校とＰＴＡ』(2015)
いずれも不知火書房から。

検証温暖化　―20世紀の温暖化の実像を探る
シリーズ［環境問題を考える］5

2019年7月30日　初版第1刷発行 ⓒ

定価はカバーに表示してあります

著　者　近　藤　邦　明
発行者　米　本　慎　一
発行所　不　知　火　書　房

〒810-0024　福岡市中央区桜坂3-12-78
電話　092-781-6962
FAX　092-791-7161
郵便振替　01770-4-51797
カバー・扉　高根英博／制作　渡辺浩正
印刷・製本　青雲印刷

落丁本・乱丁本はお取替えいたします　Printed in Japan

ISBN978-4-88345-123-4　C0330

温暖化は憂うべきことだろうか
CO_2地球温暖化脅威説の虚構

ISBN 978-4-88345-041-4

近藤邦明　①化石燃料の燃焼による温室効果ガスの増大で気温が上昇、人間社会に破滅的な悪影響が広がると主張するCO_2地球温暖化脅威説。本書ではその科学的な妥当性を徹底検証、実はその「予測」がスーパーコンピューターの中で創り出された虚構でしかなく、実証的な研究とことごとく矛盾するものであることを明らかにする。「妄説」は誰が広め、なぜ信じられた？　②「温暖化防止＝CO_2削減」を大義名分に導入が図られている石油代替エネルギー供給技術（太陽光発電・風力発電・燃料電池・原発など）の有効性を検討、それらが石油と鉱物資源を浪費する「環境破壊」システムであることを明らかにする。③事実と虚構を区別して、環境問題論議、エネルギー問題論議を科学の道に引き戻すことを提言する。

シリーズ〔環境問題を考える〕1　A5　2000円＋税

誰も答えない！
太陽光発電の大疑問
エネルギー供給技術を評価する視点

ISBN 978-4-88345-047-3

近藤邦明　本書では、現在進められている電力分野におけるCO_2削減政策を、自然科学あるいは技術の問題としてその有効性を検討、結論として、今回国が打ち出した「太陽光発電電力の高値買取り制度」が、①環境政策としては科学的に根拠の無いもので（温暖化は人為的CO_2排出とは無関係の自然現象）、②技術的にもはじめから完全に破綻していること（発電装置の製造に投入したエネルギーを耐用期間中に回収することさえ不可能）を明らかにする。また、経済政策としては③電力会社に低所得層・一般消費者から法外な電気料金を徴収することを認め、④太陽光発電を設置した富裕層をトンネルとして太陽光発電装置メーカーにこれを横流しすることを国が制度として強制する亡国の経済政策であることを明らかにする。

シリーズ〔環境問題を考える〕2　A5　1200円＋税

ご注文は、お近くの書店か直接不知火書房まで。

電力化亡国論

核・原発事故・再生可能エネルギー買取制度

近藤邦明　シリーズ〔環境問題を考える〕4　A5　2000円＋税

▽「発電」とは電気を創りだすのではなく、何らかの有効なエネルギーを電気エネルギーに「転換」すること。電気は便利なエネルギーであるが、「転換」の過程で膨大なロスを生む。

▽「電力化」とは、電気エネルギー以外で実現できる機能を敢えて電気で実現しようとすることをいう。「電力化」は社会全体の一次エネルギーの利用効率を著しく悪化させる。

▽福島原発事故の破局を経験して、日本では今、原子力発電に対する怒り、嫌悪が国民レベルで強まり、脱原発の気運が広がっている。脱原発は正しい選択である。しかし、「脱原発のための再生エネルギー発電」は間違った選択である。再生エネの導入拡大は、短期的に原発以上に資源・エネルギーを浪費する。

▽10年前に自然エネ＝グリーン電力導入に舵を切ったヨーロッパでは今、エネルギー利用効率の悪化＝電気料金の高騰で固定価格買取制度が相次いで破綻している。日本は「先発国」の失敗に学ばず、なぜ亡国の坂道を転がり落ちていこうとするのか。

本書では、1核武装と結託することで形成された巨大電力利権のカラクリを明らかにし、2原発廃止と整合性のある対応は自然エネルギー発電の導入拡大などではなく、できる限り社会システムの最終エネルギー利用形態を電気以外に戻すこと、「脱・電力化」であることを示す。今ほど冷徹で科学的な政策判断が必要とされている時はない。

『脱原発のための再生エネの導入拡大』という言説は、科学的根拠のないデマである。再生エネ固定価格買取制度の先発国、スペイン・ドイツでは電気料金の高騰と財政赤字で制度が破綻した。日本はなぜ先発国の失敗の教訓に学ばないのか。

ISBN978-4-88345-053-4